蒸気タービン要論

<small>大島商船高等専門学校教授</small> 角田 哲也 著

株式会社
成山堂書店

本書の内容の一部あるいは全部を無断で電子化を含む複写複製（コピー）及び他書への転載は，法律で認められた場合を除いて著作権者及び出版社の権利の侵害となります。成山堂書店は著作権者から上記に係る権利の管理について委託を受けていますので，その場合はあらかじめ成山堂書店 (03-3357-5861) に許諾を求めてください。なお，代行業者等の第三者による電子データ化及び電子書籍化は，いかなる場合も認められません。

まえがき

　蒸気タービンは，船舶ではLNG船の主機関やディーゼル船におけるターボ発電システムに利用されている。一方，陸上産業では大型発電所や大工場の電力供給源として採用されている。これらのことから，蒸気タービンの運転や設計に関わるエンジニアにとって蒸気タービンの理論，作動原理，運転取り扱いなどの知識は，海陸を問わず必須である。

　蒸気タービンに関する書籍は多数あるが，とりわけ西野先生（当時，大島商船高等専門学校教授）が執筆された「舶用蒸気タービンの基礎」は，出版された当時学生であった著者らに多大な感銘を与えた。その本の特徴は初学者用に平易に記述されていることと，先生独自の説明がなされていることである。このたび，著者らは成山堂書店の好意により西野先生の本を元に蒸気タービンの本を出版する機会を得た。その加筆・修正点は次の通りである。

1. 時代の流れに伴い，単位系をSI（国際単位系）に変更した。
2. 専門的に高度な内容を削除し，より初学者向きのテキストにした。
3. 巻末の演習問題は近年出題された海技試験問題を採択した。

　なお，本書で記述されているタービン機関の構造，原理は基本的に海上，陸上問わず，普遍的な内容である。

　最後に，出版についてご理解とご指導をいただいた㈱成山堂書店の小川實社長に感謝します。

　平成17年2月

著　　者

目　　次

第1編　蒸気タービンの基礎理論

第1章　序　　説 ……………………………………………………………… 1
1.1　蒸気タービンの定義 …………………………………………………… 1
1.2　蒸気タービンの基礎理論の範囲 ……………………………………… 1
1.3　蒸気タービンの沿革 …………………………………………………… 1

第2章　蒸気タービンの概要と分類 ………………………………………… 3
2.1　蒸気タービンの主要構成部分 ………………………………………… 3
2.2　蒸気タービンの分類 …………………………………………………… 4
　2.2.1　蒸気の作用による分類 …………………………………………… 4
　2.2.2　タービン車室の数および軸の配置による分類 ………………… 4
　2.2.3　タービン軸の数による分類 ……………………………………… 5
　2.2.4　蒸気の流れの方向による分類 …………………………………… 5
　2.2.5　蒸気の使用法による分類 ………………………………………… 5
2.3　蒸気タービンの基本形式 ……………………………………………… 6
　2.3.1　段（段落） ………………………………………………………… 6
　2.3.2　衝動タービン ……………………………………………………… 7
　2.3.3　反動タービン ……………………………………………………… 11
　2.3.4　混式タービン ……………………………………………………… 11
　2.3.5　衝動タービンと反動タービンとの比較 ………………………… 12

第3章　蒸気タービンの熱サイクル ………………………………………… 15
3.1　ランキン サイクル …………………………………………………… 15
　3.1.1　ランキン サイクルの意義 ……………………………………… 15
　3.1.2　ランキン サイクルの熱効率 …………………………………… 15
　3.1.3　ランキン サイクルの熱効率を向上させる方法とその影響 … 17
3.2　再生サイクル …………………………………………………………… 21

    3.2.1 再生サイクルの意義とその特徴 ……………………………… *21*
    3.2.2 再生サイクルの熱効率 …………………………………………… *22*
  3.3 再熱サイクル …………………………………………………………………… *25*
    3.3.1 再熱サイクルの意義とその特徴 ……………………………… *25*
    3.3.2 再熱サイクルの熱効率 …………………………………………… *26*
  3.4 再熱再生サイクル ……………………………………………………………… *27*

第4章 ノズルおよび羽根と蒸気の流動 ……………………………… *28*
  4.1 ノズル内の蒸気の流動 ………………………………………………………… *28*
    4.1.1 ノズル内の蒸気の速度 …………………………………………… *28*
    4.1.2 ノズルを通過する蒸気の臨界圧力および臨界速度 ………… *28*
    4.1.3 ノズルの断面積 …………………………………………………… *32*
    4.1.4 ノズルの断面積と蒸気の圧力，比容積および速度との関係 …… *33*
    4.1.5 ノズルの形状の種類 ……………………………………………… *34*
    4.1.6 ノズルの過膨張（過大膨張）と不足膨張（過小膨張） …… *38*
    4.1.7 ノズル内における蒸気の過飽和（または過冷） …………… *41*
  4.2 羽根内の蒸気の流動 …………………………………………………………… *44*
    4.2.1 蒸気の速度線図（速度三角形） ……………………………… *44*
    4.2.2 回転羽根に対する蒸気の仕事 ………………………………… *44*
    4.2.3 回転羽根の速度と段効率 ……………………………………… *48*

第5章 蒸気タービンの諸損失 ………………………………………… *51*
  5.1 内　部　損　失 ………………………………………………………………… *51*
    5.1.1 ノズル損失 ………………………………………………………… *51*
    5.1.2 回転羽根損失 ……………………………………………………… *52*
    5.1.3 排気残留エネルギ損失（残留排気エネルギ損失，流出損失） …… *57*
    5.1.4 内部漏えい損失 …………………………………………………… *58*
    5.1.5 円板羽根車の回転損失および通風損失 ……………………… *61*
  5.2 外　部　損　失 ………………………………………………………………… *62*
    5.2.1 グランドの漏えい損失（外部漏えい損失） ………………… *62*
    5.2.2 機械損失（機械的損失，回転損失，空転損失） …………… *63*
    5.2.3 最終段（最後段落）の排気損失 ……………………………… *65*
    5.2.4 伝導および放射損失 ……………………………………………… *66*

第6章　蒸気タービンの諸効率と性能 …………………………………… 67

6.1　蒸気タービンの諸効率 ……………………………………………… 67
- 6.1.1　内部損失を表わす効率 ……………………………………… 67
- 6.1.2　外部損失を表わす効率 ……………………………………… 70
- 6.1.3　内外両損失を表わす効率 …………………………………… 71
- 6.1.4　プラントの全熱効率（推進機関の全熱効率） …………… 73

6.2　蒸気タービンの性能 ………………………………………………… 73
- 6.2.1　蒸気消費率 …………………………………………………… 73
- 6.2.2　熱消費率および燃料消費率（燃費） ……………………… 74
- 6.2.3　パーソンス数（パーソンス係数） ………………………… 74

第2編　蒸気タービンおよび関連装置の構造と作用

第7章　蒸気タービン各部の構造と作用 …………………………… 77

7.1　ノズル（噴口） ……………………………………………………… 77
- 7.1.1　構造によるノズルの種類 …………………………………… 77
- 7.1.2　ノズルの材料 ………………………………………………… 79
- 7.1.3　ノズル弁 ……………………………………………………… 79

7.2　羽　根（翼） ………………………………………………………… 80
- 7.2.1　作用による羽根の種類 ……………………………………… 80
- 7.2.2　回転羽根の形状と各部の名称 ……………………………… 80
- 7.2.3　回転羽根各部の寸法と性能との関係 ……………………… 81
- 7.2.4　形状による羽根の種類 ……………………………………… 86
- 7.2.5　羽根の固定法（植付け法） ………………………………… 89
- 7.2.6　囲い輪，とじ金およびシーリング ストリップ ………… 92
- 7.2.7　羽根に生ずる応力 …………………………………………… 94
- 7.2.8　羽根の材料 …………………………………………………… 95
- 7.2.9　羽根の腐食，侵食とその防止法 …………………………… 95

7.3　車室（ケーシング，シリンダ） …………………………………… 97
- 7.3.1　車室の構造 …………………………………………………… 97
- 7.3.2　車室フランジと締付けボルト ……………………………… 101
- 7.3.3　車室のすえ付け固定 ………………………………………… 102

7.3.4 車室の材料 ……………………………………… 103
7.4 ロータ（羽根車）および軸（ロータ軸，タービン軸）……… 104
　7.4.1 ロータの種類 ……………………………… 104
　7.4.2 ロータの危険速度，危険回転数（限界速度）…… 106
　7.4.3 弾性軸（たわみ軸）と剛性軸 …………… 110
　7.4.4 ロータの材料 ……………………………… 113
7.5 仕切板（隔板，ダイアフラム）……………………… 113
　7.5.1 仕切板の構造 ……………………………… 113
　7.5.2 仕切板の中心線支持（保持）方法 ………… 114
　7.5.3 車室内（仕切板など）のドレン排除装置 …… 115
　7.5.4 仕切板の材料 ……………………………… 116
7.6 気 密 装 置 ……………………………………… 116
　7.6.1 ラビリンス パッキン ……………………… 117
　7.6.2 仕切板の気密装置 ………………………… 118
　7.6.3 車室の気密装置 …………………………… 120
　7.6.4 炭素パッキン（カーボン リング）………… 121
　7.6.5 封水パッキン（水封じパッキン）………… 122
　7.6.6 グランド パッキン蒸気 …………………… 122
7.7 スラストつり合わせ装置および方法 ………………… 122
　7.7.1 タービンのスラスト ……………………… 122
　7.7.2 スラストつり合わせ装置および方法 ……… 123
7.8 タービン軸受 …………………………………… 124
　7.8.1 軸受（ジャーナル軸受）…………………… 124
　7.8.2 スラスト軸受 ……………………………… 128
7.9 後進タービン …………………………………… 129
　7.9.1 後進タービンの構造 ……………………… 129
　7.9.2 後進タービンの配置 ……………………… 132
　7.9.3 後進タービンの材料 ……………………… 132
　7.9.4 後進タービンの出力の基準 ……………… 132
7.10 舶用蒸気タービンの1例 ……………………… 133

第8章 復 水 装 置 …………………………… 135

8.1 復水装置の効用 ………………………………… 135
8.2 復水装置に要求される条件 …………………… 135

8.3 表面復水器の構造および材料 ……………………………………… *137*
8.4 復水器の付属装置 …………………………………………………… *140*
8.5 復水器の性能に影響する諸要素 …………………………………… *143*

第9章 減 速 装 置 …………………………………………………… *148*

9.1 減速装置を設ける理由 ……………………………………………… *148*
9.2 歯車減速装置に必要な条件 ………………………………………… *148*
9.3 歯車減速装置に用いる歯車 ………………………………………… *148*
 9.3.1 インボリュート歯車 …………………………………………… *148*
 9.3.2 やまば歯車（ダブル ヘリカル歯車） ……………………… *149*
9.4 減速段数，減速比および歯車効率 ………………………………… *150*
9.5 減速歯車の K 値 …………………………………………………… *151*
9.6 歯 車 の 配 置 ……………………………………………………… *152*
 9.6.1 大小両歯車の配列による分類 ………………………………… *152*
 9.6.2 歯車減速装置およびタービンなどの平面的配置による分類 … *157*
9.7 たわみ軸（可とう軸，クイル軸） ………………………………… *158*
9.8 た わ み 継 手 ……………………………………………………… *159*
9.9 その他の減速装置 …………………………………………………… *162*
 9.9.1 液体減速装置 …………………………………………………… *162*
 9.9.2 電気減速装置（電気推進装置） ……………………………… *162*
 9.9.3 遊星歯車装置 …………………………………………………… *163*

第10章 タービンの付属装置 ……………………………………… *164*

10.1 調 速 装 置 ……………………………………………………… *164*
 10.1.1 蒸気タービンの出力調節（加減）装置（速度制御装置） … *164*
 10.1.2 過速度調速機（過速度防止装置） …………………………… *166*
10.2 安全装置（保護装置） ……………………………………………… *167*

第3編　蒸気タービンおよび関連装置の運転と管理

第11章　蒸気タービンおよび関連装置の取扱いと保全 ……169
11.1　タービンおよび関連装置の取扱い ……169
11.1.1　暖機 ……169
11.1.2　回転暖機および試運転 ……169
11.1.3　航海中（運転中）の注意事項 ……170
11.1.4　オートスピニング ……171
11.1.5　運転中に発生する故障 ……172
11.2　タービンおよび関連装置の損傷 ……173
11.2.1　車室の損傷 ……173
11.2.2　軸（ロータ軸）の損傷 ……174
11.2.3　タービン軸受（ジャーナル軸受，スラスト軸受）の損傷 ……175
11.2.4　歯車減速装置の損傷 ……176

参考文献 ……179
演習問題 ……181
索　　引 ……219

第1編　蒸気タービンの基礎理論

第1章　序　　説

1.1　蒸気タービンの定義

　タービン（turbine）とは，羽根の付いた回転部分を持つ機械の総称で，蒸気，水，高温ガス，空気などの流体を噴出および流動させ，回転運動をする原動機の一種である。

　蒸気タービン（steam turbine）とは，機械仕事をうる目的で，その回転部分の回転により，蒸気（流体）の運動量の変化を利用するもので，蒸気（流体）の熱エネルギを運動エネルギに転換し，さらに，運動エネルギを機械仕事に転換する熱機関（heat engine）の一種である。

1.2　蒸気タービンの基礎理論の範囲

　図1.1は，蒸気タービンにおけるエネルギの過程を示し，その基礎理論の範囲を示す。

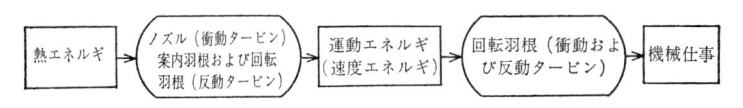

熱エネルギ → ノズル（衝動タービン）案内羽根および回転羽根（反動タービン） → 運動エネルギ（速度エネルギ） → 回転羽根（衝動および反動タービン） → 機械仕事

図 1.1　蒸気タービンの基礎理論の範囲（狭義）

　すなわち蒸気タービンの基礎理論の範囲は，狭義に，その主要部分を構成するノズルと回転羽根とである。また，広義な基礎理論の範囲は，工学的に，熱力学（蒸気の性質を含む）が最も重要で，そのほか，材料力学，機械力学（振動学を含む），工業材料などである。これらは，それぞれ1つの課程として学ぶので，本書では，特に，蒸気タービンに関係する部分に対し，その一端を説明する。

1.3　蒸気タービンの沿革

　蒸気タービンの出現は，古く紀元前120年にさかのぼり，エジプトのヒーロ

(Hero)が造ったヒーロの回転球は，蒸気タービンの起源であり，また最初の記録である。

その後，1629年，イタリアのブランカ（Branca）は，ブランカの機械を考案した。これが第2の記録である。

前者は，反動タービンの原型で，球に付けた曲がり管の口より蒸気を噴出させ，その反動力にて球を回転し，また，後者は，衝動タービンの原型で，蒸気を人形の口より噴射させ，羽根の付いた車を回転する。

第2章　蒸気タービンの概要と分類

2.1　蒸気タービンの主要構成部分

　蒸気タービンは，蒸気の膨張を，直接，回転運動に変える装置である。
　タービンの主要構成部分は，蒸気の膨張を速度に変換する（蒸気の圧力低下により，その保有する熱エネルギを運動エネルギ，すなわち速度エネルギに変換する）衝動タービンのノズル（nozzle）または反動タービンの案内羽根（guide blade, fixed blade），そこで生じた速度を機械仕事に変換する（運動エネルギすなわち速度エネルギを回転の機械的エネルギに変換する）回転羽根（moving blade）とから成っている。なお固定羽根は，前述のほか，蒸気の流動に対し，羽根の通路内における衝突防止のため，案内の作用を持っている。
　その他の構成部分として，回転部分のロータ（羽根車，rotor），軸（shaft）および静止部分の車室（casing），仕切板（diaphragm），軸受（bearing），気密装置（airtight equipment），その他の付属設備などから成っている。
　ロータ（羽根車）は，その外周に回転羽根を植え付けた回転体で，回転羽根に発生した仕事を軸に伝える。ロータは，軸と一体に削り出して製作したものと，別個に製作して組み立てたものとがある。
　軸は，ロータを支持しているもので，ロータよりの回転力を軸系を経てプロペラに伝達する。
　車室は，ノズル，案内羽根，回転羽根，ロータ，軸，仕切板，軸受，気密装置などを内側に包む囲いである。
　仕切板は，段と段とを仕切るのに用いる。
　軸受は，軸を一定位置に支えてその回転を容易にするもので，軸の半径方向の荷重を支持する軸受と，軸方向荷重を支持するスラスト軸受とがある。タービンは高速回転であるから，その構造には十分の注意が必要である。
　気密装置は，車室や仕切板などに取り付けて，蒸気の漏れなどを防止する装置である。
　以上の主要部分のほか，タービンの付属装置として，調速装置，安全装置，潤滑油装置，蒸気管およびドレン管などがある。
　また付属設備として，復水装置，減速装置などがある。

2.2 蒸気タービンの分類
2.2.1 蒸気の作用による分類
蒸気の作用とは，蒸気の作動，蒸気の圧力および速度の変化である。
(1) 衝動タービン（impulse turbine）

蒸気の膨張（圧力低下）をノズル内だけでなさしめ，蒸気の持つ熱エネルギを運動エネルギに転換し，高速流動の蒸気が回転羽根に衝動力を与えてロータ（羽根車）を回転し，機械仕事をなすものを衝動タービンという。この場合，回転羽根中では，蒸気の圧力降下は生じない（圧力差がない）。

(2) 反動タービン（reaction turbine）

蒸気の膨張（圧力低下）を固定羽根（案内羽根）と回転羽根との両方でなさしめ（蒸気は，羽根列通過中，連続に膨張する），固定羽根の圧力降下による高速流動の蒸気は，回転羽根を流動中，衝動作用によって仕事を行うとともに，回転羽根中の圧力降下による速度の増加によって，反動作用にても，機械仕事をするものを反動タービンといい，衝動作用と反動作用との両作用によるものである。

(3) 混式タービン（combination turbine, combined turbine）

各形式の衝動タービンや反動タービンを組み合わせたもので，初段（高圧部）に衝動タービンを設け，他の段（低圧部）にほかの衝動タービンまたは反動タービンを設けて1台のタービンとするもので，それぞれの長所を利用したものである。

2.2.2 タービン車室の数および軸の配置による分類
(1) 単車室タービン（single casing turbine, single cylinder turbine）

単車室タービンは，タービン車室が1個のもので，蒸気の膨張が1個の車室内で完了するものをいい，中，小容量に採用される。

(2) 複式タービン（多シリンダ タービン, compound cylinder turbine, multi cylinder turbine）

複式タービンは，タービン車室が2個以上のもので，高圧および低圧，または高圧，中圧，低圧などに分けられ，蒸気は，これらの車室を順次に流れて膨張するもので，大容量に採用される。

また複式タービンは，各車室相互のすえ付け配置によって，くし形複式タービン（タンデム連成タービン, tandem compound turbine）と並列複式タービン（横並び高低圧タービン, cross compound turbine）とに分類される。前者は，各車室を一直線に配置したもので，同一軸系として用いられ，後者は，各タービンの軸を分離して，車室を横に並置したものであ

る。

　蒸気の流動方向は，高圧車室内にては片流れ（単流，single flow）であるが，低圧車室内では片流れまたは両向き流れ（複流，double flow）とする。

2.2.3　タービン軸の数による分類

(1)　単軸タービン（single shaft turbine）

　タービン軸が1本のもので，単車室タービンおよびくし形複式タービンの場合である。

(2)　2軸タービン（two shafts turbine）

　タービン軸が2本のもので，大容量に用いられる。並列複式タービンの場合である。

2.2.4　蒸気の流れの方向による分類

(1)　軸流タービン（axial flow turbine）

　軸流タービンは，回転軸に平行に蒸気が膨張しながら進むもの，すなわち軸方向に流れるもので，普通一般に用いられる形式である。

(2)　半径流タービン（輻流タービン，radial flow turbine）

　半径流タービンは，蒸気が半径方向に流れるもので，ユングストローム形（Ljungström type）に用いられている。

2.2.5　蒸気の使用法による分類

蒸気タービンは，蒸気の使用法により，次のように分類する。

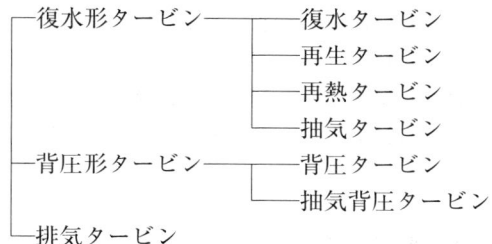

```
         ┌復水形タービン──┬復水タービン
         │                ├再生タービン
         │                ├再熱タービン
         │                └抽気タービン
         ├背圧形タービン──┬背圧タービン
         │                └抽気背圧タービン
         └排気タービン
```

(1)　復水タービン（純復水タービン，condensing turbine）

　復水タービンは，復水器を装備し，膨張し終った吐出蒸気をこれに導いて復水させるもので，広く一般に用いられる。

(2)　再生タービン（regenerative turbine）

　再生タービンは，復水タービンにおける復水器の損失を軽減する目的で，タービンの膨張段の途中から蒸気の一部を抽出し（取り出し），給水をさらに加熱して，ボイラ給水の温度を上昇するもので，抽気の潜熱は損

失とはならない。

この場合，抽気のため，タービン出力は減少するが，タービン プラントの熱効率は上昇する。また，ボイラ給水の温度は，タービンの負荷によって変動する。

(3) 再熱タービン（reheating turbine）

再熱タービンは，蒸気タービンの高圧化に伴うタービン低圧側の湿り度増加を防止するため，タービンの膨張段の途中から蒸気を取り出して，これを煙道ガスなどで加熱し，さらに，タービンに供給するものである。

(4) 抽気タービン（extraction turbine, reducing turbine, bleeder turbine）

抽気タービンは，再生タービンと同じように，タービンの膨張段の途中から，所要の圧力の段にて蒸気を抽出し，抽出した蒸気の熱は，加熱用などに全部利用される。

(5) 背圧タービン（back pressure turbine）

タービンから吐出される蒸気の圧力が大気圧より大きなものを背圧タービンといい，また，この圧力を背圧（back pressure）という。背圧タービンは，タービン内の熱落差が小で，動力発生用としては不利であるが，動力のほか，数気圧の作業用蒸気を必要とする場合に使用する。

舶用では，油タンカの主給水ポンプ，バタワース ポンプ（butter worth pump），貨物油ポンプなどの補機用原動機に使用され，背圧（排気圧力）は 29.41kPa（0.3kgf/cm^2）程度で，給水加熱などに用いられる。

抽気背圧タービンは，背圧タービンにて抽気を行うものである。

(6) 排気タービン（exhaust turbine）

往復蒸気機関の低圧排気を有効に利用し，機械仕事をうるために考案されたもので，蒸気機関の排気を供給し，その吐出蒸気を復水器に導くものである。

2.3 蒸気タービンの基本形式

2.3.1 段（段落，stage）

ノズル（衝動段の場合）または固定羽根（反動段の場合）と回転羽根との一組（one set）を蒸気タービンの1つの段または1つの圧力段（pressure stage）といい，蒸気の膨張，すなわち圧力低下により，有用な運動エネルギを生成する1つの部分である。また圧力段に対し，速度の降下により，有用な運動エネルギ（機械仕事）をうる1つの部分を速度段（velocity stage）という。

各段（段落）ごとに1回ずつ，蒸気の熱エネルギを機械仕事に転換する。エ

ネルギの転換方式により，衝動段と反動段とに大別する。図2.1は，反動タービンの任意の1段における蒸気の状態変化を $h-s$ 線図に示したもので，1段の断熱熱落差 AG を h_a，回転羽根の断熱熱落差 CH を rh_a とすれば，
$h_a = AB + CH \fallingdotseq AG$ となり

$$r = \frac{rh_a}{h_a} = \frac{CH}{AG} \fallingdotseq \frac{BG}{AG}$$

を反動度（degree of reaction）という。

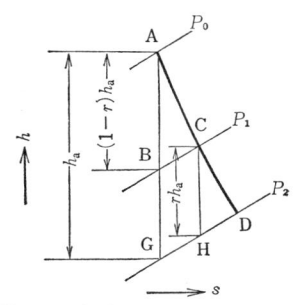

図2.1 任意の一段における蒸気の状態変化（反動タービンの $h-s$ 線図）

このように，反動度は，任意の1段における回転羽根内の熱落差と1段の断熱熱落差との比で表わされる。

一般には，$r = 0 \sim 1$ で，$r = 0$ は純衝動段で，$P_1 = P_2$ となり，それ以外は多少とも反動段である。一般に，衝動タービンとは $r < 0.5$（0.5 未満）のもの，反動タービンとは $r \geqq 0.5$（0.5 以上）のものをいう。

図2.2は，各タービンの反動度を示す。

なお，舶用主機蒸気タービンの羽根は，調速段を除き，全段適当な反動度を持たせているものが多い。一般に，高圧タービンでは，スラストを考慮して約5％の反動度とし，低圧タービンでは，約5～20％の反動度として，効率の向上を図っている。また，低圧タービンの後半（低圧側の約1/2）を反動タービンとし，反動度を50％にしているものもある（衝動反動形タービン）。

図2.1にて，BC，HD は，それぞれ固定羽根，回転羽根の損失による等圧線上の状態の変化を示す。

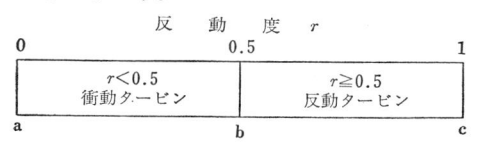

a：純粋の衝動タービン
b：パーソンス タービン（反動タービン）
c：ユングストローム タービン（反動タービン）

図2.2 各タービンの反動度

2.3.2 衝動タービン（impulse turbine）

(1) 単段衝動タービン（単段落衝動タービン，単式衝動タービン，single stage impulse turbine, simple turbine）

単段衝動タービンは，1つの段で，蒸気を初圧から終圧まで膨張させ，その熱エネルギを運動エネルギに転換し，さらに，この運動エネルギを機械的エネルギ（機械仕事）に転換する方式である。

図2.3は，この形式の蒸気の圧力および速度の変化の関係を示す。

単段衝動タービンの特徴は次のようである。
1. 構造が最も簡単である。
2. タービンの回転速度が非常に大きく，10,000〜30,000 rpm で，減速装置を必要とする（段数が1つのため，圧力低下が大で，蒸気速度が大きいため）。
3. 出力が小さく，補機用の原動機（発電機，送風機など）として使用する。
4. 末広ノズルとただ1列の回転羽根とからできている。
5. デ ラバル ターピン（De Laval turbine）は，この形式である。

(2) 圧力複式衝動タービン（段圧タービン，pressure compound impulse turbine）

圧力複式衝動タービンは，単段衝動タービンを直列に連ねたもので，数個の段（圧力段）で，蒸気を初圧から終圧まで小刻みに膨張させ（ノズルを数段，装置すること），各段ごとに，その熱エネルギを運動エネルギに転換し，さらに，この運動エネルギを機械的エネルギ（機械仕事）に転換する方式である。

図2.4 は，この形式の蒸気の圧力および速度の変化の関係を示す。

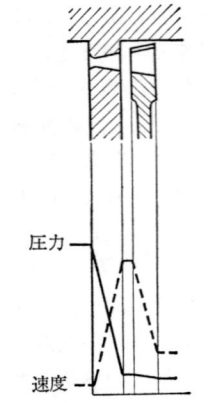

図 **2.3** 単段衝動タービンの蒸気の圧力および速度の変化

圧力複式衝動タービンの特徴は次のようである。
1. タービンの回転数を，効率よく，実用上適当な小さい値にまで，低下することができる。（段数が多いので，1段あたりの熱落差，すなわち圧力低下が小となり，蒸気速度や回転羽根の周速度も小となる。したがって，デ ラバル タービンのような高速回転を避けることができる。すなわち圧力複式衝動タービンが，単段衝動タービンに比べ，回転数の少ないのはこの理由である。）
2. 大中容量のタービンに対し，最も適当な形式で，最近では，採用が多い。

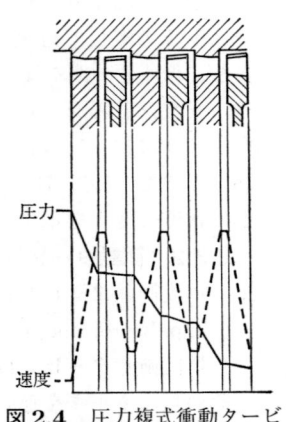

図 **2.4** 圧力複式衝動タービンの蒸気の圧力および速度の変化

3. 各段は，ノズルを設けた仕切板にて区切られ，その両面には圧力差を生ずる。
4. 先細ノズルまたは先細平行ノズルを使用する。
5. ラトー タービン（Rateau turbine），ツェリ タービン（Zoelly turbine）はこの形式である。

(3) 速度複式衝動タービン（段速タービン，velocity compound impulse turbine）

速度複式衝動タービンは，蒸気の熱エネルギを運動エネルギに転換する圧力段はただ1個であるが，この運動エネルギを機械的エネルギ（機械仕事）に転換するため，2～3個の速度段（2～3列の回転羽根）を設ける方式である。図2.5は，この形式の蒸気の圧力および速度の変化の関係を示す。速度複式衝動タービンの特徴は次のようである。

1. タービンの回転数を，効率よく，実用上適当な値にまで低下することができる。これは，次のように説明する。

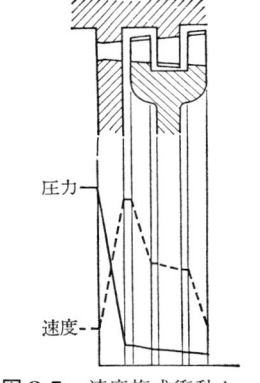

   図2.5 速度複式衝動タービンの蒸気の圧力および速度の変化

   ノズルからの流出蒸気速度が大きい場合でも，2～3列の回転羽根によって運動エネルギを利用するため，回転羽根中の蒸気速度が小となり，回転羽根の周速度も小となる。したがって，デ ラバル タービンのような高速回転を避けることができる。たとえば，ノズルからの流出蒸気速度が同一の場合，回転羽根の周速度は，単段衝動タービンに比べ，2列のとき約1/2，3列のとき約1/3に低下させることができる。
2. 各回転羽根の列間に固定羽根（案内羽根）を設け，蒸気の流動方向を変換させる。これは，前の回転羽根から流出した蒸気に対し，次の回転羽根に有効に作用させるためである。
3. 効率は，回転羽根の列数に反比例する。一般に，2列が多く使用され，多くても3列以下である。
4. 末広ノズルを使用する。
5. カーチス タービン（Curtis turbine）はこの形式で，小容量のタービンに使用する。
6. カーチス段（カーチス式羽根車）は，大，中容量タービンの初段（調

速段），小形発電機の駆動用原動機タービンおよび後進タービンの初段に使用される。その理由は，次のようである。ⓐ　1段（1個の羽根車）で，多量の熱落差が消化されるため，タービンの全長が短くなり，構造がじょうぶになる。ⓑ　低負荷のとき，効率のよいノズル加減調節による調速を行うことができる。ⓒ　運転状態の変動に対し，効率の変化が比較的小さい。ⓓ　後進タービンでは，前進に比べ，使用時間が少ないので，できるだけ小さくて，出力の大きいものが要求される。

　このような理由により，カーチス段を圧力複式衝動タービンや，反動タービンの初段に使用する。

　次に，速度複式衝動タービンを，蒸気の流動方向によって分類すると，単段カーチス式（single entry type）と反復流入式（reentry type）タービンとがある。

　前者は，一般に用いられる形式で，蒸気は軸方向に流動し，大，中容量タービンの初段，および後進タービンの初段に使用され，1個の羽根車に2～3列の回転羽根を設けたものである。

　後者は，ただ1列の回転羽根に，蒸気を数回反復流入して作動させる方式で，軸流式，半径流式（輻流式），接線流式などがある。この形式は，構造簡単で，小容量の補機用原動機などに用いられる。

　図2.6は軸流式，図2.7は半径流式を示す。

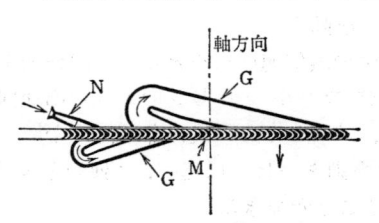

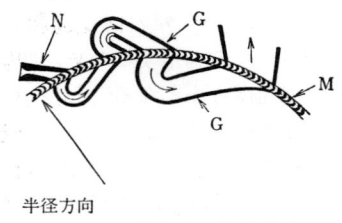

図2.6　軸流反復流動式　　　　**図2.7　半径流反復流動式**

　エレクトラ タービン（Elektra turbine）は半径流式，テリー タービン（Terry turbine）は接線流式である。

(4)　**圧力速度複式衝動タービン**（pressure velocity compound impulse turbine）

　圧力速度複式衝動タービンは，速度複式衝動タービンを直列（くし形）に配置したもので，すなわち初圧から終圧までを数段（圧力段）に分け，各段ごとに速度複式衝動タービンを使用したものである。タービン発達史上の遺物で，陸上の小形発電機，ポンプなどに用いられ，現在，舶用には

使用されていない。

2.3.3 反動タービン (reaction turbine)

反動タービンは，蒸気の流動方向により，次のように分類する。

(1) 軸流反動タービン (axial flow reaction turbine)

軸流反動タービンは，蒸気の流動方向は軸方向で，固定羽根と回転羽根との1組を連続して配列し，蒸気は固定羽根と回転羽根との両方で膨張（圧力低下）させ，熱エネルギを運動エネルギ（速度エネルギ）に転換する。

回転羽根では，固定羽根に生じた運動エネルギによって衝動力を，回転羽根にて生じた運動エネルギによって反動力を与え，2つの機械仕事に転換する。すなわち衝動作用と反動作用との2つがある。

図2.8は，この形式の蒸気の圧力および速度の変化の関係を示す。

軸流反動タービンの特徴は次のようである。

1. 回転羽根においても蒸気が膨張（圧力低下）し，速度が増加する。
2. ロータはドラム状である。
3. 1つの段の圧力低下が小で，このため，羽根列が多くなり，タービンの全長が長くなる。
4. 流動面積の増加の方法には，階段的方法と漸進的方法（円すい形）とがある。
5. パーソンス タービン (Parsons turbine) はこの形式である。

図2.8 軸流反動タービンの蒸気の圧力および速度の変化

(2) 半径流反動タービン（輻流 反動タービン，radial flow reaction turbine)

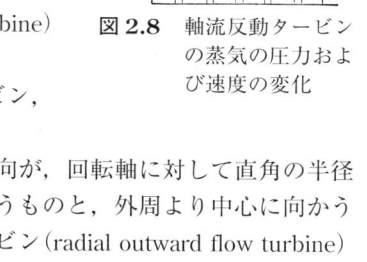

半径流反動タービンは，蒸気の流動方向が，回転軸に対して直角の半径方向で，その流動が中心より外周に向かうものと，外周より中心に向かうものとがある。前者を半径流流出形タービン(radial outward flow turbine)といい，後者を半径流流入形タービン (radial inward flow turbine) という。

2.3.4 混式タービン (combination turbine, combined turbine)

混式タービンは，衝動段と反動段または各形式の衝動段を組み合わせたタービンである。

混式タービンが，採用される理由は次のようである。

高圧側に，衝動段を用いると，次のような利点がある。
1. 1つの段の熱落差が大きいので（ノズルで膨張するから），段数が減少してタービンの長さが短くなり，このため，質量，容積が減少する。
2. 1つの段の熱落差が大きいので，蒸気速度が大となり，速度比は低下の傾向となる。衝動タービンは，反動タービンに比べ，速度比の低い範囲に最高効率がある。この範囲内に，適当な速度比の値を求め，最高効率が得られる。
3. ノズル加減調節による調速ができる（反動タービンはノズルがない。また，部分負荷に対し，ノズル加減調節のほうが効率がよい）。
4. ノズル加減調節による調速の採用にて，初段は部分流入となり，初段の羽根の長さが大きくなり，小さ過ぎるための損失が減少する。
5. 初段の熱落差が大きいので，高圧端車室の蒸気圧力，蒸気温度を著しく低下でき，高圧，高温蒸気の採用が容易である。

また，高圧側に反動段を用いると，次のような欠点がある。

高圧側では，蒸気の比容積が小さいので，羽根の長さが小さく（短く）なり，羽根先すきまの漏れ損失が増加して，効率が低下する。これに反し，衝動タービンでは，部分流入ができるので，羽根の長さが大きく（長く）なり，羽根先すきまの損失が小となる。

低圧側に，反動段を用いると，次のような利点がある。
1. 反動段は，蒸気の膨張（圧力低下）が連続的（小刻みで段数が多く，各段の圧力低下と蒸気速度が小であること）で，かつ，自然的（圧力低下の曲線がなだらかなこと）であるため，低圧側の比容積の大きい蒸気の通過に対し，摩擦損失が少なく効率がよい。
2. 低圧側では，羽根の長さが大きく（長く）なり（羽根先すきまと羽根の長さの比に影響する），また，段が低圧になるほど，羽根の両側の圧力差が減少する。このため，羽根先すきまの漏れ損失が減少し，低圧蒸気の熱落差を有効に利用できる。

また，低圧側に衝動段を用いると，次のような欠点がある。

低圧側では，蒸気の比容積が大きいので，段数の少ない衝動段では，羽根の長さが大きく（長く）なり，また蒸気速度が大きくなって（反動段に比べ），損失（羽根の摩擦損失，最終段の排気残留エネルギ損失など）が増加し，効率が低下する。

2.3.5 衝動タービンと反動タービンとの比較

世界各国の商船では，タービン船出現の初期（明治～大正期）には反動ター

表 2.1 衝動タービンと反動タービンとの比較

項　目		衝動タービン（衝動段）	反動タービン（反動段）
蒸気の作用（力学的）		衝動作用（衝撃力）	反動作用（反動力） 衝動作用（衝撃力）
エネルギ変換	熱エネルギ→運動エネルギ	ノズル	案内羽根と回転羽根
	運動エネルギ→機械仕事	回転羽根	回転羽根
反動度 r		$r<0.5$（0.5未満）	$r\geq0.5$（0.5以上）
熱効率		高圧部でよい	低圧部でよい
損失	蒸気の摩擦損失	大（蒸気速度が大きい）	小（蒸気速度が小さい）
	軸方向すきま損失	大	小
	羽根先すきま損失	小	大
1段の熱落差(圧力降下)		大	小
構造	全般的	複雑	簡単（多数の羽根列だけと考えられる）
	タービンの全長	短い（1段の熱落差が大きい）	長い
	羽根の形状		
	羽根車（ロータ）の形状		
	ノズルの有無	ある	ない
	スラスト軸受	大	小（パーソンスタービンにはつり合いピストン使用）
	案内羽根	蒸気の流動方向の変更（速度複式タービン）	1. 蒸気の流動方向の変更 2. ノズルの作用
	回転羽根	運動エネルギを機械仕事に転換	1. 運動エネルギを機械仕事に転換 2. ノズル作用
	つり合いピストン	不要	必要（パーソンスタービン）
計画	高圧高温蒸気使用の適否	適当（ノズルを使用するから）	不適（ノズルがないから）
	馬力あたりの重量容積	小（タービンの全長が短いから）	大（タービンの全長が長いから）
初段への蒸気供給		部分的	全周
調速装置		ノズル加減調速（部分負荷で効率低下小）	絞り調速（部分負荷で効率低下大）
取扱い	開放検査および手入れの難易	反動に比べ容易でない	容易
	羽根の一部故障のとき全体に及ぼす影響	小	大
	車室の熱影響	比較的少ない	多い
	軸方向の蒸気スラスト	小	大

ビンが主流であった．しかし，現今では，ほとんど衝動タービンだけとなり，反動タービンは，混式タービンの反動段として使用される程度である．

表2.1は，衝動タービンと反動タービンとの比較を示す．

次に，衝動タービンと反動タービンとのおもな長所をあげると，次のようである．

衝動タービンでは
1. 1つの段の熱落差が大きいので，タービンの長さが短くなり，質量，容積が減少する（ノズルを使用するから）．
2. 蒸気速度が適当に大きくなり，また部分流入ができるので，高圧側で効率がよい（前者は速度比に関係し，また後者は羽根の長さが損失に関係する．
3. 高圧，高温蒸気を使用するタービンでは，設計上，特に蒸気室（steam chest）とノズルとが高圧，高温の対象となり，初段のノズル以降の車室に対しては耐圧寸法が小となり，また変形も少ない．
4. ノズル加減調節による調速ができるので，低負荷における効率低下が少ない．
5. 羽根先すきまが大きいので，取扱いが容易．

反動タービンでは
1. 多数の羽根列だけで構成できるので，構造が簡単で，開放，検査，掃除などが容易である．
2. 低圧側の漏えい損失が少ないので，低圧側で効率がよい．
3. 蒸気の通路が，車室と回転胴（ドラム ロータ）との間に制限されるので，摩擦損失が少ない．

第3章　蒸気タービンの熱サイクル

3.1　ランキン サイクル（**Rankine cycle**）
3.1.1　ランキン サイクルの意義

ランキン サイクルは，1854年，イギリス人ランキン（Rankine）によって考案された蒸気タービンの熱サイクルである。

過熱蒸気を用いる場合，熱サイクルの基本は，図3.1に示すカルノ サイクル（Carnot cycle）である（飽和蒸気の場合，ABCD）。

このカルノ サイクルには，実現不可能な過程が2つある。すなわち次の1，2である。

1. AB部分に示す断熱圧縮で，湿り蒸気（排気）を圧縮して飽和水にする過程。
2. CC′部分に示す等温膨張で，過熱器における過熱蒸気の受熱の過程。

ランキンは，これらの実現不可能な過程に対し，1に対しては断熱圧縮を除外し，2に対しては等圧膨張に変更し，蒸気原動機として，実現可能なサイクルとした。これをランキン サイクルといい，標準サイクルとして扱われている。

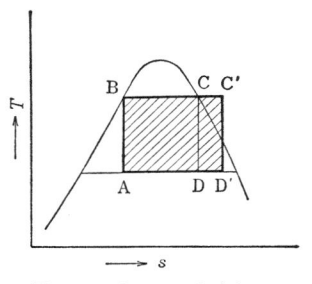

図3.1　カルノ サイクル

すなわちランキン サイクルとは，次のようなものである。

蒸気タービンで，乾き飽和蒸気および過熱蒸気を用いたときのランキン サイクルは，ボイラ内にて，単位質量の飽和水が一定圧力のもとに蒸発，すなわち等温膨張し，この蒸気は過熱器内で等圧加熱され，次に，タービン内で断熱膨張および復水器内で等温圧縮され，この飽和状態の復水がボイラ内に送られ，受熱により飽和線に沿って等圧加熱され，完結するサイクルである。なお，ランキン サイクルには，給水ポンプの過程にて，断熱圧縮を考慮する場合もある。

図3.2は，ランキン サイクルの系統図を示す。

3.1.2　ランキン サイクルの熱効率

ランキン サイクルの熱効率は，給水ポンプの過程にて，断熱圧縮を考慮しない場合と，考慮する場合とがある。

給水ポンプの過程にて，断熱圧縮を考慮する場合に対するランキンサイクルの$P-V$線図，$T-s$線図を示す（図3.3, 3.4）。

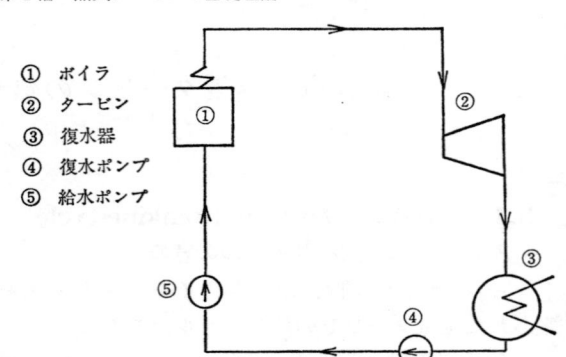

① ボイラ
② タービン
③ 復水器
④ 復水ポンプ
⑤ 給水ポンプ

図3.2 ランキン サイクルの系統図

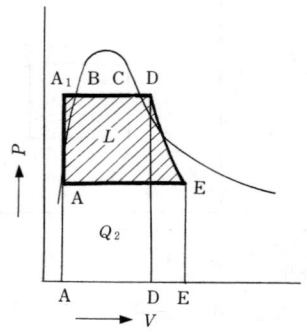

図3.3 ランキン サイクル（$P-V$線図）給水ポンプの過程にて断熱圧縮を考慮する場合

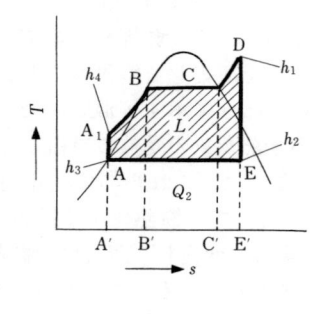

図3.4 ランキン サイクル（$T-s$線図）給水ポンプの過程にて断熱圧縮を考慮する場合

A_1点におけるエンタルピをh_4で表わし，給水ポンプの仕事をL_pとすれば

$Q_1 = h_1 - h_4 = h_1 - h_3 - L_p =$ 面積 $A_1 \text{BCD E}' \text{A}'$

$Q_2 = h_2 - h_3 =$ 面積 $\text{AEE}' \text{A}'$

$L = Q_1 - Q_2 = h_1 - h_2 - L_p =$ 面積 $\text{AA}_1 \text{BCDE}$

$L_p = h_4 - h_3$

となり

$$\eta_r = \frac{L}{Q_1} = \frac{h_1 - h_2 - (h_4 - h_3)}{h_1 - h_3 - L_p} = \frac{(h_1 - h_2) - (h_4 - h_3)}{h_1 - h_4}$$

$$= 1 - \frac{h_2 - h_3}{h_1 - h_4} \quad \cdots\cdots\cdots\cdots\cdots\cdots\cdots\cdots\cdots\cdots\cdots\cdots\cdots\cdots (3\text{-}1)$$

一般に，L_pは無視できる程度で，この場合は

$$\eta_\mathrm{r} = \frac{h_1 - h_2}{h_1 - h_3} \quad\cdots\cdots\cdots\cdots\cdots\cdots\cdots\cdots\cdots\cdots\cdots\cdots\cdots\cdots\cdots\cdots\cdots\cdots\cdots\cdots\cdots\cdots\cdots\cdots \text{(3-2)}$$

　(3-1) 式において，ポンプ仕事 L_p の前の符号が負になっているのは，次の理由である．すなわちポンプ仕事というのは，ポンプが仕事をすることで，水(蒸気が復水したもの) は仕事をされているために符号は負にする．

　AA_1 におけるポンプの加圧(断熱圧縮)による温度上昇は，きわめてわずかで，A と A_1 は，ほとんど一致する．厳密にいえば，A_1 は飽和線より上の位置にある．A_1 から等圧下にてボイラ内で加熱され，等圧線に沿って温度が上昇する．

3.1.3　ランキン サイクルの熱効率を向上させる方法とその影響

　ランキン サイクルの熱効率(蒸気タービン プラント全体の熱効率)を向上させるには，タービンの初圧，初温度および背圧などの蒸気条件によるものと，再生サイクルや再熱サイクルなどを採用する方法とがある．

(1) 初圧(タービン入口の蒸気圧力，initial pressure)を高くする方法

　　蒸気の初温度と背圧が一定のとき，初圧を高くするほど熱効率は増加する．しかし，圧力が高くなるほどその増加率は減少する．また，この場合，欠点として，排気の乾き度は低下の傾向を示す．このため蒸気中の水滴は，回転羽根の背面に衝突し侵食作用を与える．これを防止するためには，計画値の初温度を上昇するか，再熱またはドレンを排除する装置などを設ける．

　　ただし，初温度および背圧の値によっては，ある超高圧の範囲において，ランキン サイクルの熱効率はかえってわずかながら低下することもある．

　　この初圧が熱効率に及ぼす影響は，(3-2) 式によって，次のように説明する．

　　すなわち初圧の上昇に対し，有効仕事(断熱熱落差) $h_1 - h_2$ は増加し，全受熱量(与えられた熱量) $h_1 - h_3$ は減少の傾向を示す．このため，その比で示される熱効率は増加する．ただし，飽和蒸気を使用する場合には，$h_1 - h_3$ は 2.94 MPa (30 kgf/cm²) 前後までは増加する．しかし，$h_1 - h_2$ の増加の影響が $h_1 - h_3$ の増加の影響より大きいので，熱効率は増加する．

　　図 3.5 は，蒸気温度 500℃，背圧 4.90 kPa (0.05 kgf/cm²) に一定の場合，初圧を上昇したときの熱効率と乾き度 x の一例を示す．

　　また，初圧を上昇した場合，膨張後の排気の乾き度が低下する理由は，図 3.6 により，次のように説明する．

　　すなわち初圧を高くした場合，サイクル ABCDE は AB′C′D′E′ に変化

し，飽和蒸気への変移点は，CからC′へと早くなり，膨張後の乾き度はEからE′に低下する．

このような乾き度低下によって，湿分増加による摩擦損失のため，タービンの内部損失の増加や低圧側の羽根が侵食，腐食されるようになる．また初圧の上昇は，高圧に対する特別の設計や材料を考慮しなければならない．

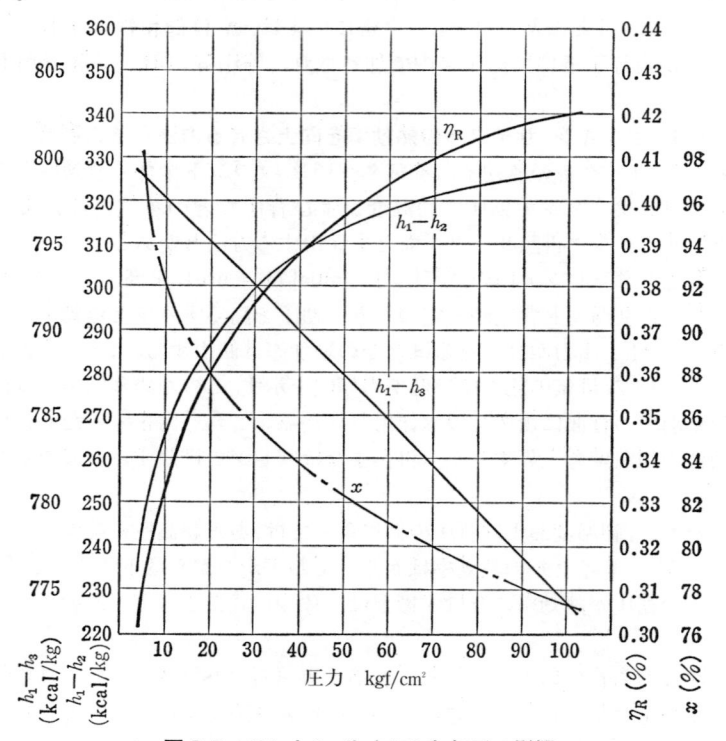

図 3.5 ランキン サイクルと初圧の影響

しかし，高圧部分では，蒸気の比容積が小のため，ノズルや羽根の長さが短くなる．

タービン出口の湿り度は，10〜12% に設計されるのが普通である．

初圧の上昇は，小形タービン（小出力）では大形タービンに比べ，段数が少ないので，漏えいおよび摩擦損失などが増加して大形タービンよりも有効でない．

(2) 初温度（タービン入口の蒸気温度，initial temperature）を高くする方法

第3章　蒸気タービンの熱サイクル

一定の初圧および背圧のとき，初温度を高くしたほど熱効率は増加し，また排気の乾き度は，上昇の傾向を示す。

この初温度が熱効率に及ぼす影響は，(3-2) 式によって，次のように説明する。

すなわち初温度の上昇に対し，有効仕事 h_1-h_2 および全受熱量 h_1-h_3 は，いずれも増加の傾向を示す。しかし，この場合，h_1-h_2 の増加の影響が，h_1-h_3 の増加の影響より大きいので，総合効果として，その比で示される熱効率は増加する。

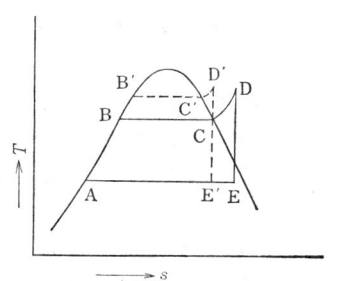

図 3.6 初圧の上昇と排気の乾き度との関係

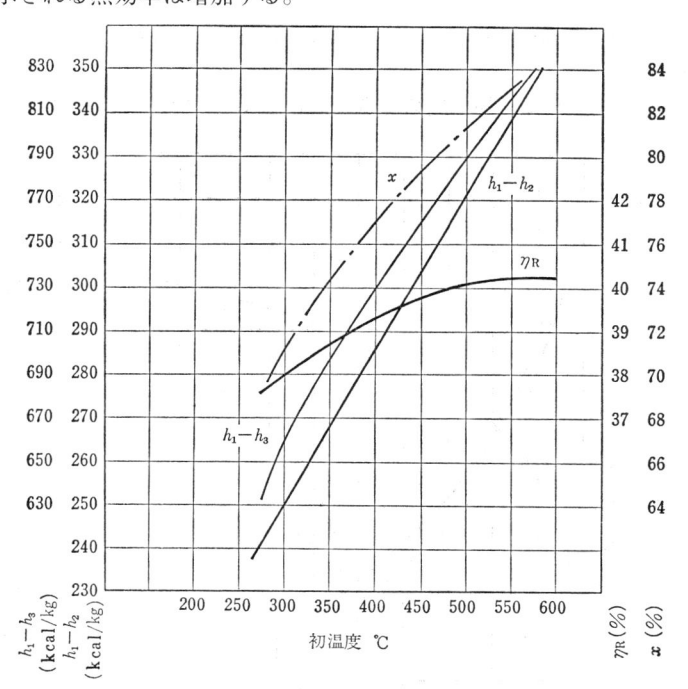

図 3.7 ランキン サイクルと初温度の影響

図 3.7 は，初圧 5.88 MPa (60 kgf/cm²)，背圧 4.90 kPa (0.05 kgf/cm²) に一定の場合，初温度を上昇したときの熱効率と乾き度 x の一例を示す。

また，初温度を高くした場合，膨張後の排気の乾き度が上昇する理由

は，図3.8により，次のように説明する。

すなわち初温度を高くした場合，サイクルABCDE は ABCD″E″に変化し，乾き度は E から E″に上昇し，また膨張域は，過熱蒸気の範囲が多くなる。このように，初温度を高くしたほうが，初圧を高くするよりも，効果の大きいことがわかる。

しかし，初温度の上昇にも限度があって，ボイラ，タービン，蒸気管などの材質が，強さの点から，高温度に対し，制限を受けることである。

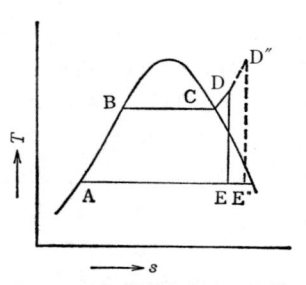

図 3.8 初温度を高くした場合の乾き度が上昇する理由

(3) 背圧（back pressure）を低くする方法（復水器の真空度を高くすることに同じ）

　　一定の初圧および初温度のとき，背圧を低くする（真空度を上昇する）

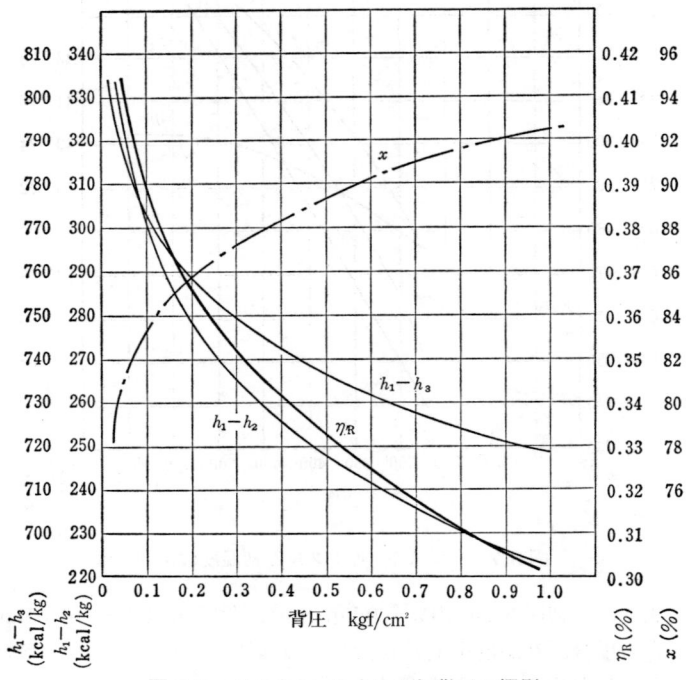

図 3.9 ランキン サイクルと背圧の響影

ほど，熱効率は増加する。

この背圧が熱効率に及ぼす影響は，(3-2)式によって，次のように説明する。

すなわち背圧の低下に対し，有効仕事 h_1-h_2 および全受熱量 h_1-h_3 は，いずれも増加の傾向を示す。しかし，この場合，h_1-h_2 の増加の影響が，h_1-h_3 の増加の影響より大きいので，総合効果として，その比で示される熱効率は増加する。

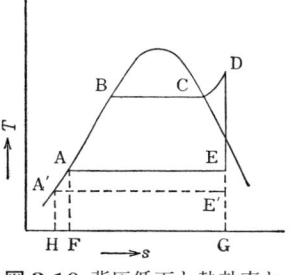

図3.10 背圧低下と熱効率との関係

図3.9は，初圧5.88 MPa（60 kgf/cm²），初温度500℃に一定の場合，背圧を低下したときの熱効率と乾き度 x の一例を示す。

また，図3.10において，膨張後の排気の状態が，EからE'に低下したとき，熱効率は，面積ABCDE／面積FABCDGから面積A'BCDE'／面積HA'BCDGとなり，増加することがわかる。

しかし，背圧を低くした場合，次のような欠点がある。
1. 復水器の寸法および復水ポンプ，循環水ポンプ，抽気ポンプ（空気エゼクタ）などの容量が大きくなる（背圧を低くすれば蒸気の比容積が大きくなる）。
2. 復水の温度が低下し，給水温度を同一とすれば，給水加熱に要する熱量が増加する。

(4) 再生サイクル，再熱サイクルなどによる方法

蒸気条件を変更せず，ランキンサイクルの熱効率を上昇させる方法で，「3.2.2 再生サイクルの熱効率」および「3.3.2 再熱サイクルの熱効率」にて説明する。

3.2 再生サイクル（regenerative cycle）
3.2.1 再生サイクルの意義とその特徴

復水タービンの排気は，復水器にて冷却水（海水）によって復水される。この冷却水に捨てる損失熱量は，復水タービンの宿命的なもので，単純サイクルでは，タービン入口蒸気のエンタルピに対し，約2/3程度に及んでいる。

再生サイクルは，この冷却水に捨てる損失熱量を，できるだけ回収利用するため，タービンの膨張段の途中から蒸気の一部を抽出し，抽気給水加熱器によって，ボイラ給水を加熱するものである。すなわち (3-1) 式にて，h_2-h_3 を小

さくする方法である。

抽出の段数は，その数が多いほど，熱効率は増加する。しかしその増加率は減少する。

現今の舶用タービンでは，1～6段が採用され，最近の大形タンカでは5段が多い。

図3.11は，再生サイクルの系統図を示す。

再生サイクルは，単純サイクル（ランキンサイクル）に比較し，次のような特徴がある。

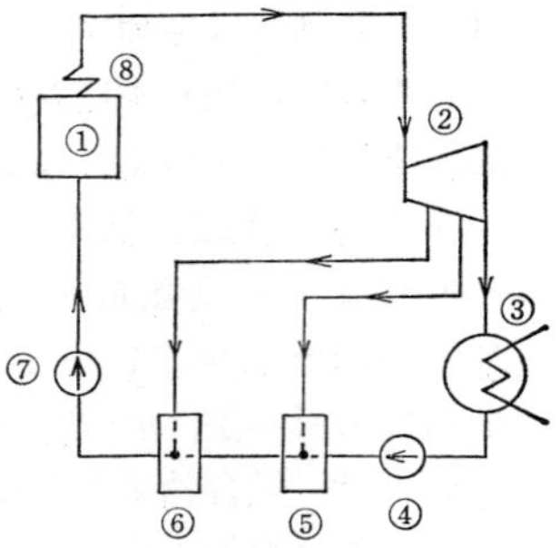

利　　点
1. プラントの理論熱効率が向上する。
2. タービンの高圧側の段において，通過蒸気量が増加し，羽根の長さが長くなる。このため，内部損失が減少し，また設計が容易になる。
3. タービンの低圧側の段において，通過蒸気量が減少し，羽根の長さが短くなる。このため，排気損失が減少し，また設計が容易となる。
4. ボイラ給水の温度が上昇し，ボイラの温度差が少なくなり，ボイラの保全に対して有利である。
5. タービンの低圧側において，蒸気中の水分が減少し，その侵食作用を軽減する。

欠　　点
1. 装置が複雑になる。
2. 設備費，運転費が増加する。
3. 取扱いが面倒になる。

① ボイラ　　⑤ 第1段給水加熱器
② タービン　⑥ 第2段給水加熱器
③ 復水器　　⑦ 給水ポンプ
④ 復水ポンプ ⑧ 過熱器

図3.11　再生サイクルの系統図

3.2.2 再生サイクルの熱効率

舶用タービンでは，多段抽気が多いので，その一例として，2段抽気について説明する。

① 混合加熱器を使用のとき

図3.12，図3.13は，それぞれ混合加熱器を使用のとき，2段抽気の場合の系統図，$T-s$ 線図を示す。

ボイラからタービンに入る蒸気量を m kg とし，湿り蒸気域内の第1抽気点2で $\dot{m}_1 m$ kg の蒸気を抽出し，次に，残りの $(1-\dot{m}_1)\,m$ kg のうち，第2抽気点3で $\dot{m}_2 m$ kg を抽出すると，残りの $(1-\dot{m}_1-\dot{m}_2)\,m$ kg が復水器にて復水する。

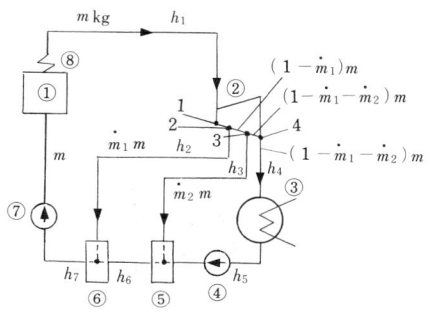

第3章 蒸気タービンの熱サイクル

図 3.12 再生サイクルの系統図
（混合加熱器使用，2段抽気）

① ボイラ　⑤ 第1段給水加熱器
② タービン　⑥ 第2段給水加熱器
③ 復水器　⑦ 給水ポンプ
④ 復水ポンプ　⑧ 過熱器

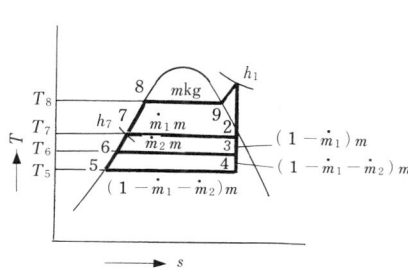

図 3.13 再生サイクルの $T\text{-}s$ 線図
（混合加熱器使用，2段抽気）

復水は，第1段給水加熱器にて $\dot{m}_2 m\,\mathrm{kg}$ と混合し，この抽出蒸気の復水による潜熱（蒸発熱）のため，図3.13の点5から点6まで加熱され，温度 T_5 から抽気点3の飽和温度 T_6 まで上昇する。さらに，第2段給水加熱器にて $\dot{m}_1 m\,\mathrm{kg}$ と混合して $m\,\mathrm{kg}$ となり，温度 T_6 から抽気点2の飽和温度 T_7 まで加熱され，ボイラ給水としてボイラにもどる。

このような給水加熱器における熱交換の関係から，抽気量（抽出蒸気量）は，次のようにして求められる。

第2段給水加熱器（No.2 F.H）にて

$$\dot{m}_1 m (h_2 - h_7) = (1 - \dot{m}_1) m (h_7 - h_6)$$

$$\dot{m}_1 = \frac{h_7 - h_6}{h_2 - h_6} \quad \cdots\cdots\cdots\cdots\cdots\cdots\cdots\cdots\cdots\cdots (3\text{-}3)$$

また第1段給水加熱器（No.1 F.H）にて

$$\dot{m}_2 m (h_3 - h_6) = (1 - \dot{m}_1 - \dot{m}_2) m (h_6 - h_5)$$

$$\dot{m}_2 = \frac{(1 - \dot{m}_1)(h_6 - h_5)}{h_3 - h_6} = \left(\frac{h_2 - h_7}{h_2 - h_6}\right)\left(\frac{h_6 - h_5}{h_3 - h_6}\right) \quad \cdots\cdots\cdots (3\text{-}4)$$

また，この場合，再生サイクルの熱効率を図3.12から求めると，次のようになる。

タービンの有効仕事は，蒸気量1 kgに対し（$m = 1\,\mathrm{kg}$）

$$L = h_1 - h_2 + (1 - \dot{m}_1)(h_2 - h_3) + (1 - \dot{m}_1 - \dot{m}_2)(h_3 - h_4)$$

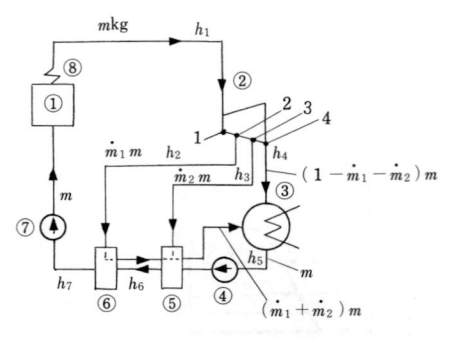

図 3.14 再生サイクルの系統図
（表面加熱器使用，2段抽気）

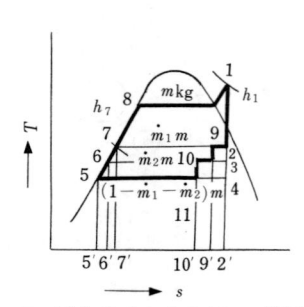

図 3.15 再生サイクルの$T-s$線図
（表面加熱器使用，2段抽気）

① ボイラ　　　⑤ 第1段給水加熱器
② タービン　　⑥ 第2段給水加熱器
③ 復水器　　　⑦ 給水ポンプ
④ 復水ポンプ　⑧ 過熱器

$$= h_1 - h_4 - \dot{m}_1(h_2 - h_4) - \dot{m}_2(h_3 - h_4) \ \text{J/kg}$$

外部から与えられた供給熱量は

$$Q = h_1 - h_7 \ \text{J/kg}$$

ゆえに，ポンプ仕事を無視したときの熱効率は

$$\eta_{\text{reg}} = \frac{L}{Q} = \frac{h_1 - h_4 - \dot{m}_1(h_2 - h_4) - \dot{m}_2(h_3 - h_4)}{h_1 - h_7} \quad \cdots\cdots\cdots (3-5)$$

② 表面加熱器を使用のとき

図 3.14，図 3.15 は，それぞれ表面加熱器を使用のとき，2段抽気の系統図，$T-s$線図を示す。

図 3.14 のように，表面加熱器を使用した場合には，図 3.15 の抽気点2からの抽出蒸気 $\dot{m}_1 m$ は，第2段給水加熱器にて復水し，次いで，第1段給水加熱器にて，点3からの抽出蒸気 $\dot{m}_2 m$ の復水と合流して復水器に入る。

この間，第1段および第2段給水加熱器にて，抽出蒸気とボイラ給水との熱交換の関係から，第2段給水加熱器（No.2 F.H）にて

$$\dot{m}_1 m (h_2 - h_7) = m (h_7 - h_6)$$

$$\dot{m}_1 = \frac{h_7 - h_6}{h_2 - h_7} \quad \cdots\cdots\cdots\cdots\cdots\cdots\cdots\cdots\cdots\cdots\cdots\cdots\cdots (3-6)$$

また，第1段給水加熱器（No.1 F.H）にて

$$\dot{m}_2 m (h_3 - h_6) + \dot{m}_1 m (h_7 - h_6) = m (h_6 - h_5)$$

$$m_2 = \frac{h_6 - h_5}{h_3 - h_6} - \frac{h_7 - h_6}{h_2 - h_7} \cdot \frac{h_7 - h_6}{h_3 - h_6} \quad \cdots\cdots\cdots\cdots\cdots\cdots\cdots\cdots\cdots\cdots\cdots\cdots\cdots (3\text{-}7)$$

この場合，図3.14における $(\dot{m}_1 + \dot{m}_2) \, m \, \text{kg}$ の給水加熱器の復水は，水量的に回収するため，復水器に入れるが，復水器内にて冷却水に熱量が放出されるので，h_5 の熱量は，加熱源とはならないで，全くの損失となる。この点は，混合加熱器のほうが有利である。

また，表面加熱器のとき，熱効率を図3.14から求めると，次のようになる。

タービンの有効仕事は，蒸気量1 kgに対し（$m = 1$ kg）

$L = h_1 - h_2 + (1 - \dot{m}_1)(h_2 - h_3) + (1 - \dot{m}_1 - \dot{m}_2)(h_3 - h_4)$
$ = h_1 - h_4 + \dot{m}_1(h_2 - h_4) - \dot{m}_2(h_3 - h_4) \, \text{J/kg}$

外部から与えられた供給熱量は

$Q = h_1 - h_7 \, \text{J/kg}$

ゆえにポンプ仕事を無視したときの熱効率は

$$\eta_{\text{reg}} = \frac{L}{Q} = \frac{h_1 - h_4 - \dot{m}_1(h_2 - h_4) - \dot{m}_2(h_3 - h_4)}{h_1 - h_7} \quad \cdots\cdots\cdots\cdots\cdots\cdots (3\text{-}8)$$

3.3 再熱サイクル（reheating cycle）

3.3.1 再熱サイクルの意義とその特徴

一定温度の下では，蒸気圧力を高くするほど，タービン内の膨張中において，湿り蒸気域内に早く入りやすい（早く湿り蒸気になる）。

このため，湿り蒸気になる前で，等圧のまま，タービンの外に取り出し，再熱器（reheater）へ通して蒸気温度を上昇させ，ふたたびタービンへもどして膨張仕事をさせる。このようなサイクルを再熱サイクルという。

再熱サイクルは，熱力学的にサイクルの改善を図るというよりは，むしろ，湿り蒸気とタービンの作動部分との間に生ずる摩擦損失などの機械的エネルギ損失を減少し，熱効率の増加を目的にしたものである。

再熱サイクルは，(3-1) 式にて，$h_1 - h_4$ を大きくすることである。

タービン出口の湿り度は，通常10～12%程度にし，再熱の回数は，設備が複雑になるため，1回または

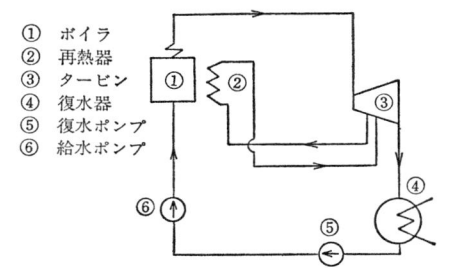

① ボイラ
② 再熱器
③ タービン
④ 復水器
⑤ 復水ポンプ
⑥ 給水ポンプ

図3.16 再熱サイクルの系統図

2回に計画するのが普通である。

図3.16は，その系統図を示す。

再熱サイクルは，単純サイクル（ランキン サイクル）に比較し，次のような特徴がある。

利　　点
1. 低圧側の湿り蒸気による摩擦損失などが減少し，プラントの熱効率が向上する。
2. 低圧側羽根の侵食，腐食の防止ができる。
3. 周速度を高くすることができる。

欠　　点
1. 設備費が増加する。このため，減価償却が長くなる。
2. 装置が複雑で，取扱いが面倒になり，信頼性が低下する。
3. タービンが急停止したとき，再熱器内を蒸気が循環しないので，再熱器管が焼損する。このため，特別の調節装置が必要である。

また，再熱サイクルが，舶用タービン プラントに多く採用されない理由は，次のようである。
1. 後進時などに再熱器管が焼損する。再熱蒸気は，前進用蒸気を対象にしているので，後進時には，蒸気が再熱器を通らない。
2. 馬力が陸用に比べて小で，採算上有利でない。

3.3.2　再熱サイクルの熱効率

図3.17, 図3.18は，それぞれ再熱サイクルの$T-s$線図，$h-s$線図を示す。

これらの図において，点1はタービン入口の過熱蒸気を示し，点2まで断熱膨張をする。次に再熱器にて，点3まで等圧加熱によって過熱され，再びタービンで点4まで断熱膨張をする。次いで，復水器にて復水して飽和水の点5となり，給水ポンプにてボイラに送られる。ボイラ中で水は加熱されて点6を経過して飽和蒸気の点7となり，さらに過熱器にて等圧加熱されて過熱蒸気の点1となる。

この場合，再熱サイクルの熱効率を求めると次のようになる。

ボイラと過熱器で与えられた熱量は
$$Q_1 = 面積\ 11'5'567 = h_1 - h_5$$

再熱器で与えられた熱量は
$$Q_2 = 面積\ 33'1'2 = h_3 - h_2$$

与えられた総熱量は
$$Q = Q_1 + Q_2 = 面積\ 1233'5'567 = (h_1 - h_5) + (h_3 - h_2)\ \text{J/kg} \quad \cdots(3\text{-}9)$$

第3章 蒸気タービンの熱サイクル

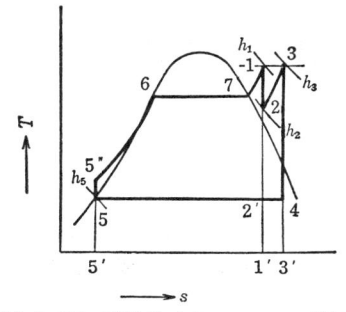

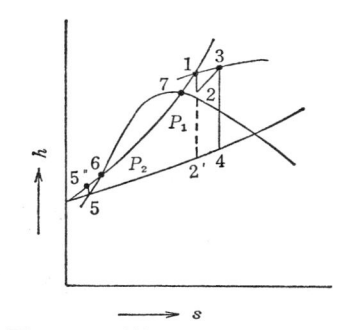

図 3.17 再熱サイクルの $T-s$ 線図

図 3.18 再熱サイクルの $h-s$ 線図

タービンの有効仕事は

$$L = 面積\ 1234567 = (h_1 - h_2) + (h_3 - h_4) \quad \cdots\cdots (3\text{-}10)$$

ゆえに，ポンプ仕事を無視すると

$$\eta_{\text{erh}} = \frac{L}{Q} = \frac{面積\ 1234567}{面積\ 1233'5'567}$$

$$= \frac{(h_1 - h_2) + (h_3 - h_4)}{(h_1 - h_5) + (h_3 - h_2)} \quad \cdots\cdots (3\text{-}11)$$

3.4 再熱再生サイクル (reheating and regenerative cycle)

再熱再生サイクルは，再熱サイクルと再生サイクルとを取り入れ，これらの効果を組み合わせて，効率の改善を目的としたものである．

図 3.19 は，再熱再生サイクルについて，それぞれ再生サイクル，再熱サイクル，ランキンサイクル（圧力を上げたとき）の長所および短所と，これらの相互の影響とによって，熱効率の著しい改善と，排気の乾き度を適当に保持できることを説明したものである．

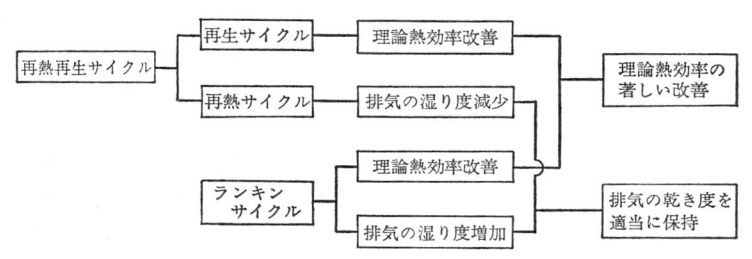

図 3.19 再熱再生サイクルと熱効率および排気の乾き度との関係

第4章　ノズルおよび羽根と蒸気の流動

4.1　ノズル内の蒸気の流動
4.1.1　ノズル内の蒸気の速度

ノズルは，衝動タービンにおいて，蒸気の流動方向を定めるとともに，断熱膨張によって，熱エネルギを運動エネルギ（速度エネルギ）に変換するものである。

図4.1において，v_1, v_2およびh_1, h_2をそれぞれノズル入口，出口の蒸気速度 m/s，エンタルピ J/kg とすれば，ノズル内のエンタルピ差（熱落差）は(h_1-h_2) J/kg である。

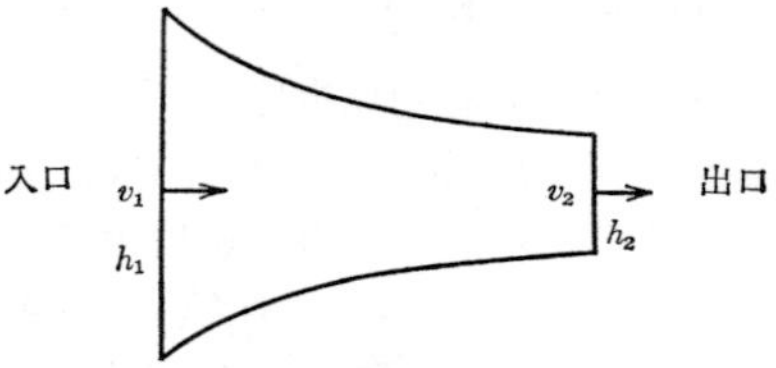

ノズル入口，出口の運動エネルギは$v_1^2/2$, $v_2^2/2$であるから，ノズル内部で増加される運動エネルギは$v_2^2/2-v_1^2/2$となる。

図4.1　ノズル内の蒸気の速度

ここで，入口速度v_1は出口速度v_2に比べてきわめて小さいので，これを零とすれば（$v_1=0$とする），$v_1^2/2=0$となる。

ノズル内の蒸気が摩擦のない断熱膨張をするとすれば，エンタルピ差（熱落差）は運動エネルギの増加に等しい。

$$\frac{v_2^2}{2}=(h_1-h_2)$$

したがって

$$v_2=\sqrt{2(h_1-h_2)}$$

$\sqrt{2}\fallingdotseq 1.4$であるから

$$v_2\fallingdotseq 1.4\sqrt{h_1-h_2}\text{ m/s} \quad\cdots\cdots\cdots\cdots\cdots\cdots\cdots\cdots\cdots\cdots\cdots\cdots\cdots\cdots\cdots\cdots\cdots (4\text{-}1)$$

出口速度v_2は，エンタルピ差（熱落差）の平方根に比例する。

4.1.2　ノズルを通過する蒸気の臨界圧力（critical pressure）および臨界速度（critical velocity）

衝動タービンでは，ノズルを用いて蒸気の熱エネルギを運動エネルギに変換する。すなわち蒸気は，ノズル内を流動，膨張して圧力が低下し，その速度を増加する。このため，一定量（質量）の蒸気を通過させて膨張させるには，通路の断面積を小さくする必要がある。その断面積の最小の所をノズルののど

(throat)といい，のどにおける圧力を臨界圧力，またそのときの速度を臨界速度といい，のどでは，単位断面積あたりの蒸気量は最大である。

ノズルの臨界圧力およびノズル入口の蒸気圧力をそれぞれ P_c, P_1 とすれば，次のような関係がある。

飽和蒸気を使用のとき
$$P_c = 0.577\ P_1\ (x = 1.135) \quad\cdots\cdots\cdots\cdots\cdots\cdots\cdots\cdots\cdots\cdots (4\text{-}2)$$
過熱蒸気を使用のとき
$$P_c = 0.546\ P_1\ (x = 1.30) \quad\cdots\cdots\cdots\cdots\cdots\cdots\cdots\cdots\cdots\cdots (4\text{-}3)$$

ここに，$x = c_p/c_v$（比熱比，c_p：定圧比熱，c_v：定積比熱）である。

臨界圧力および臨界速度は，理論的に求めると，次のようになる。

蒸気タービンのノズル（反動タービンでは，固定羽根，回転羽根）を蒸気が流動する場合，断熱膨張を行って蒸気の流速は増加する。

図 4.2 において，ノズル入口の断面 I からノズル出口の断面 II までの間に断熱膨張をした場合，P_1, V_1, v_1, F_1 および P_2, V_2, v_2, F_2 は，それぞれ入口 I および出口 II における絶対圧力 Pa，比容積 m³/kg，速度 m/s，断面積 m² を示す。

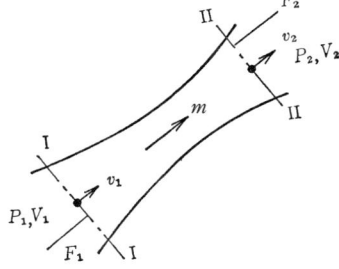

図 4.2 ノズル内の蒸気の流動

次に，断熱膨張のときの仕事量 K は，蒸気 1 kg について

$$K = \frac{x}{x-1}(P_1 V_1 - P_2 V_2)\ \text{J/kg} \quad\cdots\cdots\cdots\cdots\cdots\cdots\cdots\cdots (4\text{-}4)$$

また，入口 I および出口 II の間における運動エネルギの増加は，蒸気 1 kg について

$$\frac{1}{2}(v_2^2 - v_1^2)\ \text{J/kg} \quad\cdots\cdots\cdots\cdots\cdots\cdots\cdots\cdots\cdots\cdots\cdots\cdots (4\text{-}5)$$

断面 I, II 間における仕事量は，運動エネルギに変換されるので，(4-4) 式と (4-5) 式とは等しくなり

$$\frac{1}{2}(v_2^2 - v_1^2) = \frac{x}{x-1}(P_1 V_1 - P_2 V_2) \quad\cdots\cdots\cdots\cdots\cdots\cdots (4\text{-}6)$$

(4-5) 式において，ノズル入口の速度 v_1 は，微小と仮定すれば，(4-6) 式において $v_1 = 0$

したがって，ノズル出口の速度 v_2 は

$$v_2 = \sqrt{2\frac{\varkappa}{\varkappa-1}(P_1V_1 - P_2V_2)} \text{ m/s} \cdots\cdots\cdots\cdots\cdots\cdots (4-7)$$

また，断熱膨張では

$$P_1V_1^\varkappa = P_2V_2^\varkappa \text{ あるいは } \frac{V_2}{V_1} = \left(\frac{P_1}{P_2}\right)^{\frac{1}{\varkappa}}$$

であるから，(4-7)式は

$$v_2 = \sqrt{2\frac{\varkappa}{\varkappa-1}(P_1V_1 - P_2V_2)} = \sqrt{2\frac{\varkappa}{\varkappa-1}P_1V_1\left(1 - \frac{P_2}{P_1}\cdot\frac{V_2}{V_1}\right)}$$

$$= \sqrt{2\frac{\varkappa}{\varkappa-1}P_1V_1\left\{1 - \left(\frac{P_2}{P_1}\right)^{1-\frac{1}{\varkappa}}\right\}} \cdots\cdots\cdots\cdots\cdots\cdots (4-8)$$

また，ノズルを通過する蒸気量 m は

$$m = \frac{F_2\, v_2}{V_2} = F_2\sqrt{2\frac{\varkappa}{\varkappa-1}\cdot\frac{P_1V_1}{V_2^2}\left\{1 - \left(\frac{P_2}{P_1}\right)^{\frac{\varkappa-1}{\varkappa}}\right\}}$$

$$= F_2\sqrt{2\frac{\varkappa}{\varkappa-1}\cdot\frac{P_1}{V_1}\left\{\left(\frac{P_2}{P_1}\right)^{\frac{2}{\varkappa}} - \left(\frac{P_2}{P_1}\right)^{\frac{\varkappa+1}{\varkappa}}\right\}} \text{ kg/s} \cdots\cdots (4-9)$$

上式の P_2，F_2 は，ノズル出口の蒸気圧力および断面積であるが，これらを，任意の位置の断面における蒸気圧力 P Pa および断面積 F m² とすれば，(4-9)式は次のようになる。

$$m = F\sqrt{2\frac{\varkappa}{\varkappa-1}\cdot\frac{P_1}{V_1}\left\{\left(\frac{P}{P_1}\right)^{\frac{2}{\varkappa}} - \left(\frac{P}{P_1}\right)^{\frac{\varkappa+1}{\varkappa}}\right\}} \cdots\cdots\cdots\cdots (4-10)$$

(4-10)式にて，m，$\varkappa$ は一定で，また P_1，V_1 も一定とすれば，$P/P_1 = r$ とおいたとき

$$m = F\sqrt{2\frac{\varkappa}{\varkappa-1}\cdot\frac{P_1}{V_1}\left(r^{\frac{2}{\varkappa}} - r^{\frac{\varkappa+1}{\varkappa}}\right)}$$

$$m = (\text{一定})\cdot F\sqrt{r^{\frac{2}{\varkappa}} - r^{\frac{\varkappa+1}{\varkappa}}} = CFy \cdots\cdots\cdots\cdots\cdots\cdots (4-11)$$

ここに，$y = \sqrt{r^{\frac{2}{\varkappa}} - r^{\frac{\varkappa+1}{\varkappa}}}$ とおく

(4-11)式において，蒸気の一定流量 m に対して y が最大のとき，F は最小である。したがって，断面積 F が最小の所で，単位断面積の流量が最大となる。

これを計算すると

第4章 ノズルおよび羽根と蒸気の流動

$$\frac{dy}{dr} = 0 \qquad \frac{d}{dr}\left(r^{\frac{2}{\varkappa}} - r^{\frac{\varkappa+1}{\varkappa}}\right) = 0$$

$$\frac{2}{\varkappa}r^{\frac{2}{\varkappa}-1} - \left(1 + \frac{1}{\varkappa}\right)r^{\frac{1}{\varkappa}} = 0$$

$$r^{\frac{1}{\varkappa} - \left(\frac{2}{\varkappa}-1\right)} = \frac{2}{\varkappa} \cdot \frac{\varkappa}{\varkappa+1} \qquad r^{1-\frac{1}{\varkappa}} = \frac{2}{\varkappa+1}$$

$$r = \frac{P_2}{P_1} = \left(\frac{2}{\varkappa+1}\right)^{\frac{\varkappa}{\varkappa-1}} \quad\dots\dots\dots\dots\dots\dots\dots\dots\dots\dots\dots\dots\dots\dots (4\text{-}12)$$

$$P_2 = P_1\left(\frac{2}{\varkappa+1}\right)^{\frac{\varkappa}{\varkappa-1}}$$

このように，ノズルの単位断面積を通過する蒸気量 m が最大になるとき，P_2 の圧力を特に P_c で表わすと

$$P_c = P_1\left(\frac{2}{\varkappa+1}\right)^{\frac{\varkappa}{\varkappa-1}} \quad\dots\dots\dots\dots\dots\dots\dots\dots\dots\dots\dots\dots (4\text{-}13)$$

(4-13) 式の P_c を臨界圧力といい，ノズルののどの圧力である。
(4-12) 式に対し，飽和蒸気では，$\varkappa = 1.135$ であるから

$$r = \left(\frac{2}{1.135+1}\right)^{\frac{1.135}{0.135}} = 0.577$$

$$P_c = 0.577 P_1$$

過熱蒸気では，$\varkappa = 1.30$ であるから

$$r = \left(\frac{2}{1.3+1}\right)^{\frac{1.3}{0.3}} = 0.546$$

$$P_c = 0.546 P_1$$

となる。
ノズルの最小断面積 F_c m^2 を通過するときの蒸気速度 v_c m/s は

$r = \left(\dfrac{2}{\varkappa+1}\right)^{\frac{\varkappa}{\varkappa-1}}$ を代入すると

$$v_c = \sqrt{2\frac{\varkappa}{\varkappa-1}P_1 V_1\left\{1 - \left(\frac{P_2}{P_1}\right)^{\frac{\varkappa-1}{\varkappa}}\right\}}$$

$$= \sqrt{2\frac{\varkappa}{\varkappa-1}P_1V_1\left(1-\frac{2}{\varkappa+1}\right)} = \sqrt{2\frac{\varkappa}{\varkappa+1}P_1V_1} \quad \text{m/s} \quad \cdots\cdots\cdots (4\text{-}14)$$

(4-14) 式の v_c を臨界速度といい，臨界圧力に相当する蒸気の噴出速度で，ノズルののどにおける蒸気の速度である。

また，最大流出量 $m_{\max}$ は

$$m_{\max} = F\sqrt{2\frac{\varkappa}{\varkappa-1}\cdot\frac{P_1}{V_1}\left\{\left(\frac{2}{\varkappa+1}\right)^{\frac{1}{\varkappa-1}} - \left(\frac{2}{\varkappa+1}\right)^{\frac{\varkappa+1}{\varkappa-1}}\right\}}$$

$$= \sqrt{2\frac{\varkappa}{\varkappa+1}\left(\frac{2}{\varkappa+1}\right)^{\frac{2}{\varkappa-1}}\cdot\frac{P_1}{V_1}} \quad \text{kg/s}\cdots\cdots\cdots\cdots\cdots\cdots (4\text{-}15)$$

(4-15) 式に対し，飽和蒸気では，$\varkappa=1.135$，

過熱蒸気では，$\varkappa=1.30$ であるから

過熱蒸気の流量は，飽和蒸気に比べ，約 5% 程度増加する。

4.1.3 ノズルの断面積

ノズル内を蒸気が充満して流れるとき，その流動を定常状態とすれば，各断面を単位時間に流れる量は一定で，流体連続方程式より

$$mV = Fv$$

$$F = \frac{mV}{v} \cdots\cdots\cdots\cdots\cdots\cdots\cdots\cdots\cdots\cdots\cdots\cdots\cdots\cdots\cdots\cdots\cdots (4\text{-}16)$$

ここに，m：ノズルの蒸気流量 kg/s，V：ノズル中の任意断面の圧力に相当する蒸気の比容積 m³/kg（湿り蒸気のときは，蒸気の乾き度を x とすれば，実際の比容積は xV である。），F：ノズル中，任意の位置の断面積 m²，$v:F$ における流速 m/s である。

図 4.3 に示すようなノズルについて，任意の位置 $y-y'$ における断面積は，ノズル通過蒸気量 m kg/s が与えられたとき，次のように求める。

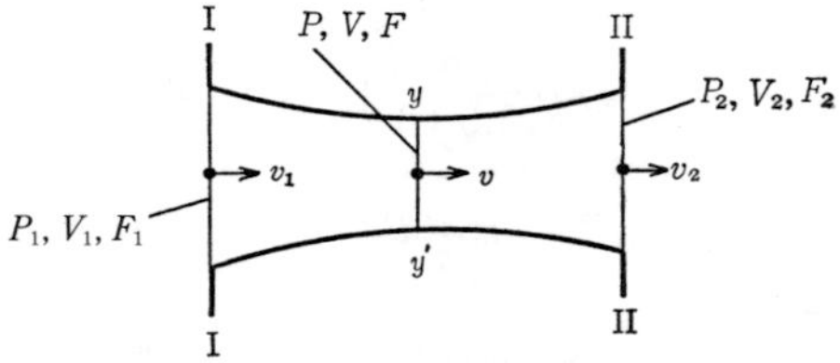

図 4.3 ノズルの断面積

(1) 圧力と比容積とによる方法

(4-8) (4-9) 式より

$$v_2 = \sqrt{2\frac{\varkappa}{\varkappa-1}P_1V_1\left\{1-\left(\frac{P_2}{P_1}\right)^{\frac{\varkappa-1}{\varkappa}}\right\}} \text{m/s} \quad \cdots\cdots\cdots\cdots (4\text{-}17)$$

第4章 ノズルおよび羽根と蒸気の流動　　33

ここに，P_1，V_1：ノズル入口の圧力 Pa，比容積 m³/kg，P_2：ノズル出口の圧力 Pa，x：比熱比である。

上式の v_2 および P_2 を，それぞれ，ノズル中，任意の位置の断面における流速 v，蒸気圧力 P とすれば，(4-17) 式は，次のようになる。

$$v = \sqrt{2\frac{x}{x-1}P_1 V_1 \left\{1 - \left(\frac{P}{P_1}\right)^{\frac{x-1}{x}}\right\}}\,\mathrm{m/s} \quad\cdots\cdots\cdots (4\text{-}18)$$

(4-18) 式によって，ノズルの任意の位置の流速を求め，任意の位置の蒸気の圧力，温度に相当する比容積を V とすれば，(4-16) 式により，ノズルの任意の位置における断面積を求めることができる。

また，蒸気流量 m と P_1，V_1，P_2 との関係は，(4-9) 式より，次のようになる。

$$m = F\sqrt{2\frac{x}{x-1}\cdot\frac{P_1}{V_1}\left\{\left(\frac{P_2}{P_1}\right)^{\frac{2}{x}} - \left(\frac{P_2}{P_1}\right)^{\frac{x+1}{x}}\right\}}\,\mathrm{kg/s} \quad\cdots\cdots (4\text{-}19)$$

すなわち (4-19) 式からわかるように，ノズル入口の状態 P_1，V_1 が与えられたとき，m は一定であるから，P_2 の変化に応じて F を変える必要がある。

(2) エンタルピと比容積とによる方法

ノズル中の流速は，(4-1) 式に対し，任意の位置の断面について考えると，理論速度 v_a は

$$v_a = \sqrt{2(h_1 - h_x)} \fallingdotseq 1.4\sqrt{h_1 - h_x}\quad\mathrm{m/s} \quad\cdots\cdots\cdots (4\text{-}20)$$

ここに，h_1：ノズル入口のエンタルピ，h_x：任意の断面における蒸気の圧力に対するエンタルピ J/kg である。

(4-20) 式より，ノズル中の理論速度 v_a を求め，これを任意の断面における流速とし，(4-16) 式の v とする。

次に，(4-16) 式により，ノズルの任意の位置に対する断面積を求めることができる。

4.1.4　ノズルの断面積と蒸気の圧力，比容積および速度との関係

ノズル内の各点では，流量は常に一定で，蒸気の圧力，比容積，速度などは変化する。このため，ノズルの断面積は変化する。

すなわち蒸気圧力の低下により，蒸気の比容積，速度は増大する。この場合，断面積の変化は，最初はしだいに減少し，ある圧力に達すると，逆に，しだいに増大する。その圧力を臨界圧力といい，断面積の最小の所をのどと呼んでい

る(「4.1.2 ノズルを通過する蒸気の臨界圧力および臨界速度」にて前述)。

最小断面積を F_c とすると,(4-15)式の類似関係として,次の式が求められる。

$$\frac{m}{F_c} = \sqrt{2\frac{\varkappa}{\varkappa+1}\left(\frac{2}{\varkappa+1}\right)^{\frac{2}{\varkappa-1}}\frac{P_1}{V_1}} \mathrm{kg/m^2 \cdot s} \quad \cdots\cdots\cdots\cdots (4\text{-}21)$$

図4.4は,蒸気の圧力の変化と比容積,速度およびノズルの断面積との関係に対し,その傾向を示した一例である。

ノズルの断面積は,(4-16)式に示すように,比容積に比例し,速度に反比例する。(4-16)式によって計算すると,a～b間(P_1～P_c間)では,速度,比容積に反比例するが(速度の増大割合が大),b～c間(P_c～P_2間)では,速度,比容積に比例する(比容積の増大割合が大)。これらの結果として,ノズルの断面積は,図4.4のようになる。

また,ノズルの単位断面積あたりの流量,すなわち比流量は,ノズルののどまでは増加し,その後は減少する。ここに,比流量 m_s は,速度 v と比容積 V との比にて表わされ,次式のようになる。

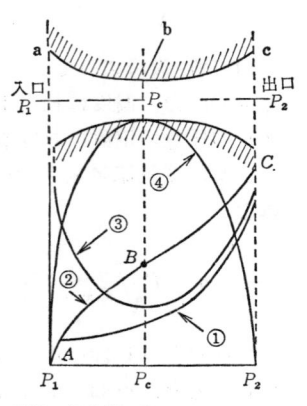

① 蒸気の比容積　③ ノズルの断面積
② 蒸気の速度　　④ 単位断面の流量
B：音響速度　AB：亜音速　BC：超音速

図4.4 蒸気圧力の変化と蒸気の比容積,速度,ノズルの断面積および単位断面の流量との関係

$$m_s = \frac{v}{V} \mathrm{kg/m^2 \cdot s} \quad \cdots\cdots\cdots\cdots (4\text{-}22)$$

4.1.5 ノズルの形状の種類

ノズルの形状の種類には,先細ノズル,末広ノズル,平行ノズルなどがある。

(1) 先細ノズル(さきぼそノズル,convergent nozzle)

ノズルの形状が,出口の方に向かい,断面積がしだいに小さくなるもので,ノズルの出口圧力 P_2 が,臨界圧力 P_c に等しいか,またはそれより大きい場合,すなわち

$$P_2 \geqq P_c \quad \cdots\cdots\cdots\cdots (4\text{-}23)$$

のときに使用する。

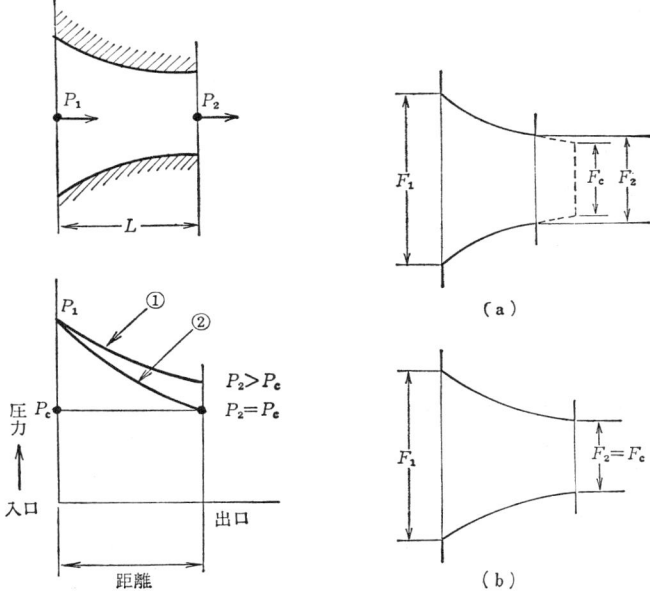

図 4.5　先細ノズル内の圧力の変化　　**図 4.6**　先細ノズル内の断面積

　図 4.5, 図 4.6 にて, のどの面積を F_c, 出口の面積を F_2 とすれば $F_2 \geqq F_c$ で, $F_2 = F_c$ のとき, すなわち $P_2 = P_c$ のとき, 出口面積は最小になる。

　図 4.5 の曲線①は $P_2 > P_c$ で図 4.6 の (a) を示し, 図 4.5 の曲線②は $P_2 = P_c$ で図 4.6 の (b) の場合を示す。

　ノズルの流出速度 v_2 は, $v_2 \leqq v_c$ で, また, 臨界速度 v_c は, 次のように音の速度 c に等しい。

　すなわち (4-14) 式より

$$v_c = \sqrt{2\frac{1}{\varkappa+1}P_1 V_1} \quad \text{m/s}$$

　また

$$P_1 V_1^{\varkappa} = P_c V_c^{\varkappa}$$

　ゆえに

$$\frac{V_1}{V_c} = \left(\frac{P_c}{P_1}\right)^{\frac{1}{\varkappa}} = \left(\frac{2}{\varkappa+1}\right)^{\frac{\varkappa}{\varkappa-1} \times \frac{1}{\varkappa}} = \left(\frac{2}{\varkappa+1}\right)^{\frac{1}{\varkappa-1}}$$

$$P_1 V_1 = \frac{P_c V_c^{\varkappa}}{V_1^{\varkappa-1}} = P_c V_c^{\varkappa} \Big/ \left(\frac{2}{\varkappa+1}\right) V_c^{\varkappa-1} = \frac{\varkappa+1}{2} P_c V_c$$

以上より臨界速度 v_c は

$$v_c = \sqrt{2\frac{x}{x+1}\cdot\frac{x+1}{2}P_cV_c} = \sqrt{xP_cV_c} = (\sqrt{xRT}) \cdots\cdots\cdots\cdots (4-24)$$

（R：ガス定数，T：絶対温度）
次に，音の速度は

$$c = \sqrt{\frac{xP_c}{d}} = \sqrt{\frac{xP_c}{\frac{1}{V_c}}} = \sqrt{xP_cV_c} \cdots\cdots\cdots\cdots\cdots\cdots\cdots\cdots\cdots (4-25)$$

ここに，c：音の速度，P_c：圧力，V_c：比容積，d：密度である。
(4-24)(4-25)式より，$v_c=c$ となる。
すなわち臨界速度は，音の速度に等しいことがわかる。

図4.7は，先細ノズルを示し，ツェリ式，ラトー式などのノズルに使用される。

(2) 末広ノズル（中細ノズル，デラバル ノズル，divergent nozzle, convergent divergent nozzle）

ノズルの形状が，最小断面の個所より，しだいに拡がる末広部分を持つもので，ノズルの出口圧力 P_2 が臨界圧力 P_c より小さい場合，すなわち $P_2 < P_c$ のときに使用する。

図4.8 (a) にて，のどの面積を F_c，出口の面積を F_2 とすれば，$F_2 > F_c$ で，F_2 と F_c との比をノズルの拡がり率（expansion ratio of nozzle）という。

$$\rho = \frac{F_2}{F_c} \cdots\cdots\cdots\cdots (4-26)$$

図4.8 (b) は，末広ノズル内の圧力および速度の変化を示す。また，ρ と P_2 との関係は，(4-9)

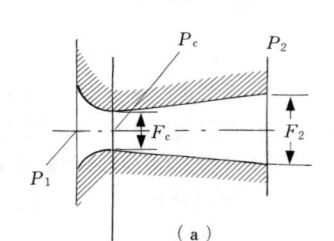

図4.7 先細ノズル

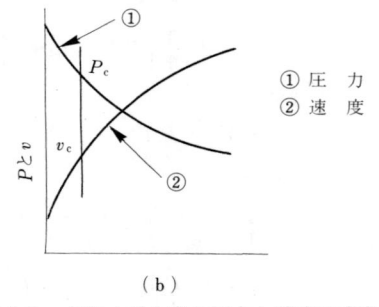

図4.8 末広ノズル内の圧力と速度の変化

(4-21) 式より

$$\rho = \sqrt{\frac{\varkappa-1}{\varkappa+1} \cdot \frac{\left(\frac{2}{\varkappa+1}\right)^{\frac{2}{\varkappa-1}}}{\left(\frac{P_2}{P_1}\right)^{\frac{2}{\varkappa}} - \left(\frac{P_c}{P_1}\right)^{\frac{\varkappa+1}{\varkappa}}}} \quad\cdots\cdots\cdots\cdots\cdots\cdots (4\text{-}27)$$

(4-27) 式にて，P_1，$\varkappa$ を一定とすれば，ρ は P_2 の関数となり，P_2 が小さいほど ρ は大きくなる。すなわち圧力降下を大きくするには，F_2 を大きくすることが必要である。

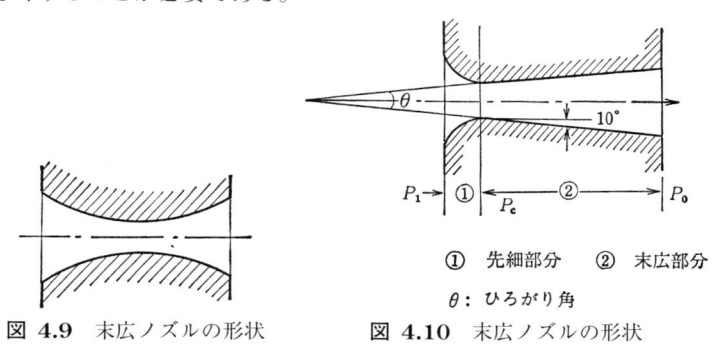

図 4.9 末広ノズルの形状　　**図 4.10** 末広ノズルの形状

① 先細部分　② 末広部分
θ：ひろがり角

末広ノズルの形状には，次の2つがある。図4.9は，圧力低下の割合を，ノズルの全長に対して均一にしたもので，中央部では，断面積の変化が少ないので，摩擦損失が増加する。図4.10は，中央部における断面積の変化を多くし，末広部分には，約10°の傾斜を持たせ，摩擦損失，うず流れ損失を少なくしたもので，実際に使用される形状である。

末広ノズルは，末広部で圧力を降下し，すなわち熱落差を増加し，噴出速度を増加することができるので，音の速度以上の速度をうることができる。図4.11は，末広ノズルの一例を示す。

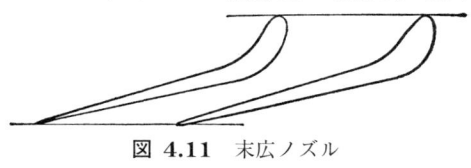

図 4.11 末広ノズル

末広ノズルは，デラバル式，カーチス式などのノズルに使用される。

(3) 平行ノズル (parallel nozzle)

先細ノズルの流出端を延長し，平行部分を付けたもので，図4.12は，これを示す。蒸気流の整流と流出の方向を正確にするのが目的である。

平行部分の圧力 P_2 は，のどの圧力 P_c である。

$$P_2 = P_c \quad \cdots\cdots\cdots\cdots\cdots\cdots\cdots (4\text{-}28)$$

4.1.6 ノズルの過膨張（過大膨張，over expansion）と不足膨張（過小膨張，under expansion）

タービンのノズルでは，蒸気の膨張に，異常現象が起こることがある。これは，ノズル内にて起こる蒸気の過膨張および不足膨張で，この場合，ノズルの性能を十分に果たすことができない。

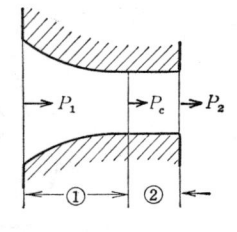

① 先細ノズル部分
② 平行部分

図 4.12　平行ノズル

この現象は，末広ノズルだけでなく，先細ノズルや平行ノズルにも起こり，そのため，ノズルの損失となって，ノズルの噴出速度が減少する。

過膨張および不足膨張は，次のような場合に起こる。

1. ノズルの断面に過不足のある場合，特に末広ノズルでは工作不良のため，ノズルの拡がり率が正確に製作されていないとき。
2. 計画された圧力範囲で，ノズルを運転（使用）しない場合，特に負荷の変動や真空度に増減を生じたとき。

過膨張および不足膨張は，次のような現象である。

過膨張とは，ノズルの出口面積が過大，または，計画値の圧力に対し，流入圧力の減少か流出圧力の増加のとき，ノズル中の圧力が背圧（外圧）以下に降下し，その後背圧まで圧縮されて上昇する現象をいう。図 4.14 の A および B はこれを示す。

不足膨張とは，ノズルの出口面積が過小，または，計画値の圧力に対し，流入圧力の増加か流出圧力の減少のとき，ノズルを出た後，過渡的に背圧以下に低下し，その後，背圧まで圧縮されて，圧力が上昇する現象をいう。図 4.14 の D はこれを示す。

なお，完全膨張とは，ノズルの断面積に過不足なく計画された圧力範囲で運転（使用）された場合の膨張である。図 4.14 の C はこれを示す。

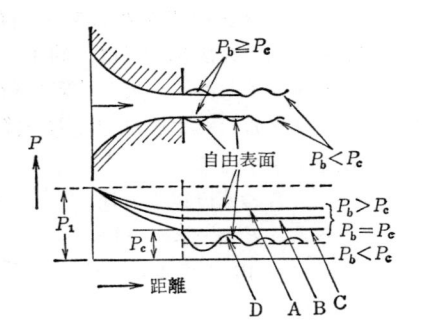

P_1：入口圧力（初圧）
P_c：ノズルの臨界圧力
P_b：背圧（ノズル出口側の外圧）

図 4.13　先細ノズルの背圧を変化した場合

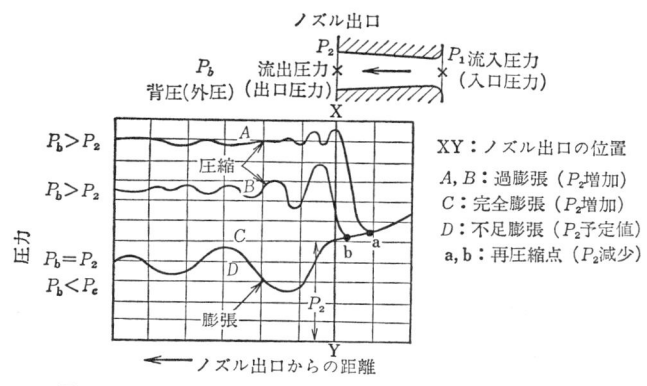

第4章 ノズルおよび羽根と蒸気の流動

図4.14 過膨張と不足膨張(流出圧力を増減したとき)

図中凡例:
- ノズル出口 P_2 流出圧力(出口圧力)
- P_1 流入圧力(入口圧力)
- P_b 背圧(外圧)
- XY:ノズル出口の位置
- A, B:過膨張(P_2増加)
- C:完全膨張(P_2増加)
- D:不足膨張(P_2予定値)
- a, b:再圧縮点(P_2減少)

図4.13,図4.14,図4.15などは,ストドラ曲線と呼ばれ,それぞれ先細ノズルおよび末広ノズルにて,入口圧力を正規圧力にした場合,背圧を変化した場合の蒸気の流動変化を示し,過膨張および不足膨張の現象に対する説明である。

図4.13は,先細ノズルの背圧を変化した場合を示す。図にて,P_1は入口圧力(初圧),P_cはノズルの臨界圧力,P_bは背圧を示す。

$P_b \geqq P_c$ のとき,A, B, Cに示すように,ノズルから出る噴流は,円筒形の平行流れとなる。

$P_b < P_c$ のとき,Dに示すように,ノズルを出た噴流は,安定な平行運動でなく,波形(振動的)である。

図4.14は,末広ノズルの背圧を変化した場合を示す。図にて,P_2は計画された出口圧力,P_bは背圧を示す。

$P_b > P_2$ のとき,曲線A, Bに示すように,過膨張の現象で,ノズル外部にて,噴流の圧力曲線は波形となり,ノズル中にて再圧縮が行われる。AはBに比べ,P_bがP_2より高い場合で,過膨張はさらに激しくなる。a,bは再圧縮点(the point of recompression)で,A曲線のaは,B曲線のbよりも,ノズルののどのほうに後退する。すなわち再圧縮の開始が早くなる。

$P_b = P_2$ のとき,曲線Cに示すように,完全膨張である。ノズル外の噴流圧力曲線は,円筒形の平行流動となる。

$P_b < P_2$ のとき,曲線Dに示すように,不足膨張の現象で,ノズル外の噴流曲線は,平行流動でなく,振動的に波形である。この場合,ノズルを出た後でも,膨張が継続される。

図4.15は，末広ノズルの背圧を変化した場合を示す。図にて，P_1 は入口圧力（流入圧力，初圧），P_2 は計画された出口圧力（流出圧力），P_b は背圧，P_c はノズルの臨界圧力を示す。$P_b \geqq P_c$ のとき，曲線A，Bに示す。P_1 と P_b との圧力差が少ない場合で，ノズルののどにて圧力は急降し，その後ふたたび上昇して，出口にて背圧 P_b と一致する。

$P_c > P_b > P_2$（$P_b > P_2$, $P_b < P_c$）のとき，曲線Cに示す。この場合は過膨張の現象で，圧力はノズルののどの先方にて背圧以下に降下し，その後しだいに背圧に近づく。

末広部分の圧力変化は平滑でなく，膨張，圧縮がくり返され，振動的変化は，出口に向って減衰する。このため，ノズル内にて，うず流れ損失を生ずる。なお $P_b = P_c$ のとき，うず流れの発生は，のどまでに達する。

$P_b = P_2$ のとき，曲線Dに示す。ノズル内の圧力降下は，曲線Dのように正規に行われ，出口を離れた噴出気流も，出口と一致した円筒形となる。

$P_b < P_2$ のとき，曲線D〜曲線Eの経過に示す。不足膨張の現象で，この場

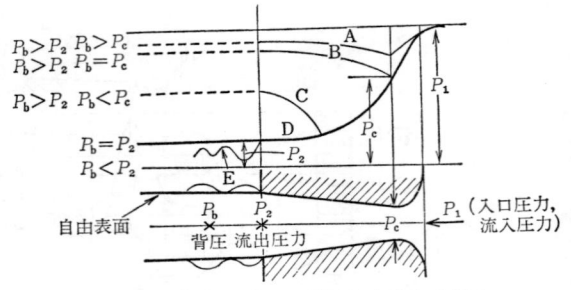

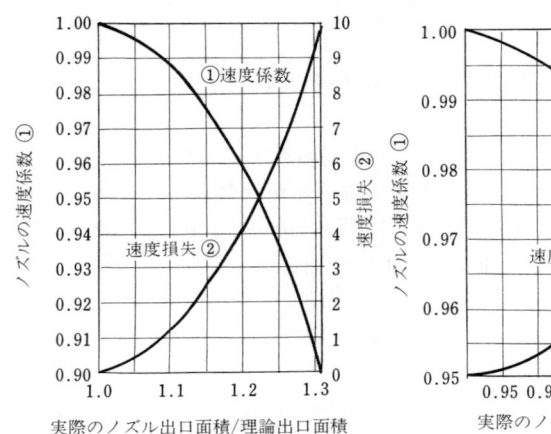

図 4.15　末広ノズルの背圧を変化した場合

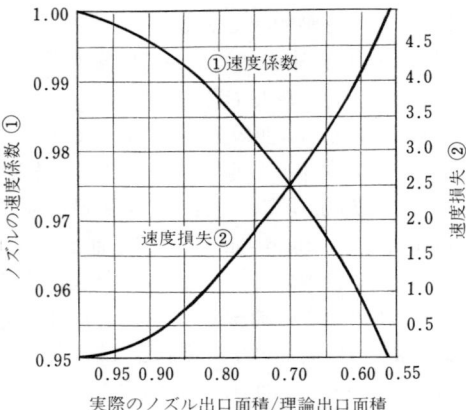

図 4.16　過膨張の速度損失とノズルの速度係数

図 4.17　不足膨張の速度損失とノズルの速度係数

合，ノズル内の圧力降下は，曲線Dのように正規に行われ，ノズル外部のP_2以下の圧力降下は，ノズル流出後にてなされ，ノズル外にて，圧力および噴流の振動的変動をする（自由表面が脈動する）。

過膨張および不足膨張のため，ノズル効率に影響を及ぼすが，これらのため，ノズルの噴出速度は，完全膨張の場合より減少する。

図4.16，図4.17で，前者は過膨張，後者は不足膨張の速度損失（loss of velocity）とノズルの速度係数（velocity coefficient）を示す。

なお，これらの図によって，過膨張の損失が，不足膨張の損失より，著しく大きいことがわかる。

このことは，蒸気タービンの使用による経年変化によって，ノズル内壁面の摩耗により，流路断面積の増加のためや，また低負荷運転に原因する過膨張による損失を増加しないよう，設計（平常負荷にて，いくぶん不足膨張するように設計する）や運転（軽負荷運転を避けること）において，考慮する必要がある。

4.1.7 ノズル内における蒸気の過飽和（または過冷）

一般に，飽和または過熱度の低い蒸気を，蒸気タービンのノズルから急速，短時間に膨張させると，図4.18に示す理想平衡膨張とは異なって，流出蒸気は，乾き飽和の状態のまま，飽和温度以下で存在することができる。このように，飽和線を越え，湿り域に達しても，湿り蒸気とならない現象を蒸気の過飽和（super saturated state）または過冷（super cooled state, under cooled state）といい，このとき，蒸気を過飽和蒸気（super saturated vapour）または過冷蒸気（under cooled vapour）という。

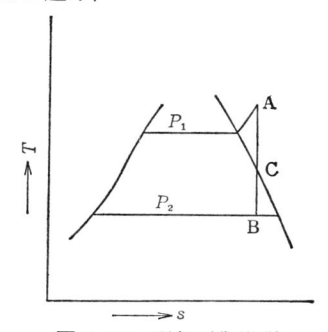

図4.18 理想平衡膨張

この現象は，多くの研究者達により，実験，研究され，その発生原因などに対し，次のように述べている。

1. 蒸気中に存在する凝結核の不足。
   蒸気が凝結を開始するためには，何かの中心，すなわち核心が必要で，蒸気の分子はその周辺に集まり，凝結作用が進んで大きくなる。もし，蒸気中に，この核が不足のときは，凝結が遅れて過飽和となる。
2. 凝結に必要な時間の不足（ノズルは，急速な膨張であるから）。
   凝結核があっても，理想平衡膨張（ノズル中の圧力降下に伴って潜熱を

吐き出し，圧力と温度が互いに平衡状態を保つもの）に対し，十分な速さで，蒸気が，凝結核の周辺に集まることができない場合，凝結が遅れて過飽和となる。

3. 一定の過飽和度の存在。

過飽和の現象は，一定の過飽和度に達すると，非常な速さで凝結が開始され，また永続きせずにある極限に達して停止する。その過飽和限界線をウイルソン線（Wilson curve）と呼んでいる。

また，過飽和のとき，ノズル通過蒸気量は，理想平衡膨張に比べて増加する。その理由は次のようである。

可逆理論断熱膨張では，熱降下は，$h_t = h_1 - h_2$ であるが，断熱過飽和では，$h_1 - h_2' = ht - \Delta h$ で Δh ほど少ない。

このように，過飽和の現象では，エンタルピが減少するため流速も減少する。（4-1）式参照。

また過飽和では，蒸気の比容積も，平衡膨張の湿り蒸気より減少する。

図4.19の $P-V$ 線図によってもわかるように，理論断熱膨張では，比容積は V_2，過飽和膨張では V_2' となって比容積が減少する。

ノズルを通過する蒸気の速度を v，蒸気の比容積を V とすると，通過蒸気量 Q は次式で示される。

$$Q = \frac{v}{V} \quad \cdots\cdots (4\text{-}29)$$

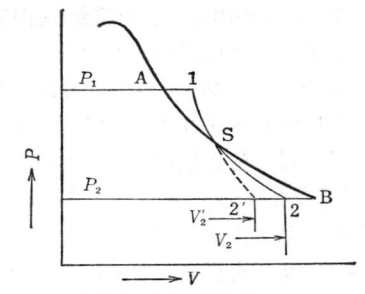

曲線AB：飽和蒸気線
曲線1S2：理論断熱膨張線（平衡断熱膨張）
曲線1S2'：過飽和膨張線

図4.19 蒸気の過飽和を示す $P-V$ 線図

（4-29）式にて，v, V は，いずれも減少の傾向で，（4-29)式だけでは，蒸気量の増減に対し，ただちに判定し難いが，過飽和の場合，実際に計算してみると，v の減少の影響よりも，V の減少の影響が大きいので，ノズルを通過する蒸気量が増加する。このことは，蒸気タービンの設計に対し，考慮すべき重要な現象である。一般に，過飽和時の蒸気量は，理論蒸気量の1.0～1.03倍程度といわれている。

なお過飽和蒸気の流量は，過熱蒸気と同様に計算する。

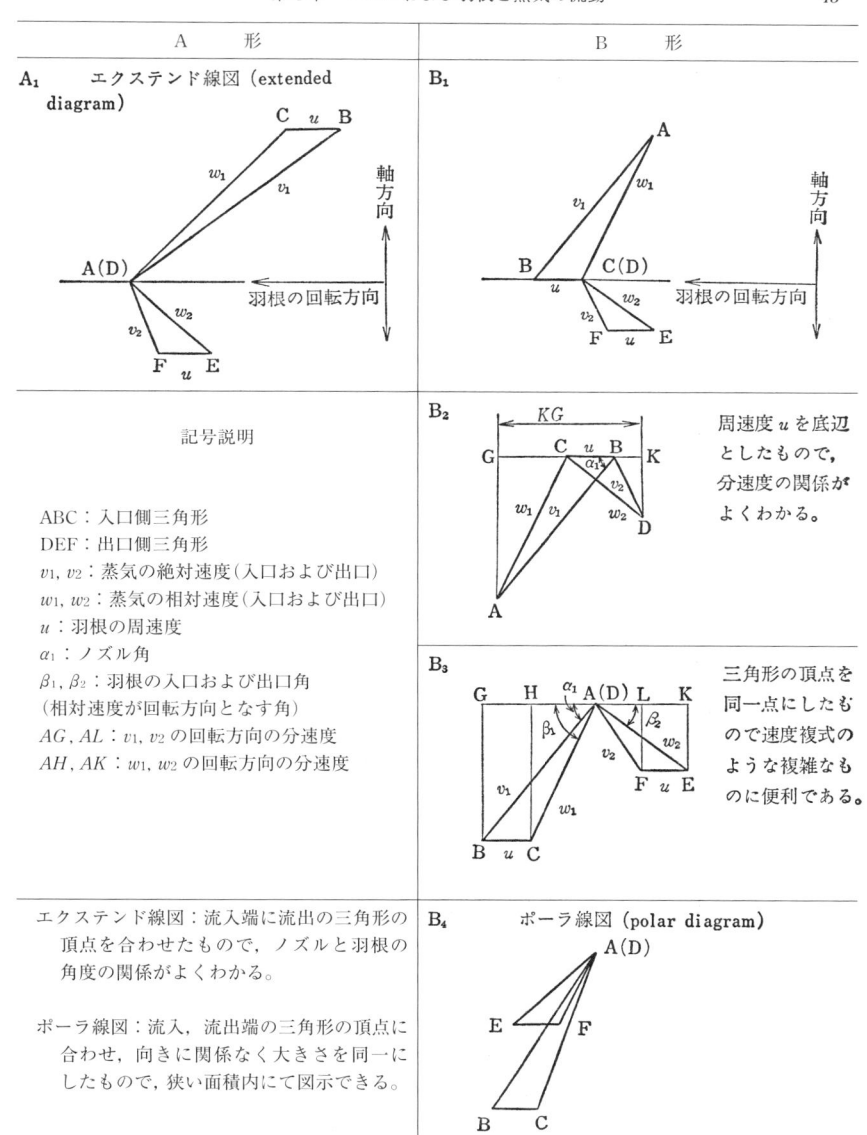

第4章 ノズルおよび羽根と蒸気の流動

A 形	B 形
A_1 エクステンド線図（extended diagram）	B_1

記号説明

ABC：入口側三角形
DEF：出口側三角形
v_1, v_2：蒸気の絶対速度（入口および出口）
w_1, w_2：蒸気の相対速度（入口および出口）
u：羽根の周速度
α_1：ノズル角
β_1, β_2：羽根の入口および出口角
（相対速度が回転方向となす角）
AG, AL：v_1, v_2の回転方向の分速度
AH, AK：w_1, w_2の回転方向の分速度

B_2 周速度 u を底辺としたもので, 分速度の関係がよくわかる。

B_3 三角形の頂点を同一点にしたもので速度複式のような複雑なものに便利である。

エクステンド線図：流入端に流出の三角形の頂点を合わせたもので, ノズルと羽根の角度の関係がよくわかる。

ポーラ線図：流入, 流出端の三角形の頂点に合わせ, 向きに関係なく大きさを同一にしたもので, 狭い面積内にて図示できる。

B_4 ポーラ線図（polar diagram）

図 4.20 速度線図の形式（図示方法の種類）

4.2 羽根内の蒸気の流動

4.2.1 蒸気の速度線図(速度三角形, velocity diagram, velocity triangle)

速度線図は，蒸気と回転羽根との速度関係を表わすベクトル線図で，主として，蒸気が回転羽根に作用する機械仕事を求めるのに使用する。このため，計画時の設計計算に広く用いられ，また，運転時における出力や損失の概算にも用いられる。

このように，速度線図は，羽根の理論や計算に対する重要な線図で，これによって，その熱設計や強度設計を行って，羽根の寸法，角度（入口角，出口角など），形状（断面形式）などを決定することができる。

速度線図の形式は，図4.20に示すように，A形およびB形に分けられる。図の中で，A(D)やC(D)とあるのは，各三角形の頂点であるA点とD点，またはC点とD点とを重ね合わすことである。

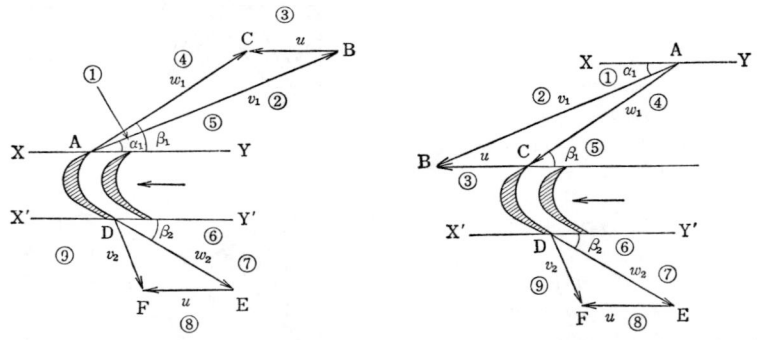

図 4.21　速度線図を描く方法（A形）　　図 4.22　速度線図を描く方法（B形）

速度線図を描く方法は，表4.1に示すような順序と要領により，図4.21（A形）または図4.22（B形）のように行えばよい。

速度線図にて，たとえば，図4.20のB_2にて説明すると，KGは，羽根の運動方向の有効分速度（羽根を回転させようとする有効な力を与えるもの）で，これを回転速度（うず流れ速度，velocity of whirl）といい，$\overline{AG}-\overline{DK}$は，軸方向のスラストとして作用する無効分速度で，損失となる。

4.2.2 回転羽根に対する蒸気の仕事（段の仕事と混同しないこと）

すでに，熱力学において，エネルギ不滅の法則を，また力学においては仕事や運動量についてを学んだ。これらを基礎とし，回転羽根に対する蒸気の仕事について，次のように説明する。

表4.1 速度線図を描く方法

順序	各部の名称と記号		数値の根拠	作図の方法
1	ノズル角度	α_1	与えられる	直線XYに対し，与えられたノズル角度α_1をとり，直線ABを引く
2	入口側絶対速度	v_1	計算によって求める $v_1 = 1.4\sqrt{\Delta h}$ m/s Δh：ノズルの熱落差	α_1方向にとった直線ABをv_1の大きさにとり，これを②とする
3	周速度 (回転羽根の速度)	u	計算によって求める $u = \dfrac{\pi DN}{60}$ m/s D：羽根車の直径　　m N：タービンの回転数 rpm	BCをuの大きさにとり，これを③とする
4	入口側相対速度	w_1	ベクトル合成によって求める	②と③をベクトル合成する
5	羽根の入口角	β_1	順序4のベクトル合成によって求める	
6	羽根の出口角	β_2	与えられる	直線X'Y'に対し，与えられた出口角β_2をとり，直線DEを引く
7	出口側相対速度	w_2	計算によって求める $w_2 = \psi w_1$ ψ＝羽根の速度係数	β_2方向にとった直線DEをw_2の大きさにとり，これを⑦とする
8	周速度 (回転羽根の速度)	u	順序3と同じ	EFをuの大きさにとり，これを⑧とする
9	出口側絶対速度	v_2	ベクトル合成によって求める	⑦と⑧をベクトル合成する

　回転羽根入口の蒸気の全エネルギは，エネルギ不滅の法則により，出口の蒸気の全エネルギと回転羽根に対する仕事との和となって，次式にて示される。すなわち

$$\frac{v_1^2}{2} + h_1 = \frac{v_2^2}{2} + h_2 + L \quad\cdots\cdots (4\text{-}30)$$

$$L = h_1 - h_2 + \frac{(v_1^2 - v_2^2)}{2} \quad\cdots\cdots (4\text{-}31)$$

ここに，h_1, h_2：回転羽根入口，出口における蒸気のエンタルピ J/kg, v_1, v_2：回転羽根入口，出口における蒸気の絶対速度 m/s, L：単位量（1 kg）の蒸気によって回転羽根になす仕事である。(4-31)式において，衝動タービンでは，回転羽根内のエンタルピの変化は，回転羽根内の摩擦損失を無視すれば，$h_1-h_2=0$ である。

次に，単位量（1 kg）の蒸気による回転羽根に対する仕事は，次のようにして求める。

図 4.23 の速度線図は，軸流および半径流のいずれのタービンにも適用できるよう，一般的なものとし，周速度に対しては，u_1 と u_2 とは異なる場合とする。

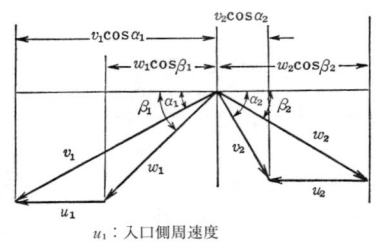

図4.23 速度線図（一般的なもの）

入口側および出口側における周方向に対する蒸気の運動量は，$v_1 \cos \alpha_1$，$-v_2 \cos \alpha_2$（符号の負は，出口における分速度の方向が，羽根の運動方向と反対のため）であるから，回転羽根内を流動中の運動量の変化は

$$v_1 \cos \alpha_1 - (-v_2 \cos \alpha_2)$$

である。

運動量の変化は，単位時間に対しては，力であり，また仕事は力と単位時間の移動距離との積に等しいから，仕事を L_d とすると

$$L_d = (u_1 v_1 \cos \alpha_1 + u_2 v_2 \cos \alpha_2) \quad [\text{J/kg}] \quad \cdots\cdots(4\text{-}32)$$

$u_1 = u_2 = u$ のときは

$$L_d = u(v_1 \cos \alpha_1 + v_2 \cos \alpha_2) \quad [\text{J/kg}] \quad \cdots\cdots(4\text{-}33)$$

また図 4.23 より

$$u_1 v_1 \cos \alpha_1 + u_2 v_2 \cos \alpha_2 = u_1 w_1 \cos \beta_1 + u_2 w_2 \cos \beta_2$$

であるから

$$L_d = (u_1 w_1 \cos \beta_1 + u_2 w_2 \cos \beta_2) \quad [\text{J/kg}] \quad \cdots\cdots(4\text{-}34)$$

$u_1 = u_2 = u$ のときは

$$L_d = u(w_1 \cos \beta_1 + w_2 \cos \beta_2) \quad [\text{J/kg}] \quad \cdots\cdots(4\text{-}35)$$

次に，回転羽根に対する仕事を運動エネルギで表わすと，速度三角形から

$$v_1^2 = u_1^2 + w_1^2 + 2u_1 w_1 \cos \beta_1 \quad \cdots\cdots(4\text{-}36)$$

$$v_2^2 = u_2^2 + w_2^2 - 2u_2 w_2 \cos \beta_2 \quad \cdots\cdots(4\text{-}37)$$

(4-36)(4-37)式を(4-34)式に代入すれば

第4章　ノズルおよび羽根と蒸気の流動　　47

$$L_\mathrm{d} = \frac{1}{2}v_1^2 + \frac{1}{2}(w_2^2 - w_1^2) - \frac{1}{2}(u_2^2 - u_1^2) - \frac{1}{2}v_2^2 \quad \cdots\cdots\cdots\cdots (4\text{--}38)$$

$$= \frac{1}{2}(v_1^2 - v_2^2) + \frac{1}{2}(w_2^2 - w_1^2) - \frac{1}{2}(u_2^2 - u_1^2) \quad \cdots\cdots\cdots\cdots (4\text{--}39)$$

$$= \frac{1}{2}(v_1^2 - v_2^2) - \frac{1}{2}(w_1^2 - w_2^2) - \frac{1}{2}(u_2^2 - u_1^2) \quad \cdots\cdots\cdots\cdots (4\text{--}40)$$

(4-34), (4-38), (4-39), (4-40) 式は，回転羽根に対する蒸気の仕事の一般式で，衝動タービン，反動タービン，軸流タービンおよび半径流タービンのいずれにも適用される．(4-38) 式において，第一項は，蒸気が回転羽根に入るときの運動エネルギ，第二項は，回転羽根内での運動エネルギの増加，第三項は，蒸気に与える遠心力による損失，第四項は，蒸気の流出エネルギ損失を示す．

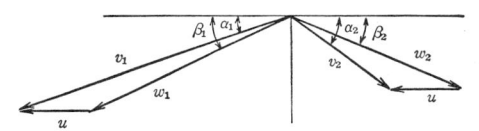

図 4.24　衝動タービンの速度線図

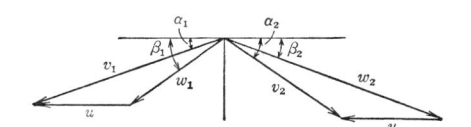

図 4.25　反動タービン（一般）の速度線図

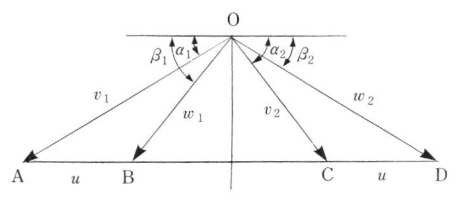

図 4.26　反動タービン（反動度 0.5 のパーソンス タービン）の速度線図

4.2.3 回転羽根の速度と段効率（段効率は，段落線図効率，周辺効率，stage diagram efficiency, stage efficiency）

段の仕事と段の熱落差の比を段効率（段落線図効率，周辺効率）といい，次式で示す．

$$\eta_d = \frac{L_d}{h_t} \quad \cdots\cdots (4\text{-}41)$$

ここに，η_d 段効率（段落線図効率），L_d：段の仕事，h_t：段の断熱熱落差（理論熱降下）

単段衝動タービンの回転羽根に対する蒸気の仕事（段の仕事）は，(4-35)式より

$$L_d = u(w_1 \cos\beta_1 + w_2 \cos\beta_2) \quad \cdots\cdots (4\text{-}42)$$

図 4.24 の速度線図より

$$w_1 \cos\beta_1 + u = v_1 \cos\alpha_1$$

$$w_1 = \frac{v_1 \cos\alpha_1 - u}{\cos\beta_1} \quad \cdots\cdots (4\text{-}43)$$

また

$$w_2 = \psi w_1 \quad \cdots\cdots (4\text{-}44)$$

ここに，ψ は回転羽根の速度係数（velocity coefficient of moving blade）である．

(4-43), (4-44) 式の w_1, w_2 を (4-42) 式に代入すると

$$L_d = u\left(\frac{v_1 \cos\alpha_1 - u}{\cos\beta_1}\cos\beta_1 + \psi\frac{v_1 \cos\alpha_1 - u}{\cos\beta_1}\cos\beta_2\right)$$

$$= uv_1\left(\cos\alpha_1 - \frac{u}{v_1}\right)\left(1 + \psi\frac{\cos\beta_2}{\cos\beta_1}\right) \quad \cdots\cdots (4\text{-}45)$$

次に，段の断熱熱落差（理論熱降下）は，ノズルの流入速度を零とすれば，ノズルの理論速度 v_a は

$$v_a^2 = 2h_t \quad \cdots\cdots (4\text{-}46)$$

また，ノズルの実際速度 v と v_a の関係は，(5-3) 式より，$v_a = v/\varphi$ である．この場合は，v は v_1 であるから $v_a = v_1/\varphi$ となる．ゆえに

$$h_t = \frac{1}{2}\left(\frac{v_1}{\varphi}\right)^2 \quad \cdots\cdots (4\text{-}47)$$

したがって，段効率（段落線図効率）は，(4-45), (4-47) 式より

第4章　ノズルおよび羽根と蒸気の流動

$$\eta_\mathrm{d} = \frac{uv_1\left(\cos\alpha_1 - \dfrac{u}{v_1}\right)\left(1+\psi\dfrac{\cos\beta_2}{\cos\beta_1}\right)}{\dfrac{1}{2}\left(\dfrac{v_1}{\varphi}\right)^2}$$

$$= 2\varphi^2\left[\frac{u}{v_1}\cos\alpha_1 - \left(\frac{u}{v_1}\right)^2\right]\left(1+\psi\frac{\cos\beta_2}{\cos\beta_1}\right)$$

$$= 2\varphi^2(\lambda\cos\alpha_1 - \lambda^2)\left(1+\psi\frac{\cos\beta_2}{\cos\beta_1}\right) \quad\cdots\cdots(4\text{-}48)$$

(4-48) 式にて，λ は u/v_1 で，羽根の周速度と回転羽根の入口側の蒸気の絶対速度との比で，これを速度比 (velocity ratio, speed ratio) といい，タービンの段効率に対し，重要なものである。

速度比は，ノズルや羽根の角度および羽根の速度係数などに比べ，最も大きく段効率に影響する。

したがって，段効率は，$\alpha_1, \beta_1, \beta_2, \varphi, \psi$ を一定とすれば，速度比 λ だけの関数となる。その最大効率は，$0 < \lambda < \cos\alpha_1$ の条件内にあって，(4-48) 式の η_d を λ で微分して，$d\eta_\mathrm{d}/d\lambda = 0$ として求められる。

(4-48) 式は

$$\eta_\mathrm{d} = 2K(\lambda\cos\alpha_1 - \lambda^2) \quad\cdots\cdots(4\text{-}49)$$

ここに，$K : \varphi^2\left(1+\psi\dfrac{\cos\beta_2}{\cos\beta_1}\right)$ とおく。

$$\frac{d\eta_\mathrm{d}}{d\lambda} = 2K(\cos\alpha_1 - 2\lambda) = 0$$

$$\cos\alpha_1 - 2\lambda = 0$$

$$\lambda = \frac{u}{v_1} = \frac{\cos\alpha_1}{2} \quad\cdots\cdots(4\text{-}50)$$

すなわち速度比 λ が $\cos\alpha_1/2$ のとき，効率が最大となる。

(4-49)(4-50) 式より，段効率（段落線図効率）の最大値は，(4-49) 式にて，K の $\cos\beta_2/\cos\beta_1 \fallingdotseq 1$ とすると

$$\eta_\mathrm{d\,max} = 2\varphi^2(1+\psi)\left[\frac{\cos^2\alpha_1}{2} - \left(\frac{\cos\alpha_1}{2}\right)^2\right]$$

$$= 2\varphi^2(1+\psi)\left(\frac{\cos^2\alpha_1}{4}\right)$$

$$= \frac{\varphi^2}{2}(1+\psi)\cos^2\alpha_1 \quad\cdots\cdots(4\text{-}51)$$

一般に，ノズルの流入速度を零とした場合，速度比以外を一定とすれば，段効率は速度比を関数として放物線的変化をすることがわかる。図 4.27 は，これを示す。

また，(4-51) 式によってわかるように，φ および ψ が一定ならば，η_d は，α_1（ノズル角）が小さいほど大きくなり，$\cos \alpha_1$ の最大値は $\alpha_1 = 0°$ のとき $\cos \alpha_1 = 1$ となり，$u = v_1/2$ のとき，すなわち入口側の蒸気の絶対速度が周速度の 2 倍のとき，効率は最大となる。

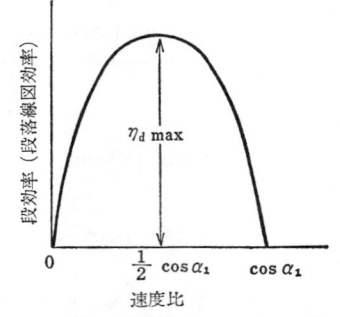

図 4.27 単段衝動タービンの段効率

しかし，ψ は回転羽根の形状に影響し，α_1 を小さくすると，転向角が大きくなり，φ および ψ が減少して η_d が小となる。このため，α_1 はストドラによれば，9〜13° が適当とされている。

ノズル角があまり小さくなると，曲率が大となり，速度係数 φ，ψ が小となって効率に影響するため，ある程度の限度がある。

第5章　蒸気タービンの諸損失

5.1　内部損失（internal loss）

5.1.1　ノズル損失 Z_1

図5.1は，ノズル内の熱落差を表わす $h-s$ 線図で，A点はノズル入口，A_1 点はノズル出口の蒸気の状態を示す。

ノズル内を蒸気が流れるとき，摩擦抵抗がなければ，その変化は AA_0 のような断熱変化をなし，ノズル入口の速度を零と仮定すれば，蒸気の流出速度（理論速度）は

$$v_a = \sqrt{2(h_A - h_{A0})} \quad \cdots\cdots\cdots\cdots (5\text{-}1)$$

で示される。

ここに，h_A，h_{A0}：AおよびA₀におけるエンタルピである。

しかし，実際は摩擦抵抗があるため熱損失 H_f を生じ，エントロピを増加して，圧力 P_2 の状態は A_0 ではなく A_1 となる。

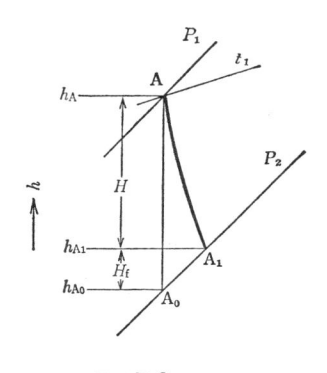

図5.1　ノズル内の蒸気の熱落差（$h-s$ 線図）

したがって，摩擦抵抗がある実際の場合，蒸気の流出速度（実際の速度）は

$$v = \sqrt{2(h_A - h_{A1})} \quad \cdots\cdots\cdots\cdots\cdots\cdots\cdots\cdots\cdots\cdots\cdots\cdots\cdots\cdots\cdots\cdots (5\text{-}2)$$

に変化する。

ここに，h_{A1} は，A_1 におけるエンタルピである。

ノズル内の摩擦抵抗に影響を及ぼすものは，ノズルの形状，大きさ，構造，表面仕上げの状況および蒸気の速度と乾き度などである。

ノズル内に摩擦抵抗がないときの速度（理論速度）v_a と摩擦抵抗があるときの速度（実際の速度）v との比をノズルの速度係数（velocity coefficient of nozzle）φ という。

すなわち

$$\varphi = \frac{v}{v_a} \qquad v = \varphi v_a \quad \cdots\cdots\cdots\cdots\cdots\cdots\cdots\cdots\cdots\cdots\cdots (5\text{-}3)$$

ノズルの速度係数 φ は，ノズル内のエネルギ損失，すなわち次に示す3つの摩擦抵抗とノズル内に起こる過飽和の現象による熱降下とが影響する。

1. 蒸気とノズル内面との摩擦損失（ノズルの形状）。
2. 蒸気分子間の摩擦損失（蒸気の流速の変化およびうず流れの有無）。
3. 蒸気と水滴との間の摩擦損失。

また，ノズル損失 Z_1 は，運動エネルギの損失で示される。すなわち

$$Z_1 = \frac{v_a^2 - v^2}{2} = \frac{v_a^2 - (\varphi v_a)^2}{2} = \frac{v_a^2}{2}(1 - \varphi^2) \text{J/kg} \quad \cdots\cdots\cdots\cdots\cdots (5\text{--}4)$$

いま，ノズルの損失係数を ζ とすれば

$$\zeta = 1 - \varphi^2 \quad \cdots\cdots\cdots\cdots\cdots\cdots\cdots\cdots\cdots\cdots\cdots\cdots\cdots\cdots\cdots\cdots\cdots\cdots\cdots\cdots\cdots\cdots (5\text{--}5)$$

また，ノズル効率を η_n とすれば

$$\eta_n = \frac{v^2/2}{v_a^2/2} = \left(\frac{v}{v_a}\right)^2 = \varphi^2 \quad \cdots\cdots\cdots\cdots\cdots\cdots\cdots\cdots\cdots\cdots\cdots\cdots (5\text{--}6)$$

すなわちノズル効率は，速度係数の 2 乗に等しくなる。
また，ノズルの流量係数は実際の流量と理論流量との比で示される。

5.1.2　回転羽根損失　Z_2

(1)　回転羽根入口の衝突損失　$Z_{2\cdot 1}$

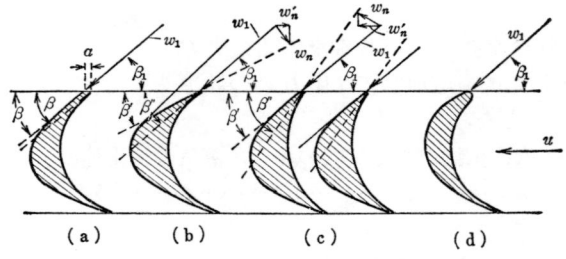

図 5.2　回転羽根の衝突損失

　蒸気が回転羽根入口に衝突するための損失で，これは蒸気の流入角に影響する。
　なお，蒸気の流入角とは，蒸気の相対速度と羽根の回転方向（速度線図にて周速度の方向）とのなす角度である。
　ノズルから噴出する蒸気は，相対速度の方向で回転羽根内に流入する。このとき，羽根の背面にも腹面にも蒸気が衝突しないためには，羽根の入口角 β は蒸気の流入角 β_1 に等しいことが必要で，このためには，入口側に平行部分が必要である。しかし，この場合，図 5.2(a) に示すように，平行部分の幅 a に対して衝突損失を生ずる。これを避けるためには，平

行部分をなくし，入口側先端を鋭くすればよい。しかし，この場合，蒸気の流入角 β_1 は腹面角 β'' または背面角 β' のいずれかに一致させるため，前者では羽根の背面に，後者では，腹面に蒸気が衝突する。

図 5.2(b) は，流入角を腹面角に一致させたとき，羽根の背面に衝突する場合を示し，衝突によって失なわれる力の背面角 β' の線に直角な分速度の回転方向の分速度 w'_n は，羽根の運動方向と反対方向で，この力は制動作用をする。

図 5.2(c) は，流入角を背面角に一致させたとき，羽根の背面に衝突する場合を示し，衝突によって失なわれる力の腹面角 β'' の線に直角な分速度の回転方向の分速度 w'_n は，羽根の運動方向と同一方向で，この力は助勢作用をする。

このように，いずれの場合にも，羽根に対する衝突損失を生ずるが，腹面に衝突するほうが，背面に衝突するときよりも損失が少なくなる。このため，回転羽根の入口では，蒸気は羽根の背面に衝突しないように，背面角を流入角に等しくするか，またこれより 3～5° 程度大きくする。

図 5.2(d) は，丸頭羽根またはエーロフォイル形（aerofoil type）羽根といい，入口側先端を丸くしたもので，入口側の衝突損失，うず流れによる性能低下，キャビテーション（cavitation）による侵食の防止などが目的である。

(2) 回転羽根内の損失　$Z_{2\cdot 2}$

回転羽根内の損失には，摩擦損失とうず流れ損失とがある。前者は，蒸気の持つ運動エネルギの一部が摩擦に打ち勝つために消費されるもので，後者は，流動中のうず流れによる損失で，摩擦のある所に起こるのはもちろん，羽根断面の形状，羽根の長さや幅，転向角などに影響する。

回転羽根内を蒸気が流れるとき，摩擦抵抗がないときの流出相対速度（理論速度）w_{2a} m/s と，摩擦抵抗があるときの流出相対速度（実際の速度）w_2 m/s との比を回転羽根の速度係数（velocity coefficient of moving blade）ϕ という。

すなわち

$$\phi = \frac{w_2}{w_{2a}} \qquad w_2 = \phi w_{2a} \cdots\cdots\cdots\cdots\cdots\cdots\cdots\cdots (5\text{-}7)$$

また，衝動タービンでは，回転羽根内で蒸気の膨張がないので，流入相対速度を w_1 m/s とすれば，$w_{2a} = w_1$ であるから

$$\phi = \frac{w_2}{w_{2a}} = \frac{w_2}{w_1} \qquad w_2 = \phi w_1 \quad \cdots\cdots\cdots\cdots\cdots\cdots\cdots\cdots\cdots\cdots (5\text{-}8)$$

(5-8) 式より $w_2 < w_1$ となる。

また，回転羽根内の損失 $Z_{2\cdot2}$ は，運動エネルギの損失で示される。すなわち

$$Z_{2\cdot2} = \frac{w_1^2 - w_2^2}{2} = \frac{w_1^2 - (\phi w_1)^2}{2}$$

$$= \frac{w_1^2}{2}(1-\phi^2)\,\text{J/kg} \quad \cdots\cdots\cdots\cdots\cdots\cdots\cdots\cdots\cdots\cdots (5\text{-}9)$$

反動タービンの場合，衝動タービンと同様に，回転羽根内の蒸気流によって，羽根内部に損失を生ずるが，回転羽根内の膨張による圧力降下によって速度が上昇し，速度上昇の影響が大きいため，総合して $w_2 > w_1$ となる。

速度係数を生ずる要因は，羽根側によるものと，流動する蒸気側によるものとがある。前者は，転向角，羽根のピッチ，羽根の長さ，羽根表面の状態（材質，工作に関係）などに，後者は，蒸気速度，蒸気の乾き度，蒸気の比容積，蒸気中の不純物などに影響する。

回転羽根の速度係数は，基礎的には風洞実験によって求める。

回転羽根の速度係数に対し，その要因と考えられる転向角，羽根のピッチ，羽根の長さ，蒸気の速度，蒸気の湿り度と密度などについて説明すると次のようである。

1. 転向角（turning angle, angle of change of direction, angle of turning）

蒸気が回転羽根に有効に作用するためには，回転羽根内通路は，適当に湾曲することが必要である。

蒸気が羽根内を流れるとき，方向変換する角度を転向角といい，これを θ で表わすと

$\theta = 180 - (\beta_1 + \beta_2) \quad \cdots (5\text{-}10)$

ここに，β_1：羽根の入口角，β_2：羽根の出口角である。

一般に使用される転向角は，100～130°である。

図 5.3 は，転向角を示す。

転向角 θ と回転羽根の速度係数 ϕ との関係は，古くから内外の学者によって実験が行われてい

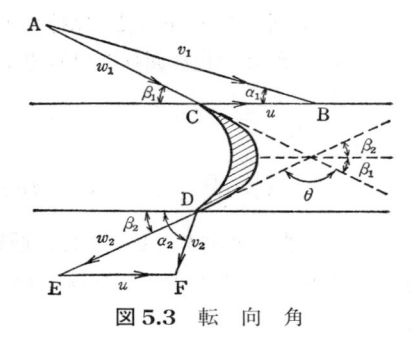

図 5.3 転 向 角

第5章 蒸気タービンの諸損失

る。

　これらの実験は，いずれも転向角の増加とともに，回転羽根の速度係数が，図5.4のように減少することを示している。このように転向角が小さくなると，速度係数の値は，1に近づくことがわかる。

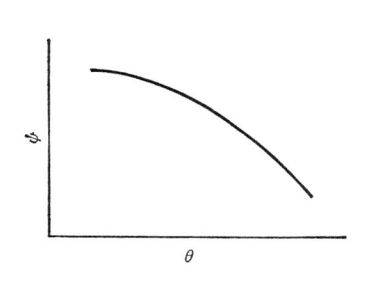

図5.4 θ と ϕ との関係

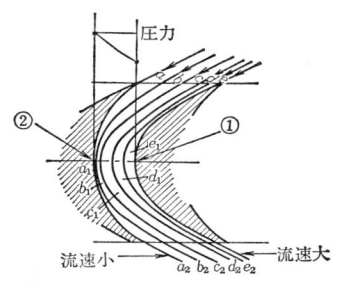

図5.5 蒸気の湾曲路
① 背面（外側）　② 腹面（内側）

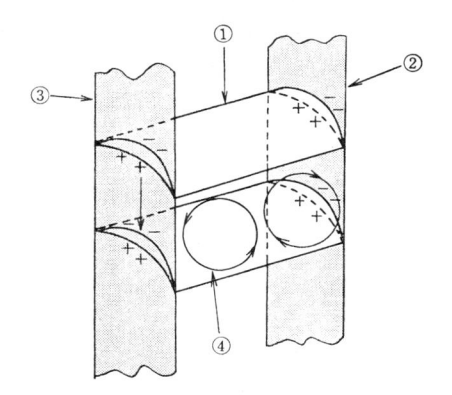

　転向角と摩擦損失との関係は，次のようである。ⓐ 転向角の増加は，通路の湾曲率の増加によって，蒸気の流動の摩擦抵抗を増す。ⓑ 蒸気が湾曲路を通過するとき，図5.5に示すように，羽根の凹面側（外側，腹面）では，蒸気が遠心力のために圧縮され，凹面側の圧力が凸面側（内側，背面）の圧力より大きくなり，また速度は反対に凸面が速く，凹面側が遅くなり，図5.6に示すように，流路に沿って，一次流動（primary flow）のほか，ねじ形の二次流動（うず流れ，secondary flow）を生ずる。また内外両側の流路の長さが異なるため，蒸気と羽根面との摩擦のほか，蒸気相互間にも摩擦が起こり，損失を増加する。このため，回転羽根内にては，凸面側の摩擦抵抗はきわめて少なく，実際の損失の大部分は，凹面側にて蒸気が圧縮されるものとしている。

① 羽　根　　③ 囲い輪
② 羽根車側　④ 二次流れ
図5.6 二次流れ（二次流動）

転向角と回転羽根湾曲路の損失および速度係数との関係には，それぞれ次に示す実験式がある。

フリュゲルの実験式

$$Z = \varkappa\theta\sqrt{\frac{b}{r}} \quad\cdots\cdots\cdots\cdots\cdots\cdots\cdots\cdots\cdots\cdots\cdots\cdots\cdots\cdots\cdots\cdots\cdots\cdots\cdots\cdots\cdots\cdots (5\text{-}11)$$

ここに，Z：回転羽根湾曲路の損失，$\varkappa$：定数，θ：転向角，b：羽根の幅，r：羽根腹面（凹面）の半径である。

(5-11) 式でわかるように，転向角をあまり小さくすると，羽根の幅の寸法を大きくしなければならない。

2. 羽根のピッチ（pitch of blade）

羽根のピッチが小さいときは，羽根先端の衝撃と壁面の摩擦抵抗とが増加し，羽根のピッチが大きいときは，流路を流れる蒸気流が転向しないため，素通りによる損失となる（入口，出口において，蒸気が回転羽根に作用しないので，機械仕事が得られない）。

3. 羽根の長さ（羽長の高さ，Length of blade）

羽根の長さと回転羽根の速度係数 ψ との関係を図 5.7 に示す。羽根の長さが 5～6 mm 以下になると，摩擦抵抗のため，急激に速度係数が減少することがわかる。このような傾向は，蒸気の比容積が小さい高圧タービンの高圧側の段などに多く，羽根の長さが短くなりがちのため，特に初段などでは，部分流入の方法によって避けている。

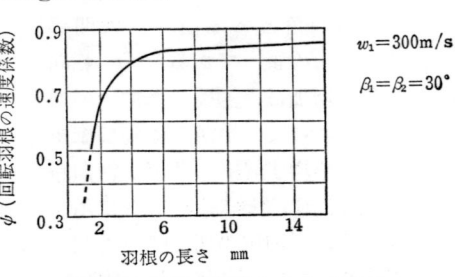

図 5.7 羽根の長さと ψ との関係（$w_1 = 300\text{m/s}$，$\beta_1 = \beta_2 = 30°$）

図 5.8 蒸気速度と ψ との関係

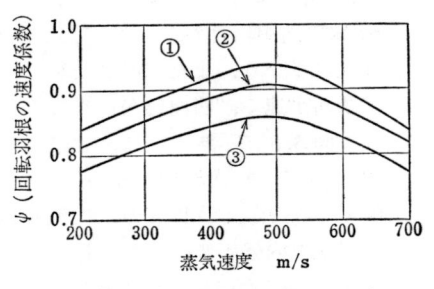

① $\theta = 80°$　② $\theta = 100°$　③ $\theta = 120°$
θ：転向角

4. 蒸気速度

蒸気速度と回転羽根の速度係数との関係を図 5.8 に示す。蒸気速度が

500 m/s 付近のとき,最高値になることがわかる。
5. 蒸気の湿り度と密度
　回転羽根の速度係数は,レイノルズ数に比例し,またレイノルズ数は密度に比例する。このことから,蒸気の湿り度が増加(密度も増加)すると,回転羽根内の湾曲路を通過するとき,摩擦抵抗が増加し,速度係数が低下する。
　なお,このほかに,水滴の回転羽根への衝突,回転羽根内の水滴の加速などによる損失がある。

(3) 蒸気中に含まれる水滴による損失　$Z_{2\cdot3}$

　断熱膨張を行ったとき,低圧側の段では飽和線以下となり,蒸気の乾き度が低下して水分を含むようになる。このような蒸気が段を通過するときは,蒸気中の水分は分離して水滴となる。
　一般に,水滴の速度は,蒸気速度の 1/10 程度であり,その速度線図は,図 5.9 のようになる。

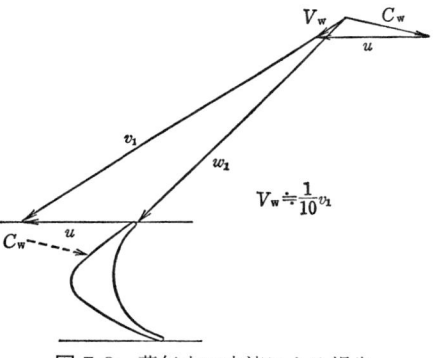

図 5.9　蒸気中の水滴による損失

　図において,回転羽根に流入する蒸気の絶対速度を v_1,水滴の速度を V_w,回転羽根の周速度を u とすれば,回転羽根に対する蒸気の相対速度が w_1 のとき,水滴の相対速度は C_w となり,水滴は回転羽根の背面に衝突する。このため,制動作用によって出力を減少させ,また背面を摩滅,侵食する。なお水滴の質量は蒸気よりも大きいので,制動作用や侵食作用を助長する。一般に湿り度 1% の増加に対し 1〜1.15% の効率低下といわれている。
　水滴発生の防止には,初温の計画値の上昇や再熱サイクルを採用し,また車室内部にドレン排除装置を設置する。

5.1.3　排気残留エネルギ損失 (残留排気エネルギ損失,流出損失)

各段において,回転羽根から出る排気のエネルギは,その段に対しては損失となる。この損失は,排気の運動エネルギ $v_2^2/2$ (v_2 は羽根出口の絶対速度)と流動蒸気を再熱するものとがある。
　図 5.10 において BC,CD,DE は,それぞれノズル損失,回転羽根損失,

排気残留エネルギ損失（蒸気を再熱するもの）による状態変化で，EE' は排気残留エネルギ損失にて運動エネルギとして残留するものである。排気残留エネルギ損失は，その段では損失であるが，EE' は次の段にて利用できる。また，運動エネルギ EE' は，全周流入の衝動タービンや反動タービンに対して利用され，部分流入の衝動タービンに対しては利用が難しい。

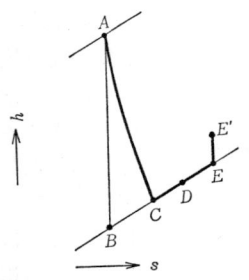

図 5.10 排気残留エネルギ損失

5.1.4 内部漏えい損失　Z_4

(1) 半径方向すきま（羽根先すきま，radial clearance, tip clearance）による損失　$Z_{4\cdot1}$

タービンの運転中，固定部と回転部とが接触しないよう，すなわち衝動タービンでは車室と回転羽根との間，反動タービンでは車室と回転羽根およびロータと固定羽根（案内羽根）との間に適当なすきまを設けなければならない。

衝動タービンでは，回転羽根内で圧力変化がないため，半径方向すきまによる漏れ損失は，あまり考慮する必要はない。

反動タービンでは，固定羽根（案内羽根）と回転羽根とで蒸気が膨張し，回転羽根内にても圧力変化があるために，回転羽根の入口，出口間に圧力差を生じ，半径方向すきま（羽根先すきま）を通る蒸気は漏れ損失となる。また漏えい蒸気は，次の羽根の根元に衝突し，うず流れを生じて損失となる。

半径方向すきまの漏えい損失は，すきまの大きさと羽根の長さに影響し，すきまは大きいほど，また羽根の長さは短いほど漏えい損失は増加する。したがって，羽根の長さの短い高圧側の段および小形タービンでは，このすきまが割高となり，漏えい損失が多くなって効率が低下する。反動段が，タービンの高圧側より低圧側において有利なのはこのためである。

反動段の半径方向すきまの漏えいに対し，次のような式がある。（図 5.11）

$$\frac{\Delta m}{m} = \frac{\delta_r}{l + \delta_r} \quad \cdots\cdots\cdots (5\text{-}12)$$

(5-12) 式にて，半径方向すきまの漏えい量は，羽根の長さとすきまに影響する。

図 5.11 半径方向すきまの漏えい損失

反動タービンの半径方向すきまの値は，各段

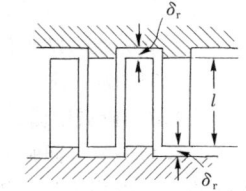

第5章　蒸気タービンの諸損失　　　59

の羽根に対し，その増減の変化が割に少ないので，羽根の長さが短い高圧側の段ほど，全蒸気量に対する漏えい蒸気量は割高となる。このように，高圧段や小型反動タービンのように羽根が短いほど，漏えい損失が大きくなり，効率が低下することがわかる。

(2) 軸方向すきま（軸向きすきま，axial clearance）による損失　$Z_{4\cdot 2}$

　タービンの運転中，固定部と回転部が接触しないよう，すなわち衝動タービンでは，ノズルと回転羽根との間，反動タービンでは固定羽根（案内羽根）と回転羽根との間に適当なすきまを設けるが，このすきまは高圧側の段から低圧側の段へと順次増加する。

　一般に，軸方向すきまによる損失は，衝動タービンよりも反動タービンの場合が少ない。その理由は，反動タービンは，回転羽根内にても蒸気が膨張し，圧力降下を生じて回転羽根の前後に圧力差があるために，衝動タービンのような吸い込み損失を生ずることがないためである。

　また，衝動タービンは，ノズルと回転羽根の相互の位置によって，こぼれ損失を生ずる。軸方向すきまによる損失には次の2つがある。

① こぼれ損失（spill loss）

　こぼれ損失とは，ノズルから出た蒸気が軸方向すきまを通るとき，その一部が羽根の外にこぼれるものである。

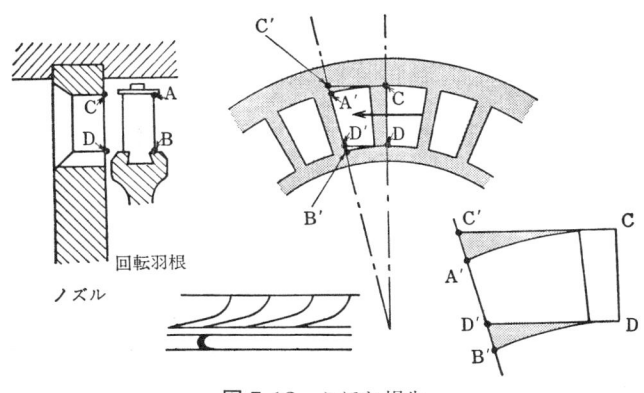

図 5.12 こぼれ損失

　図5.12は，衝動タービンのノズルと回転羽根とを示すもので，ノズルの高さCDと，回転羽根の長さABとが等しく，蒸気流が車軸に平行のとき，ノズルから流出した蒸気は接線方向CC′，DD′のように進み，A′B′

の位置にある回転羽根の C′A′ の高さの部分に対しては，蒸気は回転羽根の外に流れ（蒸気は流れるが羽根がない），こぼれ損失を生ずる。これは，損失だけでなく，回転羽根に不均等な衝撃を与え，また囲い板を上方に押し上げて，囲い板リベットに過大な応力を起こさせる。

また D′B′ の高さの部分は，ノズルから出た蒸気が流動しない部分（蒸気が回転羽根に当らずに作用しない部分，すなわち羽根はあるが蒸気が流れない）であるために，追加的にうず流れ損失を生ずるようになる。

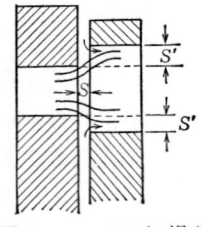

図 5.13 こぼれ損失軽減法（回転羽根の長さをノズル高さより長くする）

図 5.14 こぼれ損失軽減法（傾斜ノズル）

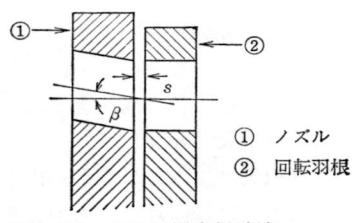

x：1個のノズル

図 5.15 こぼれ損失軽減法（ノズル中心線をわずかに傾斜させる）

① ノズル
② 回転羽根

したがって，これらの損失を軽減するために，次のような方法が採られている。

1. 回転羽根の長さを，ノズル出口の高さより，わずかに長くする。（図 5.13）
2. 傾斜ノズルを用いる。（ツェリ タービン）（図 5.14）
3. ノズル中心線をわずかに傾斜させる。（図 5.15）

② 吸込み損失（噴射損失，injection loss）

一般に，回転羽根流入端の長さは，こぼれ損失の軽減およびノズル流出蒸気が回転羽根の先端や根元に衝突しないため，ノズル流出端の高さよりわずかに長くするのが普通である。（図 5.13）

このような場合，衝動タービンでは，回転羽根の前後に圧力差がないため，羽根入口側の先端および根元付近の車室内に蒸気が滞在する。

ノズルからの主蒸気流は，回転羽根入口側の両端にて（先端および根元）吸引作用を起こし（低圧を生じ），付近の車室内蒸気を吸い込んで，主蒸

気流との混合流を起こし，そのため，回転羽根内に対する混合蒸気の実際の流入絶対速度が低下し，したがって，流出速度も低下して回転羽根の仕事が減少する。このように，吸引作用によって混合流を生ずるために起こる損失を吸込み損失という。

(3) 仕切板の漏えい損失（diaphragm leakage loss）　$Z_{4\cdot3}$

衝動タービンの仕切板には，軸の微小なたわみに対し，軸と仕切板との間にすきまを設け，各段の漏えい防止のためにラビリンス パッキンを取り付ける。

仕切板の前後には，圧力差ができるので，ラビリンス パッキンのすきまから蒸気が漏えいする。この損失を仕切板の漏えい損失といい，仕切板を持つ衝動タービンに対して特有である。

図 5.16 は，圧力複式衝動タービンにおいて，蒸気の流動量の関係を示す。

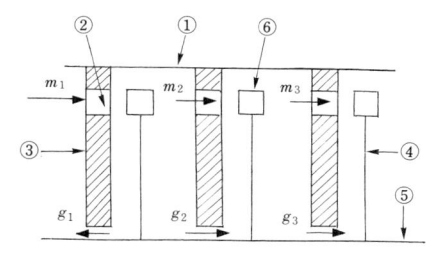

図 5.16 圧力複式衝動タービンの蒸気の流量の関係

① 車室　③ 仕切板　⑤ 軸
② ノズル　④ 羽根車　⑥ 回転羽根

$$m_1 - g_1 = m_2 + g_2 = m_3 + g_3 = \cdots\cdots\cdots\cdots\cdots\cdots\cdots\cdots\cdots \quad (5-13)$$

ここに，$m_1, m_2, m_3, \cdots\cdots$：第1段，第2段，第3段，……ノズルの蒸気量，$g_1$：グランドより大気への漏えい蒸気量，$g_2, g_3, \cdots\cdots$：第2段，第3段，………仕切板の漏えい蒸気量である。

仕切板のすきまは，各段ともに同一面積で，蒸気の比容積は低圧側に進むほど大きくなり，したがって，漏えい蒸気量（質量として，$g_2, g_3, \cdots\cdots$）はしだいに減少し，$g_2/m_2, g_3/m_3\cdots\cdots\cdots$の値は，低圧側ほど減少する。

また，一般に衝動タービンは，軸径が小さいので（反動タービンに比べて），すきまの断面も小さくなり，仕切板漏えい損失は割合に小である。

5.1.5　円板羽根車の回転損失および通風損失　Z_5

(1) 円板羽根車の回転損失（disc rotation loss）　$Z_{5\cdot1}$

円板羽根車と周囲の蒸気との摩擦によって生じ，羽根の回転を引き留めようとするものを円板羽根車の摩擦損失といい，円板羽根車の回転による遠心力によって蒸気が外方（車室側）に流動し（遠心ポンプ作用にて），ふたたび仕切仮に沿って内側（軸側）に向かう循環流れ（うず流れ）のた

めに起こるものをポンプ作用による損失という。図5.17は，これらの関係を示す。

円板羽根車の回転損失は，一般に，構造上の点から，衝動タービンにおいて著しく，反動タービンはドラムロータで，蒸気と接触する表面積が少ないので，この損失は小である。

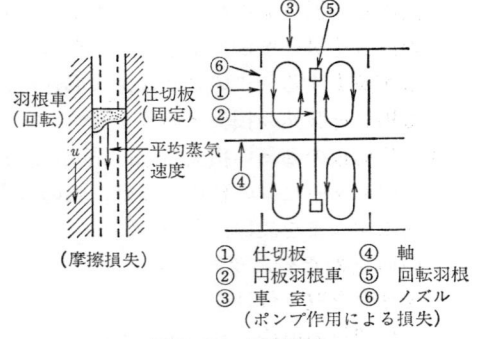

図 5.17 回転損失

① 仕切板　④ 軸
② 円板羽根車　⑤ 回転羽根
③ 車室　⑥ ノズル
（ポンプ作用による損失）

(2) 円板羽根車の通風損失（換気損失，扇車損失，扇風損失，ventilation loss）$Z_{5\cdot 2}$

衝動タービンでは，最初の数段は部分流入が多いから（普通は第1段だけ），ノズルに直面しない部分の回転羽根は，羽根車と仕切板との空間内の蒸気をかくはんし，通風作用（扇風作用）を起こして損失となる。これを円板羽根車の通風損失という。

この損失は，部分流入の衝動タービンだけに起こり，全周流入の衝動タービンや反動タービンには起こらない。

5.2 外部損失 (external loss)

5.2.1 グランドの漏えい損失（外部漏えい損失）Z_g

シリンダ端における回転軸の気密部分，すなわち軸が車室を貫通する部分を

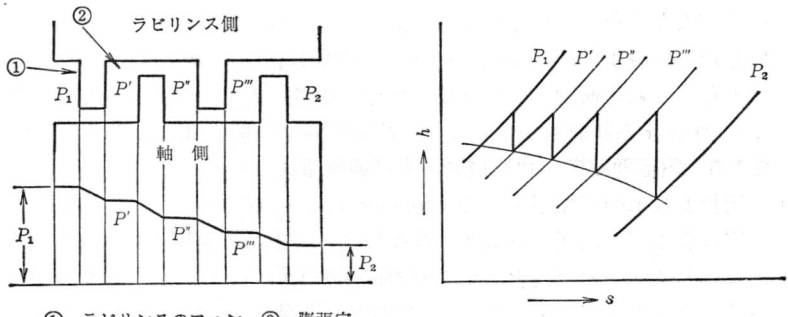

① ラビリンスのフィン　② 膨張室

図 5.18 ラビリンス パッキン

グランド (gland) という。

グランドにおいては，車室内の圧力と大気圧との関係で，蒸気が大気へ漏えいするか，または空気が車室内に侵入するもので，前者では，蒸気の漏えいが損失となり，後者では，真空度の低下により，出力を低下して損失となる。このため，グランド部分に対しては，気密装置を設け，漏えいの軽減を図っている。

最も多く使用されるラビリンス パッキンの漏えい損失について説明する。

図 5.18 は，ラビリンス パッキンを示す。

ストドラは，ラビリンス パッキンの蒸気漏えいに対し，次のような理論式を示している。

$P_2 > P_c$ のとき

$$m_1 = F\sqrt{\frac{P_1^2 - P_2^2}{ZP_1V_1}} \quad \cdots\cdots\cdots\cdots\cdots\cdots\cdots\cdots\cdots (5\text{-}14)$$

ここに，m_1：漏えい量 kg/s，F：すきまの流路面積 m²，P_1，P_2：ラビリンス前後の蒸気の圧力 Pa，P_c：臨界圧力 Pa，Z：すきまの数，V_1：圧力 P_1 の比容積である。

(5-14) 式によると，漏えい量は，パッキン前蒸気の圧力および比容積，ラビリンス前後の蒸気の圧力差（タービン内部と大気圧との圧力差），すきまの流路面積および数などに影響し，圧力(ラビリンス前後の圧力)が一定ならば，すきまの流路面積に比例し，すきまの数の平方根に反比例する。

このため，漏えい量を減らすには，すきまを小にして流路面積を減少し，パッキン前の蒸気圧力を低下させ，すきまの数を増加する。この場合蒸気圧力の低下には，第1段にカーチス段を使用して，圧力低下（熱量降下）を大きくする。

5.2.2 機械損失（機械的損失，回転損失，空転損失）Z_m

ジャーナル軸受，スラスト軸受などの摩擦損失，潤滑油ポンプ，調速機などの運転に必要な動力，減速装置の損失（減速歯車かみ合い損失）などを含めたものを機械損失といい，回転数が一定なら，負荷に関係なく一定である。

このため回転損失(空転損失)ともいう。また回転数を変化させた場合には，次式のように増減する。

$$\frac{Z_m}{Z_{m0}} = \left(\frac{n}{n_0}\right)^x \quad \cdots\cdots\cdots\cdots\cdots\cdots\cdots\cdots\cdots (5\text{-}15)$$

ここに，Z_{m0}：常用回転数における機械損失，Z_m：回転数が変化したときの機械損失，n_0：常用回転数，n：変化した回転数，x：定数（1.8～2.0）である。

機械損失は，一般に，出力の小さいほど割高で，大容量タービンでは1〜2％程度であるが，小容量タービンでは10％を越えることがある。また多室タービンの機械損失は，単室タービンより大きい。その理由は，おもに，軸受の数が多いからである。

図5.19は，機械損失が発生する個所を示す。

(1) ジャーナル軸受，スラスト軸受の摩擦損失

ジャーナル軸受およびスラスト軸受は，強圧注油法によって潤滑油が供給されるので，軸受面の摩擦は両金属間に生ずるものでなく，油膜相互間の内部抵抗で，このため，摩擦損失は著しく減少する。

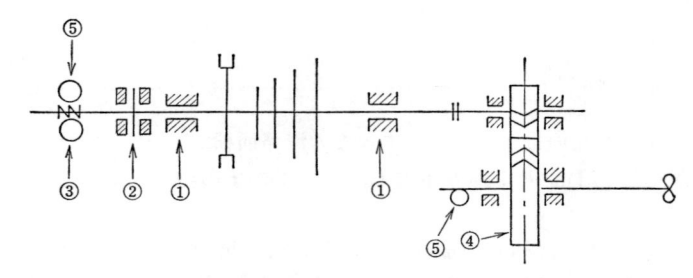

① 主軸受　　　③ 潤滑油ポンプ　　⑤ 調速機（主機にはないが発電機に
② スラスト軸受　④ 減速歯車　　　　　は図示の位置のいずれかが多い）

図5.19 機械損失が発生する個所

ジャーナル軸受の摩擦損失は，軸受の荷重，潤滑油の種類および温度，軸の周速度，油膜形成の良否などによって増減する。

軸受の摩擦損失（摩擦仕事）は，次式によって求められる。

$$N_{fj} = \mu p d l \frac{\pi d N}{60} [\text{W}] \cdots\cdots (5\text{-}16)$$

ここに，μ：摩擦係数，p：軸受の平均荷重 Pa，d：軸受の直径 m，l：軸受の長さ m，N：軸の回転数 rpm である。

(5-16) 式において，$\mu p d l$ は軸受内面に作用する摩擦力 N，$\frac{\pi d N}{60}$ は周速度 m/s である。

スラスト軸受の摩擦損失（摩擦仕事）は，次式によって求められる。

$$N_{ft} = \mu p \frac{\pi (d_1^2 - d_2^2)}{4} \cdot \frac{\pi (d_1 + d_2)}{2} \cdot \frac{N}{60} [\text{W}] \cdots\cdots (5\text{-}17)$$

ここに，μ：摩擦係数（0.005〜0.01），p：軸受の平均荷重 Pa，d_1，d_2：

スラストカラーの外径および内径 m（図 5.20），N：軸の回転数 rpm である。(5-17) 式において，$\mu p \dfrac{\pi(d_1^2 - d_2^2)}{4}$ はスラストカラーの摩擦力 N，$\dfrac{\pi(d_1 + d_2)}{2} \cdot \dfrac{N}{60}$ は周速度である。

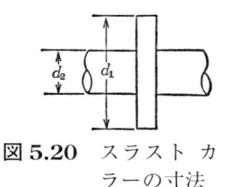

図 5.20　スラストカラーの寸法

(2) 潤滑油ポンプ，調速機の運転に必要な動力および減速装置の損失

　　タービン軸にて，潤滑油ポンプ，調速機などを運転する場合，その所要動力は損失となる（タービン出力の一部を消費する）。

5.2.3　最終段（最後段落）の排気損失　Z_l

(1) 最終段の排気残留エネルギ損失（流出速度エネルギ損失，落差損失，流出損失，leaving loss）

　　最終段の回転羽根から流出する排気の運動エネルギ損失で，その絶対速度を v_2 とすれば，$v_2^2/2$ のエンタルピに相当する。これは落差損失ともいい，全熱落差に対する割合を落差係数という。

　　この損失は，羽根の出口面積を一定とすれば，負荷の変動や復水器の真空度によって変化する。その理由を図 5.21 の速度線図よって説明する。

　　すなわち羽根の出口面積が一定で，真空度がほとんど不変のとき，負荷が増加した場合には，単位時間の通過蒸気量は負荷に比例して増加する

出口速度線図
$u' > u$ のとき（舶用主機）
$u =$ 一定のとき（発電機）

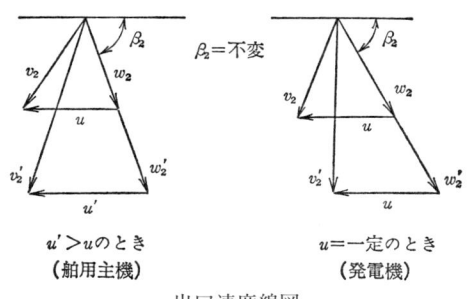

図 5.21　最終段の排気残留エネルギ損失

（周速度は，舶用主機では増加し，発電機では一定である）。

　　また，真空度が上昇した場合（絶対圧力は低下），蒸気の比容積は大きくなる。

　　したがって，いずれの場合においても，排気の相対速度 w_2 は w_2' に，絶対速度 v_2 は v_2' に，と大きくなり，回転羽根排気（出口蒸気）の絶体速度 2 乗に比例して増加する。なお，負荷が減少した場合にはその逆となる。

(2) 排気管における流動損失（排出損失）

　　排気管，すなわち車室の排気端から復水器入口までの通路において，各抵抗に対する圧力降下を生ずる。この損失を排気管における流動損失とい

い，排気管内の摩擦，通路の湾曲，排気管内のステーおよび後進タービンの羽根への衝突などで，排気管の断面積や形状，ステーの数などによって影響を受ける．

この損失を減少させるには，最終段の排気流出速度の低下と通路の流動抵抗を減少させる必要がある．前者に対しては，排気管の断面積を大きくし，通路の形状は排気の流動ができるだけ層流（流線運動）をするように，設計に注意が払われている．後者に対しては，排気端に案内板，しゃへい環，デフレクタなどを装置し，またデフューザ形（diffuser type）の流路となし，残留エネルギ損失を有効に利用するなど，種々の考案がなされている．

5.2.4 伝導および放射損失 Z_r

タービン車室の表面から大気中への伝導および放射による熱損失で，表面の温度が高いほどその損失は大きい．

この損失は，次のように影響する．

1. この熱損失によって，タービンの熱落差が減少し，それだけ出力が低下する．
2. タービン内において，過熱蒸気から湿り蒸気への変化の時期が早くなり，湿り蒸気による損失が増加する．

第6章　蒸気タービンの諸効率と性能

6.1　蒸気タービンの諸効率
6.1.1　内部損失を表わす効率

(1) 段線図効率(段落線図効率，線図効率，段効率，段落効率，周辺効率，stage diagram efficiency, diagram efficiency, stage efficiency, circumferential efficiency, efficiency at wheel circumference) η_d

　この効率は，速度線図から得られる各数値によって効率計算ができるので，線図効率（段線図効率，段落線図効率）といい，また回転羽根の周辺にてなされる仕事を基礎とする意味で周辺効率ともいう。

　段線図効率（段落線図効率）は，次式によって示される。

$$\eta_d = \frac{h_u}{H_s} = \frac{H_s - (Z_1 + Z_2 + Z_3)}{H_s} \quad \cdots\cdots\cdots(6\text{-}1)$$

ここに，H_s：段の断熱熱落差，h_u：周辺仕事（利用できるエネルギ），Z_1：ノズル損失，Z_2：回転羽根損失，Z_3：排気残留エネルギ損失（排気損失）である。図6.1は，これらを示す。

　また，一般的に，段線図効率(段落線図効率)は次式によって示される。

$$\eta_d = \frac{線図仕事}{理論仕事}$$
$$= \frac{線図仕事に相当する熱落差}{段断熱熱落差} \quad \cdots\cdots(6\text{-}2)$$

　(6-1)式において，$H_s - (Z_1 + Z_2 + Z_3)$ は線図仕事を表わし，速度線図から求める。H_s は理論仕事（1つの段で，蒸気がノズル内で断熱膨張し，回転羽根に対してする仕事）を表わす。

① 単段衝動タービン

　単段衝動タービンの段線図効率は，段入口の流入蒸気速度を零とし，排気残留エネルギを利用しない場合で，(6

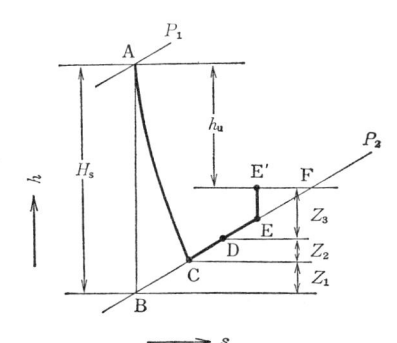

図6.1　単段衝動タービンの段効率（段落線図効率）

-1) 式に示す。(図 6.1)

② 多段衝動タービン

多段衝動タービンにおいては，部分流入の段を除く全周流入の段の場合，流入蒸気速度を零とせず，また排気残留エネルギは有効に利用され，効率の上昇に用いられている。

多段衝動タービンの 1 つの段の段線図効率は，図 6.2 により，(6-3) 式に示す。

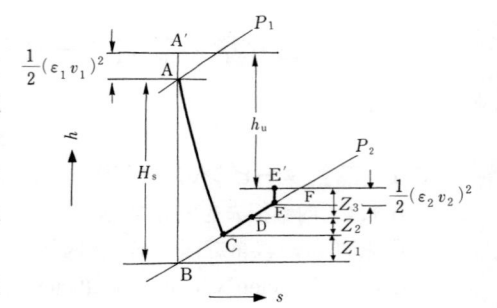

図 6.2 多段衝動タービンの段効率
（段落線図効率）

$$\eta_\mathrm{d} = \frac{h_\mathrm{u}}{h_0} = \frac{h_\mathrm{u}}{H_\mathrm{s} + \frac{1}{2}(\varepsilon_1 v_1)^2 - \frac{1}{2}(\varepsilon_2 v_2)^2}$$

$$= \frac{H_\mathrm{s} + \frac{1}{2}(\varepsilon_1 v_1)^2 - (Z_1 + Z_2 + Z_3)}{H_\mathrm{s} + \frac{1}{2}(\varepsilon_1 v_1)^2 - \frac{1}{2}(\varepsilon_2 v_2)^2} \quad \cdots\cdots (6\text{-}3)$$

図 6.2 において，v_1：この段への流入蒸気速度（近寄り速度）ε_1：v_1 の利用率，v_2：この段の流出蒸気速度，ε_2：v_2 の次の段への利用率である。

h_0 は，多段タービンの 1 つの段として利用できる基準のエネルギである。多段タービンでは，各段において利用できるエネルギの総和が，タービン全体として考えたときに利用できるエネルギになったほうが都合がよい。

そのため

$$h_0 = H_\mathrm{s} + \frac{1}{2}(\varepsilon_1 v_1)^2 - \frac{1}{2}(\varepsilon_2 v_2)^2$$

の値を使用する。

(6-3) 式に対し，単段タービンでは，$v_1 = 0$，$\varepsilon_2 = 0$ となり，多段タービンでは，第 1 段では $v_1 = 0$，最終段では $\varepsilon_2 = 0$ となり，途中の段では $v_1 ≒ v_2$ である。

段線図効率はノズルや回転羽根の形状，配置の適否などに影響し，タービン各段の効率を検討する基礎になるものである。

(2) 段内部効率（段落内部効率，stage internal efficiency）η_i

タービンの内部効率には段内部効率（各段の内部効率）と全内部効率（全

タービンの内部効率）とがある。タービンの計画に際しては，この内部効率が最大になるように考慮する。

蒸気タービンの1つの段では，ノズル損失 Z_1，回転羽根損失 Z_2，排気残留エネルギ損失 Z_3 のほかに，内部漏えい損失 Z_4，円板羽根車の回転損失および通風損失 Z_5 などがある。これらの損失のため，蒸気の状態は，最終的に図6.3のH点となる。

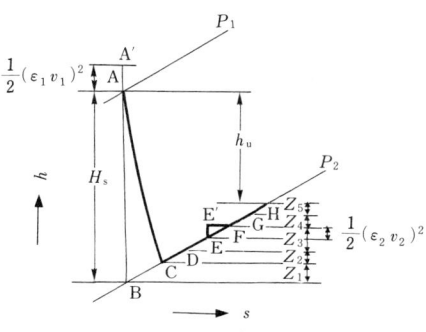

図 6.3 段内部効率（段落内部効率）

したがって，内部仕事（段仕事，段落仕事，internal work, stage work）と理論仕事との比を段内部効率（段落内部効率）といい，次式によって示される。

$$\eta_\mathrm{i} = \frac{\text{内部仕事}}{\text{理論仕事}} = \frac{\text{理論仕事}-\text{内部損失}}{\text{理論仕事}}$$

$$= \frac{h_\mathrm{u}}{h_0} = \frac{H_s + \frac{1}{2}(\varepsilon_1 v_1)^2 - (Z_1+Z_2+Z_3+Z_4+Z_5)}{H_s + \frac{1}{2}(\varepsilon_1 v_1)^2 - \frac{1}{2}(\varepsilon_2 v_2)^2} \quad \cdots\cdots (6\text{-}4)$$

また単段衝動タービンでは

$$\eta_\mathrm{i} = \frac{H_s - (Z_1+Z_2+Z_4+Z_5)}{H_s} \quad \cdots\cdots\cdots\cdots (6\text{-}5)$$

この場合，Z_3 はないものと考える。

(3) **再熱係数（reheat factor）と全内部効率（all internal efficiency，内部効率，internal efficiency）**

多段タービンの場合，各段における内部損失の一部は摩擦熱となって蒸気に加わり，エンタルピを増加し，次の段で利用される（このときの内部損失は，熱力学で学んだように，エントロピが増加する）。

図6.4において，AA_0 は全段の理論断熱膨張（理論仕事）H_a である。しかし実際

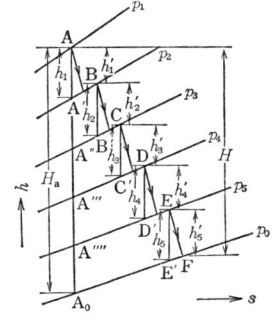

図 6.4 再熱係数と全内部効率

には，各段に損失があるために，ABCDEF の経過のように変化する。

したがって，各段の断熱熱落差は，AA′$=h_1$，BB′$=h_2$，……となり，各段の断熱熱落差の和は $\Sigma h = h_1 + h_2 + \cdots\cdots$ となる。

また，このとき，Σh は H_a と等しくならないで $\Sigma h > H_a$ となる。

その理由は，蒸気 $h-s$ 線図の等圧線は平行でなく，右のほうになるほど，その間隔が大きくなっているためである（たとえば，四辺形 A′BB′A″ において BB′>A′A″ となっている）。

いま

$$\mu = \frac{\Sigma h}{H_a} \cdots\cdots\cdots\cdots\cdots\cdots\cdots\cdots\cdots\cdots\cdots\cdots\cdots\cdots\cdots (6\text{-}6)$$

とすれば，μ を再熱係数といい，常に $\mu>1$ である。

再熱係数の値は，各段の内部効率の値と段の数に影響し，内部効率の値が低く，段数が増すとその値が大きくなり，通常 1.02～1.10 の範囲である。

次に，全内部効率は，図 6.4 から次式で示される。

$$\eta_1 = \frac{H}{H_a} = \frac{h_1' + h_2' + \cdots\cdots}{H_a} = \frac{\eta_1 h_1 + \eta_2 h_2 + \cdots\cdots}{H_a} \cdots\cdots\cdots (6\text{-}7)$$

ここに，η_1：全内部効率，H_a：全断熱熱落差，H：内部仕事（全段の仕事），h_1'，h_2'，……：各段の有効熱落差，η_1，η_2，………：段の内部効率である。

(6-7) 式にて，各段の内部効率を同一とした場合，これを η_i として

$$\eta_1 = \frac{\eta_i(h_1 + h_2 + \cdots\cdots)}{H_a} = \frac{\eta_i \Sigma h}{H_a} = \mu \eta_i \cdots\cdots\cdots (6\text{-}8)$$

(6-8) 式にて $\mu>1$ であるから

$$\eta_1 > \eta_i \cdots\cdots\cdots\cdots\cdots\cdots\cdots\cdots\cdots\cdots\cdots\cdots\cdots\cdots\cdots\cdots (6\text{-}9)$$

すなわち全内部効率は，段内部効率より大きいことを示している。

また全内部効率は，製作者が計画のとき最も多く使用するもので，最近の舶用主機蒸気タービンでは，85～86% 程度である。

6.1.2 外部損失を表わす効率

機械効率（mechanical efficiency）η_m

蒸気タービンには，内部損失と外部損失とがあることは，すでに説明したが，内部仕事から外部損失を差し引いたものを有効仕事といい，タービン軸端にて，有効に利用できる仕事で軸馬力（SHP）ともいう。

機械効率は，有効仕事と内部仕事との比で示し，次式で表わされる。

第6章 蒸気タービンの諸効率と性能

$$\eta_m = \frac{H - Z_0}{H} \quad \cdots \cdots \cdots (6\text{-}10)$$

ここに，η_m：機械効率，H：内部仕事，Z_0：外部損失で，$Z_g + Z_m + Z_l + Z_r$，$H - Z_0$：有効仕事である。

また機械効率は，次式によって計算できる。

$$\eta_m = \frac{\text{SHP}}{\frac{2\pi NM}{60}} \quad \cdots \cdots \cdots (6\text{-}11)$$

ここに，$2\pi NM/4500$：内部仕事（蒸気が回転羽根に与える馬力）W，N：rpm，M：回転羽根のトルク N・m，$2\pi N$：角速度 rad/s，SHP：有効仕事（有効馬力，軸馬力）W である。

一般に機械効率は，出力が小さいタービンほど小で（外部損失の割合が大），大形舶用主機蒸気タービンでは94〜96%程度である。

6.1.3 内外両損失を表わす効率

(1) 有効効率（タービン効率比，効率比，effective efficiency, turbine efficiency ratio, efficiency ratio，有効効率はタービン効率といわれることもある）η_e

有効効率は，有効仕事と理論断熱熱落差との比で，図6.4により，次式で表わされる。

$$\eta_e = \frac{\text{有効仕事}}{\text{理論仕事}} = \frac{\text{理論仕事} - (\text{内部損失} + \text{外部損失})}{\text{理論仕事}}$$

$$= \frac{\text{理論蒸気消費量}}{\text{実際蒸気消費量}} = \frac{H - Z_0}{H_a} = \frac{H}{H_a} - \frac{Z_0}{H_a} \quad \cdots \cdots \cdots (6\text{-}12)$$

ここに，H_a：理論断熱熱落差，H, Z_0：(6-10)式と同じである。

(6-12)式にて，有効効率は全内部効率 H/H_a，外部損失 Z_0，理論断熱熱落差 H_a より求められる。

有効効率 η_e は，全内部効率 η_I と機械効率 η_m との間に次の関係が成立する。すなわち

$$\eta_e = \eta_I \eta_m \quad \cdots \cdots \cdots (6\text{-}13)$$

また有効効率は，次式によって計算できる。

$$\eta_e = \frac{W_e}{m(h_1 - h_2)} \quad \cdots \cdots \cdots (6\text{-}14)$$

ここに，W_e：有効出力[kW]，m：タービンの蒸気量 kg/s，$h_1 - h_2$：理論断熱熱落差 kJ/kg，h_1：タービン入口蒸気のエンタルピ kJ/kg，h_2：タービ

ン出口(復水器入口)蒸気のエンタルピ kJ/kg である。

次に有効効率は,実際タービンの熱効率と理想タービンの熱効率の比となるから,効率比とも呼ばれ,これは一定条件の下に働くタービンの完全度を表わすもので,次のようにタービンの性能の比較に用いられる。

すなわちタービンの性能の優劣を比較する場合,蒸気条件が同一のときに対しては,毎時毎出力あたりの蒸気量,すなわち蒸気消費量によって判定するが,蒸気条件が異なるときに対しては,有効効率によって判定する。

一般に有効効率は,出力の小さいタービンほど小である。

最近の大形舶用主機蒸気タービンでは,80%前後である。

図 6.5 は,有効仕事(軸馬力)と有効効率との関係の一例を示す。

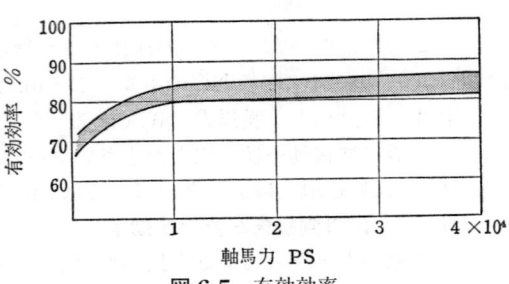

図 6.5 有効効率

(2) 熱効率 (thermal efficiency) η_t

熱効率は,有効仕事と使用蒸気の発生に必要な熱量との比で,図 6.4 により次式で表わされる。

$$\eta_t = \frac{H - Z_0}{H_c} \quad \cdots\cdots (6\text{-}15)$$

ここに,η_t:熱効率,$H - Z_0$:有効仕事,H_c:使用蒸気の発生に必要な熱量である。

また熱効率は,次式によって計算できる。

$$\eta_t = \frac{W_e}{m(h_1 - h_3)} \quad \cdots\cdots (6\text{-}16)$$

ここに,m:タービンの蒸気量 kg/s,h_1:タービン入口蒸気のエンタルピ kJ/kg,h_3:復水器出口の復水のエンタルピ kJ/kg である。なおプラントに再熱器のある場合には,再熱器における受熱量を h_4 kJ/kg とし,$h_1 - h_3$ を $h_1 - h_3 + h_4$ として計算する。

なお,蒸気タービンでは,図示馬力が求められないから,有効仕事(軸馬力,出力)を基準として計算する。

熱効率は,蒸気タービン改良の基本および基準であるが,舶用プラント

では，燃料消費率の数値が多く用いられ，タービンの熱効率については，その使用は一般的に少ない．

舶用蒸気タービンの熱効率の概略値は，蒸気条件 5.88 MPa (60 kgf/cm²) 510℃, 722 mmHg, 22,065～29,420 kW (3,000～40,000 PS) 級にて 32～35% 程度である．

6.1.4 プラントの全熱効率（推進機関の全熱効率，plant thermal efficiency, overall efficiency） η_p

プラントの全熱効率は（推進機関の全熱効率，発電機の場合には発電機端出力），舶用推進機関の場合，プロペラ軸端に伝える動力と使用した燃料の持つ熱量との比で示し，次式で表わされる．

$$\eta_p = \frac{3600 W_e}{BH} \cdots\cdots\cdots\cdots\cdots\cdots\cdots\cdots\cdots\cdots\cdots\cdots\cdots\cdots\cdots (6\text{-}17)$$

ここに，η_p：プラントの全熱効率，W_e：プロペラ軸端の出力 kW, B：燃料量 kg/h（補機に使用のものを含む），H：燃料の発熱量 kJ/kg である．舶用の場合，タービン船では，通常高発熱量を使用することが多い．

プラントの全熱効率は，舶用推進機関の場合，ボイラ効率，タービン効率，減速装置の効率，補機のエネルギ消費の係数などの相乗積で示す．

全熱効率に影響するものは，蒸気条件，熱サイクルの種類，ボイラ，タービン，補機，減速装置などの効率，運転時の負荷状況などである．

プラントの全熱効率は，プラントの経済性に大きい影響を与えるから，プラントを計画するときの検討や，また運転時における十分な管理が必要である．このため，プラントの熱勘定（熱精算，heat balance）を求め，有効利用の熱量と損失熱量との分布を詳細に分析検討する必要がある．

プラントの全熱効率は，最近の大形舶用主機蒸気タービンの場合，33% 程度であるが，なお 30% 前後のものが多い．

舶用推進機関では，プラントの全熱効率の値を用いることは一般に少ない．

6.2 蒸気タービンの性能

2つ以上の蒸気タービンにおいて，その性能の比較は，有効効率，蒸気消費率，熱消費率，燃料消費率，パーソンス数などによって判定する．

6.2.1 蒸気消費率（steam consumption, water rate（注）日本機械学会では kg/kWh を蒸気消費量としている）

蒸気消費率は，単位出力当りの所要蒸気流量である．

$$W = \frac{m}{N_e} = \frac{1}{\eta_e(h_1 - h_2)} \text{ kg/W·s} \quad \cdots\cdots (6\text{-}18)$$

ここに，W：蒸気消費率 kg/kJ，m：蒸気消費量（蒸気量）kg/s，N_e：出力 W，η_e：有効効率，h_1：タービン入口蒸気のエンタルピ kJ/kg，h_2：タービン出口蒸気のエンタルピ kJ/kg，$h_1 - h_2$：タービンの全熱落差 kJ/kg である。

蒸気消費率は，2つ以上のタービンで，蒸気条件や給水加熱設備の条件が同一のものに対しては，性能比較の目安となる。

6.2.2 熱消費率 (heat consumption, heat rate) および燃料消費率 (燃費, fuel consumption)

熱消費率 (HR) は，単位出力当りの所要熱量を表し，次式で示される。

$$\text{HR} = \frac{Q}{N_e} \quad \cdots\cdots (6\text{-}19)$$

また，熱消費率は，蒸気消費率と単位蒸気量あたりに供給された熱量との積で示される。

燃料消費率や熱消費率は，次の場合に利用される。

1. 原動所全装置（船舶の場合，推進機関の全装置でボイラなどを含んだもの）の経済性の判定。
2. 異なる種類（形式）の機関，たとえばディーゼル エンジンなどとの経済性の比較。

燃料消費率は，サイクルの構成や蒸気条件が大きく影響し，タービンの効率，復水器の真空度，発電用タービンの蒸気量，給水ポンプの効率などが影響する。

商船用タービン プラントの燃料消費率の大幅の改善には，蒸気条件の高級化が最も効果的と考えられている。

6.2.3 パーソンス数（パーソンス係数，Parsons number）

段線図効率（段落線図効率）に影響を与えるものは速度比 u/c である（u：周速度，c：流入蒸気絶対速度）。

これをタービンの全段について考え，各段の羽根の周速度を $u_1, u_2, \cdots$ とすれば，周速度の2乗の総和は $\Sigma U^2 = u_1^2 + u_2^2 + \cdots$ であり，各段の熱落差を $h_1, h_2, \cdots$ とすれば，その総和は $\Sigma h = h_1 + h_2 + \cdots$ である。

タービンの全段について，その平均速度比を考え，これを U/C_0 とすれば，$C_0 = \sqrt{2\Sigma h}$ として

$$\frac{U}{C_0} = \frac{\sqrt{\Sigma U^2}}{\sqrt{2\Sigma h}} = \sqrt{\frac{\Sigma U^2}{2\Sigma h}} = 0.707\sqrt{K} \quad \cdots\cdots (6\text{-}20)$$

第6章 蒸気タービンの諸効率と性能

$$K = \frac{\Sigma U^2}{\Sigma h} \quad \cdots\cdots\cdots\cdots\cdots\cdots\cdots\cdots\cdots\cdots\cdots\cdots\cdots\cdots (6\text{-}21)$$

をパーソンス数という。

このパーソンス数は,タービン設計時に,目安として使用する値で,初めはパーソンス タービンの設計に用いたが,現在では衝動タービンにも用いられている。

またパーソンス数は,蒸気タービンを計画する場合,次の事項の決定に使用されている。

1. タービンの価格

   タービンの羽根車の直径を D とすれば,

   $$\Sigma U^2 = \Sigma \left(\frac{\pi D n}{60}\right)^2 = \frac{(\pi n)^2 \Sigma D^2}{3600}$$

   ここに,$\Sigma D^2 = zD^2$,z:段数,D^2:羽根車の面積の関数である。

   ゆえに

   $$K = \frac{\Sigma U^2}{\Sigma h} = \frac{zD^2(\pi n)^2}{3600 \Sigma h} \quad \cdots\cdots\cdots\cdots\cdots\cdots\cdots\cdots\cdots (6\text{-}22)$$

   (6-22) 式に示すように,パーソンス数は,段数 z と羽根車の面積 D^2 に比例し,タービンの大きさ(質量)の関数となり,パーソンス数が大きいとタービンの価格が高くなる。このため製作費に対する経済的な目安として使用する。

2. タービンの効率

   各段の熱落差を h,流入蒸気絶対速度を v_1 とすれば

   $$\frac{1}{2}v_1^2 = h \quad \cdots\cdots\cdots\cdots\cdots\cdots\cdots\cdots\cdots\cdots\cdots\cdots\cdots\cdots (6\text{-}23)$$

   ρ を速度比とすれば

   $$\rho = u/v_1 \qquad u = v_1 \rho \quad \cdots\cdots\cdots\cdots\cdots\cdots\cdots\cdots\cdots (6\text{-}24)$$

   (6-23) 式より

   $$v_1^2 = 2h$$

   (6-24) 式より

   $$u^2 = v_1^2 \rho^2$$

   ゆえに

   $$\Sigma u^2 = 2\rho^2 \Sigma h = 2\rho^2 \mu H_a$$

   ここに,H_a:全段の理論熱落差
   μ:再熱係数である。

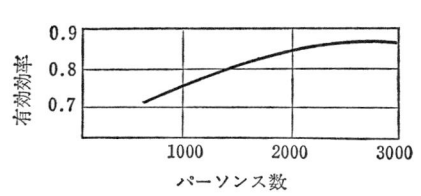

図 **6.6** パーソンス数と有効効率

多くの軸流タービンについて，パーソンス数と効率（有効効率）との関係を求めると，図 6.6 に示す曲線が得られる。

パーソンス数は，タービンの効率の関数であり，通常，舶用タービンでは，衝動タービン 1,700～2,300，反動タービン 3,500～3,700 ぐらいである。

このように，パーソンス数は周速度，熱落差，羽根車の直径，段数などの関数となる。

第2編　蒸気タービンおよび関連装置の構造と作用

第7章　蒸気タービン各部の構造と作用

7.1　ノズル（噴口，nozzle）
7.1.1　構造によるノズルの種類
ノズルは構造により次のように分類する。
(1) 鋳込形ノズル（cast in type nozzle）
　　鋳込形ノズルは，厚さ3 mm ぐらいの5% Ni 鋼あるいはステンレス鋼の薄板をノズルの形状に湾曲させ，ノズルのピッチに配列し，地金に鋳込んで製作する。

　　鋳込形ノズルは，低圧タービンの低圧側に適するが，最近では，その採用は減少の傾向にある。

　　図7.1は，鋳込形ノズルの一例を示す。

　　鋳込形ノズルの特徴は，製作は簡単であるが，各部の寸法（入口角，出口角，ピッチ，断面積など）が正確でなく，蒸気通路は，一部鋳膚が残って平滑でないために，流動抵抗が大きい。

(2) 組立て形ノズル（built up type nozzle）
　　組立て形ノズルには，半径方向組立て形と円周方向組立て形とがある。

　　半径方向組立て形は，数個のノズルを持つみぞ片，被覆片，固定片とから成っており，これらを中心から外の方に向って組み立てる。

　　図7.2は，これを示す。

　　組立て形ノズルの特徴は，機械加工が精密のため，寸法（ノズル角度，断面積など）が正確で効率がよい。また蒸気の比

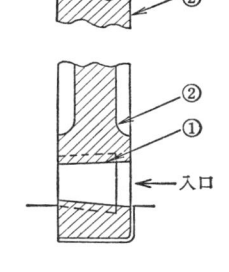

① 鋳込みの薄板（ノズル）
② 仕切板（地金）
　図7.1　鋳込形ノズル

容積の小さい高圧段小形ノズルに適する。欠点は，加工複雑で価格が高いなどである。

組立て形ノズルは，補機を除き，舶用タービン主機への採用が少なくなっている。

(3) 溶接形ノズル (welded type nozzle)

溶接形ノズルは，昭和30年代以降に普及し，現在の舶用主機蒸気タービンでは，高圧および低圧タービンともに最も多く用いられている。

図7.4は，溶接形ノズルの一例を示す。

溶接形ノズルの特徴は，製作がわりあいに簡単で，仕上げが正確であり，また組立て形のような漏えいがなく，高圧側に対しても使用できる。

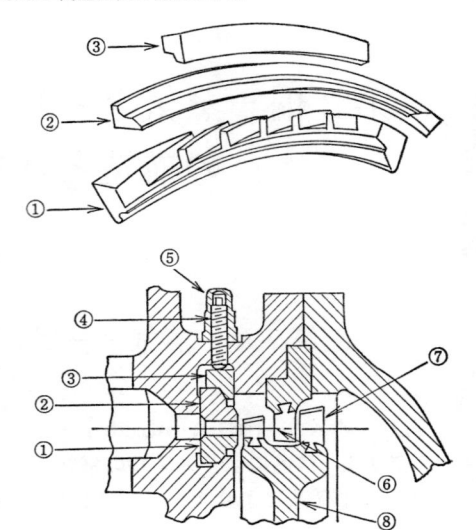

① みぞ片　④ 押えねじ　⑦ 回転羽根
② 被覆片　⑤ キャップ　⑧ 羽根車
③ 固定片　⑥ 案内羽根

図7.2　組立て形ノズル

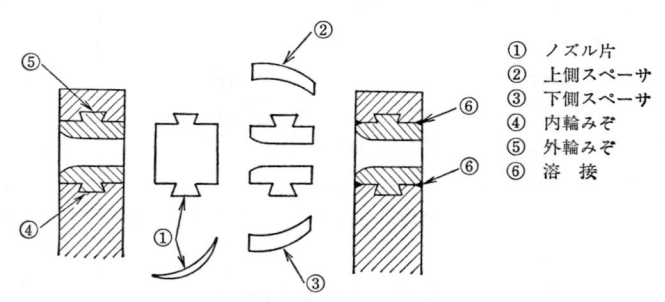

① ノズル片
② 上側スペーサ
③ 下側スペーサ
④ 内輪みぞ
⑤ 外輪みぞ
⑥ 溶接

図7.3　円周方向組立て形ノズル

(4) せん孔（穴をあけること）形ノズル (drilled type nozzle)

図7.5は，せん孔形ノズルの一例を示す。

せん孔形ノズルの特徴は，構造が簡単で，高圧側に対して使用する。大形タービンの後進段や小形タービンに多く用いられ，形状は末広形が多

第7章 蒸気タービン各部の構造と作用

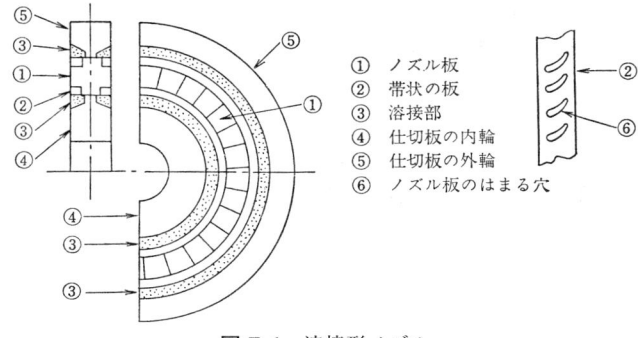

① ノズル板
② 帯状の板
③ 溶接部
④ 仕切板の内輪
⑤ 仕切板の外輪
⑥ ノズル板のはまる穴

図 7.4　溶接形ノズル

い。
7.1.2　ノズルの材料
ノズルに用いる材料（材質）は，使用蒸気の温度によって異なる。最近の舶用タービンでは，高圧側および後進タービンには，12 Cr-Cb 鋼，12 Cr-Mo 鋼，13 Cr-Al 鋼などが用いられる。また低圧段には，5% Ni 鋼，12 Cr-Al 鋼，13 Cr-Al 鋼などが用いられる。

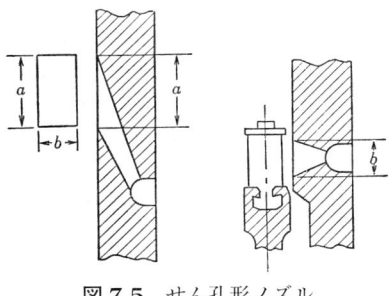

図 7.5　せん孔形ノズル

なお，せん孔形の後進タービンのノズルには，12 Cr 鍛鋼などが用いられる。
7.1.3　ノズル弁
衝動タービンの調速（出力の調整）に，ノズル加減法を採用するときは，ノズル弁を使用する。

ノズル弁は，第1段だけに設け，ノズル弁を順次開閉してノズル数を変化させ，蒸気量を増減して出力を調整する。ノズル弁は，数個のノズルから成る各群に1個ずつ設ける。

タービンに設けるノズル弁の数は，製作者，形式によって相違し（ノズル弁の口径および揚程が異なる），製作者，形式の同一のタービンでは，出力に比例して増減する。また各出力のタービンにおいて，使用されるノズル弁の数は，最大，定格，1/2 全力などによって変化する。

7.2 羽根（翼，blade）

7.2.1 作用による羽根の種類

作用による羽根の種類には，固定羽根（案内羽根，静翼，fixed blade）と回転羽根（動翼，バケット，moving blade, bucket）とがあり，それぞれの作用について説明すると表7.1のようである。

7.2.2 回転羽根の形状と各部の名称

蒸気タービンの羽根の形状は，衝動タービンと反動タービンでは全く異なっている。また反動タービンのパーソンス タービンでは，固定羽根と回転羽根とは同形同寸法である。

表7.1 作用による羽根の種類

羽根の種類	衝動タービン	反動タービン
固定羽根 （案内羽根）	1. 蒸気通路の案内 2. 蒸気の流動方向の転換 　（カーチス段だけに使用）	1. 蒸気通路の案内 2. 蒸気の流動方向の転換 3. ノズルの作用（蒸気の膨張）
回転羽根	1. 蒸気通路の案内 2. 蒸気の流動方向の転換 3. 回転力をロータに伝える	1. 蒸気通路の案内 2. 蒸気の流動方向の転換 3. 回転力をロータに伝える 4. ノズルの作用（蒸気の膨張）

（注）蒸気通路の案内は羽根入口側の衝突損失の軽減の作用をする

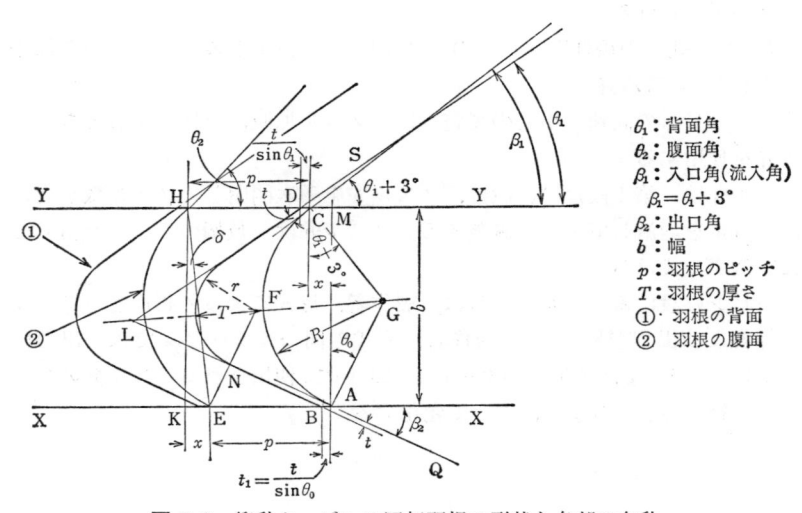

図7.6 衝動タービンの回転羽根の形状と各部の名称

図 7.6 は衝動タービン，図 7.7 は反動タービン（パーソンス タービン）のそれぞれの羽根の形状を示す。これらの形状の特徴として，衝動タービンは，直線と円弧から成る幾何学的形状をしているが，パーソンス タービンは円弧だけから成っている。

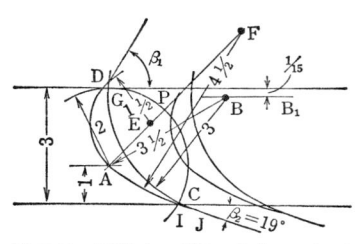

図 7.7 反動タービン（パーソンスタービン）の羽根

表 7.2 は，羽根の形状などについて，衝動タービンと反動タービンとの比較を示す。

7.2.3 回転羽根各部の寸法と性能との関係

(1) 回転羽根の入口角 (inlet blade angle)

回転羽根の入口角は，衝動ならびに反動タービンのいずれも，基本的には速度線図によって決定する。

図 7.8 の速度線図より

$$\tan \beta_1' = \frac{v_1 \sin \alpha_1}{v_1 \cos \alpha_1 - u} \quad \cdots\cdots(7\text{-}1)$$

ここに，β_1'：蒸気の流入角（入口側相対速度と羽根の周速度とのなす角），v_1：入口側蒸気の絶対速度，w_1：入口側蒸気の相対速度，u：周速度，θ_1：背面角（θ_1 を β_1' に等しくする）である。

回転羽根の入口角は，(7-1) 式に示す蒸気の流入角 β_1' と一致させればよい。この場合，「5.1.2 回転羽根損失」で述べたように，入口側の衝突損失（羽根の背面に衝突する損失）を少なくするため，入口角は，通常背面角に合わせるようにする（逆にいえば背面角を入口角に合わせる）。

すなわち

$$\tan \beta_1' = \tan \theta_1 \qquad \beta_1' = \theta_1 \quad \cdots\cdots(7\text{-}2)$$

となる。

回転羽根の入口角は，実際には負荷の変動を考慮して，次のように背面角（蒸気の流入角と等しい）よりいくぶん大きくとることが多い。すなわち

$$\beta_1 = \theta_1 + (3 \sim 5°)$$
$$\beta_1 = \beta_1' + (3 \sim 5°) \quad \cdots\cdots(7\text{-}3)$$

ここに，β_1：回転羽根の入口角，θ_1：背面角，β_1'：蒸気の流入角である。

衝動タービンでは，回転羽根の入口角の実際は，25〜50°ぐらいである。

表7.2 羽根の形状などについて衝動タービンと反動タービンとの比較

項　　目	衝動タービン	反動タービン
1. 形　　状　　　Bの点線はカンバ線（camber line）を示す	A, B（図）	C, D（図）
2. 基本的な線の組合せ	直線と円弧	円弧だけ
3. 転　向　角	比較的　大	比較的　小
4. 入口角，出口角の関係	$\beta_1 \gtreqqless \beta_2$	$\beta_1 > \beta_2$
5. 回転羽根内の蒸気の膨張	なし	ある
6. 適　用　性		Dは比較的，相対速度の小，または舶用タービンのように，流入蒸気速度と羽根の周速度の比が大きく変化する場合
7. そ　の　他	$\beta_1 = \beta_2$ のとき対称羽根	r（反動度）＝0.5のとき，回転羽根と固定羽根とは同一形状

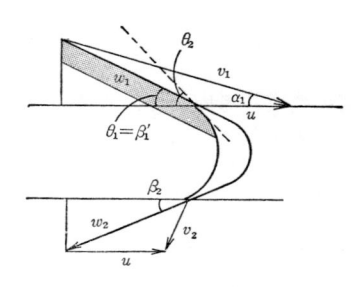

θ_1：背面角　θ_2：腹面角

図7.8 回転羽根の入口角と蒸気の流入角，背面角との関係を示す速度線図

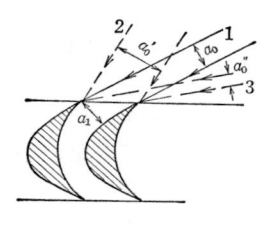

方向1：適合した流入角
方向2：過大な流入角
方向3：過小な流入角
a_0, a_0', a_0''：流れの幅

図7.9 蒸気の流入角と反動度との関係

また一般に，蒸気の流入角の大小は，羽根の環状面積と羽根の蒸気通路との比に影響し，したがって反動度もこれによって増減する。

その理由は次のようである。図7.9において，蒸気の流入角が過大なときは $a_0' > a_0$ となり，蒸気は余分の圧力降下をするため，出口速度が大となり，反動度は増加する。

また蒸気の流入角が過小なときは，$a_0'' < a_0$ となり，通路の蒸気量は減少し，出口速度も小となって反動度は減少する。

反動タービンでは，回転羽根の入口角は，前の案内羽根の相対流出速度の方向と平行にする。

(2) 回転羽根の出口角 (exit blade angle)

① 衝動タービン

衝動タービンでは，$\beta_1 \geqq \beta_2$ とする。$\beta_1 = \beta_2$ を対称羽根，$\beta_1 > \beta_2$ のとき非対称羽根という。

回転羽根の出口角の大小は，次の事項に影響する。

(a) 出口角の小さい方が線図仕事が増加する。

(b) 出口角を小さくすると，羽根の長さが増加する（必要な蒸気通路面積を得るため）。

(c) 出口角が小さすぎると羽根の通路が長くなり，羽根通路の摩擦損失が増加する。

② 反動タービン

反動タービンでは，$\beta_1 > \beta_2$ とする。

回転羽根の出口角を決定する場合，考慮すべき事項は次のようである。

(a) 羽根の形状は，ノズルと同一にして蒸気を膨張させる。このため，$\beta_1 > \beta_2$ とする。

(b) 低圧段で膨張の大きい場合，出口角を大きくする（軸流速度を大きくして，蒸気流の急変と羽根の長さの急変を防止する）。

出口角の実際は，パーソンス タービンでは 19° を標準とした基準羽根が用いられ，それよりも大きい出口角の羽根をウイング羽根 (wing blade) といい，比容積の増加した低圧側最後の数段に使用されている。

(3) 回転羽根の長さ（回転羽根の有効長さ，回転羽根の高さ，moving blade length, moving blade height, effective blade length or height）

回転羽根の長さを決定する場合，考慮すべき事項は次のようである。

① 回転羽根の長さは，蒸気量に対し，十分な通路面積（環状面積）を与えること。

② 回転羽根の入口側の長さは，ノズルの出口高さよりいくぶん長くする。その理由は，工作，組立ての不良や運転中の膨張収縮によって変位を生じ，蒸気が羽根の通路以外に衝突することを避けるためである。

③ 低圧最終段の回転羽根の長さは，次の点を考慮する。

羽根の長さを長くし，環状面積を十分に与えることが必要である。その理由は，ⓐ 排気速度を小にして，排気残留エネルギ損失を軽減する。ⓑ 通過蒸気の比容積が最も大きいことなどである。

しかし一方では，羽根の長さが大きくなると，周速度が大となり，遠心力，蒸気のスラスト，振動などが増大し，羽根の根元や植付け部にかかる応力が大となり，これらによって制限を受けることになる。また羽根の先端はピッチが大となり，蒸気流が混流を生じて，エネルギの損失となる。

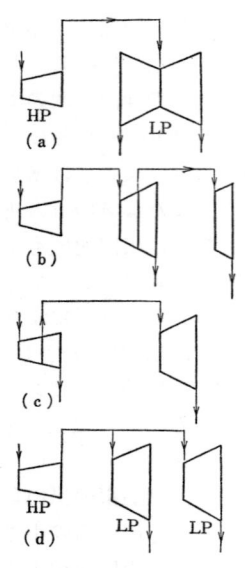

（a） 複流形　（b）(c) 分岐排流形
（d） 多車室形

図 7.10 蒸気通路を複数にしたもの

④ 低圧段の羽根の長さを短くする方法

ⓐ 排気端に近い低段圧の羽根は，出口角とピッチを大きくし，羽根の長さを短くする。ⓑ 蒸気通路を複数にし，複流形，分岐排流形，多車室形などを採用する。図 7.10 は，これを示す。

(4) 回転羽根の幅（blade width）

回転羽根の幅は，羽根自体の遠心力による引張応力や，作動蒸気による曲げ応力に対し，十分な強さを持つことが必要である。

回転羽根の幅は，小さいほど，蒸気通路が短くなって摩擦損失が減少し，またタービンの全長が短くなって構造が小さくでき，軸受間の距離も短くなる。しかし，羽根の幅が小さすぎると，転向角を一定（同一の流入および流出角）とした場合，曲率半径が減少し，蒸気の方向変換が急激となり，蒸気自身の遠心力による流動損失が増加する。図 7.11 は，その関係を説明する。

また転向角が大きいときは，幅を大きくしてできるだけ転向角を小にし，速度係数を大にして効率の低下を防ぐ。しかし羽根の幅が大きすぎる

と，摩擦損失が増加しタービンの全長が長くなる．

(5) 回転羽根のピッチ (pitch)

羽根のピッチが小さいときは，羽根先端の衝撃と壁面の摩擦抵抗とが増加し，羽根のピッチが大きいときは，流路を流れる蒸気流が転向しないため，素通りによる損失となり（入口，出口において，蒸気が回転羽根に作用しないので，機械仕事が得られない），また凹面側において，うず流れが大きく発生する．

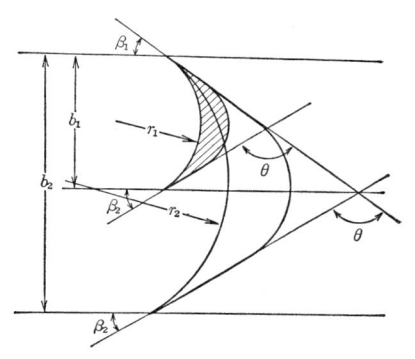

b_1, b_2：羽根の幅　r_1, r_2：曲率半径
β_1, β_2：入口角，出口角　θ：転向角

図7.11 回転羽根の幅と流動損失

回転羽根のピッチは，理論的に求めることは難しく，翼列風洞 (cascade tunnel) 実験などにより，経験的に定めている．

羽根のピッチを均一に保つため，囲い板，とじ金，根付き羽根などを使用する．

(6) 回転羽根のすきま (clearance)

羽根のすきまには，半径方向すきま（羽根先すきま，radial clearance）と軸方向すきま (axial clearance) とがある．

羽根のすきまを設ける理由は次のようである．すなわち運転中のロータや車室は，それらの不同膨張（膨張差）やロータのたわみなどによって変位を生じ，回転部と固定部（静止部）とが接触して事故を発生し，損傷の原因となる．この損傷を防止するため，羽根の半径方向と軸方向とにすきまを設ける．

このように，羽根のすきまは，運転の安全から，できる

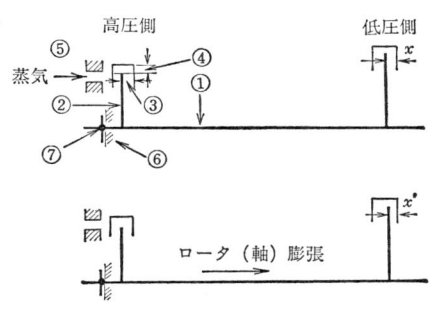

① ロータ（軸）　⑤ 第1段ノズル
② 羽根車　⑥ スラスト軸受
③ 軸方向すきま　⑦ 原点
④ 羽根先すきま

図7.12 軸の膨張と軸方向すきまの変化を示す．スラスト軸受は変位の出発点（変位のないところ）と考える．

だけ大きいほうがよい。しかし，一方，すきまが大きいほど，すきまによる損失が増加する。これらから，すきまの大小は，変位と損失とを考慮して決定する必要がある。

また，変位を高圧側にて最小にするために，スラスト軸受を車室の最高温度部分（蒸気の入口側）に近い位置に設け，これを基準（原点）とし，車室内各部の温度分布にしたがって，すきまを適当に設定する。

回転羽根のすきまは，羽根の形状，シーリング ストリップやフィンの有無などによって異なり，各製作者は一定の基準を設けている。

一般に，文献に示してあるものには，古い資料が多く，一応の参考に過ぎないものも少なくない。

7.2.4　形状による羽根の種類

(1) 普通羽根（common blade）

① 分離羽根（等厚羽根，straight blade）

羽根と間隔片（スペーサ，ディスタンス ピース，spacer, distance piece）とを別個に製作したもので，羽根の断面，幅および厚さが均一なものである。おもに反動タービンの羽根の長さが短い部分に使用する。

図7.13は，これを示す。

② 根付き羽根（combined blade）

羽根と間隔片とを1つの素材から一体にして製作したもので，羽根にかかる蒸気スラスト，遠心力などに対し，羽根の根元を強くしたものである。また適当なピッチを与えることができる。おもに衝動タービンの羽根に使用する。

図7.14，図7.15は，これを示す。

(2) 特殊羽根（special blade）

回転数が与えられた場合，タービンの最大限界出力は，最終段の羽根の環状面積（全排気面積），すなわち回転羽根の最大長さによって支配され，その羽根の長さは，次のような理由によって制限を受ける。

1. 回転羽根先端のピッチが著しく大きくなるため，羽根の長さを羽根の中心直径（羽根車のピッチ円直径，平均羽根円の直径）の1/3以上にしないこと。
2. 遠心応力により，羽根先端の許容周速度が限定されること。

これらによって，最大限界出力の増加，すなわち単機容量の増大は，必然的に最終段に使用する長大な回転羽根の開発が必要で，低圧段の羽根に対し，次の事項を考慮する必要がある。ⓐ 羽根の強度を増加する。

第7章 蒸気タービン各部の構造と作用

① 羽根
② 間隔片
　（スペーサ）

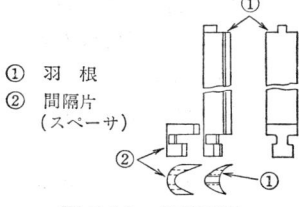

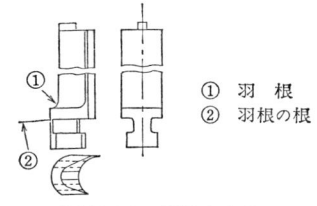

図7.13　分離羽根

① 羽根
② 羽根の根

図7.14　根付き羽根

図7.15　根付き羽根

ⓑ 羽根間の蒸気流路が末広形となり，蒸気の流動状態が偏流して効率が低下する。
ⓒ 羽根の先端と根元の周速度が不同のため，効率が低下する。

以上の要求により，特殊羽根を使用する。特殊羽根には，テーパ羽根とねじれ羽根とがある。

① テーパ羽根（こう配羽根，tapered blade）

回転中の羽根に作用する力では，遠心力が最も大きいので，特に低圧側の長い羽根に対しては，強度の面において，遠心力を軽減するために，羽根の先端にいくにしたがって質量の減少，すなわち断面積を小にする必要がある。その方法として，羽根の幅や厚さを減少し，根元から先端に向ってこう配（傾斜）をつけた羽根を使用する。このような羽根をテーパ羽根といい，遠心力に対する強度の面から考えられたものである。

このような訳で，テーパ羽根を低圧段の長い羽根に使用すれば，タービンの最大限界出力を増加することができる。

しかし，欠点は，羽根間の蒸気流路面積が先端にいくにしたがって末広状に増加し，このため，速度線図が位置的に変化する。また蒸気は外方に偏流して流動状態が悪くなり，効率が著しく低下する。

図7.16は，こう配羽根を示す。

② ねじれ羽根（ねじり羽根，三次元羽根，twisted blade）

羽根の長さが短く，羽根車のピッチ円直径との比があまり大きくないものに対しては，速度線図を平均直径上で考察し，二次元的取扱いを行っている。

しかし，長い羽根では，羽根の根元と先端と

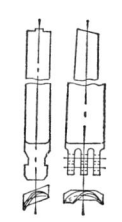

図7.16　テーパ羽根
　　　　（こう配羽根）

では羽根の周速度が同一でないために,羽根の長さの各位置において,速度線図が著しく異なってくる。このため,周速度に合わせて羽根の入口角を根元から先端へ変化させ(羽根の断面形状も連続的に変化する),外見上ねじった形に見える羽根を使用する。このような羽根をねじれ羽根といい,低圧タービン後半の長い羽根に多く使用する。

ねじれ羽根は,三次元的設計によるので三次元羽根ともいい,根元で衝動型,先端で反動型の羽根となる。

ねじれ羽根を使用する理由は,次に説明するように,効率低下に対する改善が目的である。

最大限界出力増加のためテーパ羽根を使用した場合,前述のように,蒸気は外方に偏流し,長い羽根では,遠心力によっても蒸気が外方に偏流する。

また蒸気通路は先端にいくにしたがって末広状に増加し(テーパ羽根),かつ羽根の各位置における周速度の違いから,羽根入口付近の蒸気の流入状態が円滑でなく,入口側にて蒸気が羽根に衝突する。

このように,蒸気の偏流と周速度の違いから,蒸気の流動条件が悪くなり,速度比の不同によって効率が著しく低下する。このため,羽根入口付近の流動条件を改善し,効率を向上するためにねじれ羽根を使用する。

また長い羽根の設計には,エーロフォイル形(aerofoil type)を用いるものもある。

図 7.17 はねじれ羽根を示す。

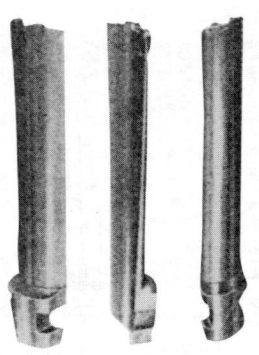

図 7.17 ねじれ羽根

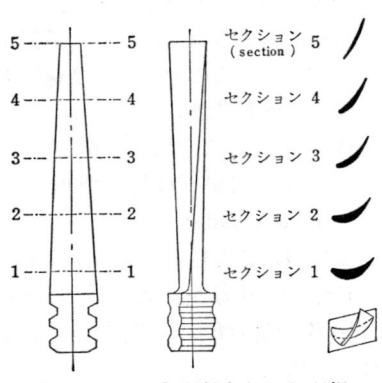

図 7.18 こう配付きねじれ羽根

③　こう配付きねじれ羽根

　こう配付きねじれ羽根は，こう配羽根とねじれ羽根との両者の長所を備えたものである。

　なお最近の大形舶用主機蒸気タービンでは，低圧タービンの後半低圧側の数段（3～4）に，こう配付きねじれ羽根が使用されている。

　図7.18は，こう配付きねじれ羽根を示す。

7.2.5　羽根の固定法（植付け法）

羽根の固定法に必要な条件は，次のようである。
1. 遠心力によって羽根車や円胴（ドラム　ロータ）から脱出しないこと。
2. 振動を生じないこと。
3. 固定によって，過度の応力が加わらないこと。
4. 羽根の取替えに便利なこと。

羽根の固定法（植付け法）には次の種類がある。

(1)　みぞ形固定法

　タービンの円板羽根車または円胴（ドラム　ロータ）にのこ歯形（serrated type），ばち形（はと尾形，dovetail type），T字形（T形，T-tail type），松かさ形（クリスマス　ツリー形，mushroom type, Christmas tree type, C. T type），円柱形（ball or De Laval type）などのみぞを作り，羽根をこれに植える方法で，図7.19はこれを示す。

(a)　のこ歯形

　パーソンス　タービンに使用する。固定法は，羽根の根元にみぞを刻み，これに対応するみぞを刻んだロータにそう入する。みぞはのこ歯形である。

(b)　ばち形（はと尾形）

　根元をばち形にしたもので，回転羽根の負荷がごく小さく，また遠心力の大きくないものに使用する。

(c)　T字形

　カーチス段（Curtis stage）やツェリ段（Zoelly stage）に使用する。

　c_1 は，形状が簡単で製作も容易であるが，遠心力のため，リム（rim）①が左右に開く欠点がある。

　c_2 は，羽根の両側に突起②を設け，これで羽根車のリムをはさみ，遠心力にてリムが左右に開き固定部のゆるむのを防止する。

　c_3 は，根元の支持面に傾斜面③を設け，羽根車のリムの開くのを防止する。図7.20は，これに対する力の関係を示すもので，羽根に遠心力が加

(a) のこ歯形　(b) ばち形（はと尾形）

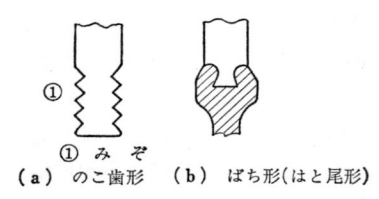

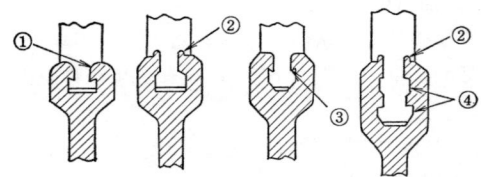

① リ　ム(rim)　② 突起状　③ 傾斜面　④ みぞを2段にする
　　c_1　　　　c_2　　　　c_3 (one root)　c_4 (2重T形, two root)
(c) T字形（T形）

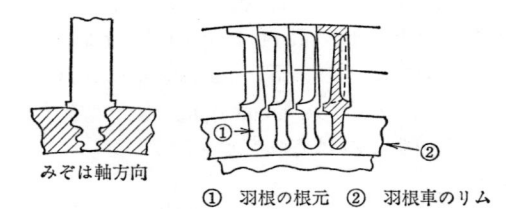

みぞは軸方向

(d) 松かさ形（クリスマスツリー形）

① 羽根の根元　② 羽根車のリム
(e) 円柱形

図7.19 みぞ形固定法の各種

わると，力の分解により，リムは羽根の左右よりこれを締めつけて，羽根の取付けをいっそう堅固にする特徴がある。

　c_4 は，T状のみぞを2段設けたもので，周速度および遠心力の大きい低圧段の長い羽根に使用する。二重T形で2段に力を受ける。なお c_2 のように突起②をつける。

(d) 松かさ形（クリスマス ツリー形，ファーツリー形，fir tree type）

　松かさ形の多量植込みにより，支持面積を増

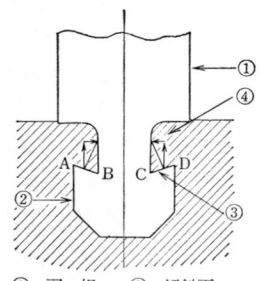

① 羽　根　③ 傾斜面
② 羽根の足　④ リ　ム(rim)
図7.20 T字形（傾斜面）の力の関係

加したもので，その形状はいずれも逆三角の周囲をねじ状にする。低圧最終段の遠心力の大きい（回転羽根の負荷の大きい）羽根に使用する。
  (e) 円柱形固定法
  　羽根車のリムに，羽根の根元と同形のみぞを軸方向に作り，これに羽根をはめ込んで固定し，さらに，固定部の両端面をかしめて仕上げる。
  　特徴は，羽根のピッチの小さいものに有効で，デ ラバル タービンに使用する。
(2) くら形固定法（サドル形，フォーク形，くし形，ピン形，ストラードル形，saddle, fork, comb, pin, straddle）
  　最初，ラトー段に採用された方法である。
  　羽根の根元をくら（牛馬などの背に置いて人や荷物をのせる道具）状や特殊形状のみぞに仕上げ，円板羽根車のリムに作った突出部にはめる方法で，くら状のものに対しては，さらに側面からリベット締め加工を施す。
  　くら形固定法は，羽根の取替えに便利であるが，固定の程度は幾分不確実になる欠点がある。
  　図 7.21 は，くら形固定法の各種を示す。
  (f) くし形固定法（ピン形，フォーク形，comb 形）
  　f_1 は，普通の羽根に使用する。
  　f_2 は，f_1 よりも羽根の長い場合に使用する。
  　f_3 は，低圧最終段の遠心力の大きい羽根に使用する。羽根の長さが 57 cm 程度のものに使用されている。
  　くし形は，遠心力によって生ずる力に対し，ピンのせん断応力で受ける。なお，せん断応力は，抗張力の 1/2 として設計する。
  (g) 根元の幅を広くして突起を設け，また支持面積を増加したもの。
  　G. E 社（General Electric Co., Lt.,）や B. T. H 社（The British Thomson-Houston Co., Lt.,）の方法である。

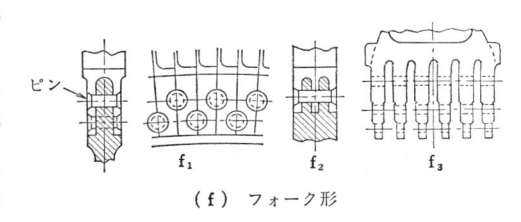

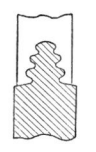

（f）フォーク形　　（g）G.E., B.T.H. 形　（h）松かさ形（クリスマス ツリー形）

図 **7.21**　くら形固定法の各種

(h) 松かさ形（クリスマス ツリー形，ファー ツリー形，Christmas tree type, fir tree type）

松かさ形として支持面積を増加したもので，低圧段の遠心力の大きい長い羽根に使用する。

7.2.6 囲い輪，とじ金およびシーリング ストリップ

(1) 囲い輪（囲い板，シュラウド リング，shroud ring）

囲い輪は，羽根の外周に当てた細い板で，数個ないし十数個の羽根を一組として，これに結合する。

囲い輪の効用は，次のようである。

1. 羽根先端のピッチを正確にする。
2. 遠心力で蒸気が外方に飛散するのを防止する。
3. 羽根の振動を防止する（特に調整段の部分流入に対するくり返し衝撃による振動）。
4. 羽根の補強に効果がある。

囲い輪の取付け法は，先端をかしめるか，または，ろう付けあるいは溶接法によっている。溶接法によるものは，蒸気がくり返し衝撃作用を与える高圧，高温の第1段および周速度の高い羽根に使用する。

図7.22はかしめ法によるもの，図7.23は溶接法によるものを示す。

囲い輪は，高温蒸気の膨張に対し，長さ10～20 cmごとにすきまを設ける。

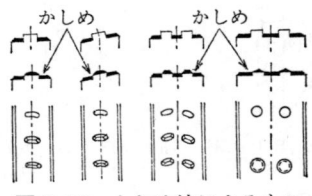

図7.22 かしめ法によるもの

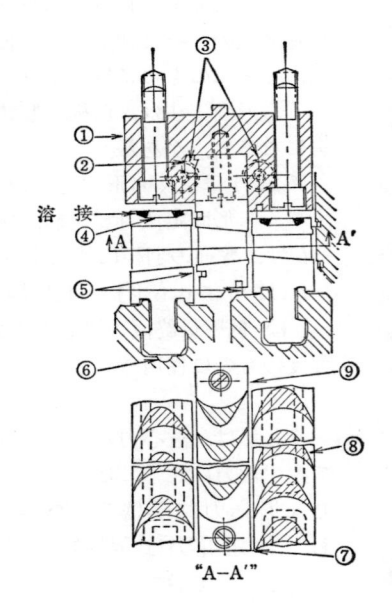

図7.23 溶接法によるもの

① 翼 環
② コーキング ピース
③ 水平部止めねじ
④ 囲い板
⑤ シーリング ストリップ
⑥ コーキング ピース
⑦ 止め金
⑧ 止め羽根
⑨ 止め金
⑩ 止めピン

図7.19(e)は，囲い輪付き羽根で，デ ラバル タービンに使用する。
　なお最近では，無限翼群方式が採用されている。
　この方式には，ダブル シュラウド法と溶接法によるものとがある。前者は，翼群を全円周360°切れ目なく連結し，2枚の囲い輪バンド（シュラウド バンド）により隣接翼（羽根）を交互に連結していく方法で，後者は溶接技術の関係より，現在では，まだ実現されていない。
　この方式による効果は，調整段に使用した場合，回転中の羽根車が蒸気導入部分を通過のとき，入口および出口部にて受ける衝撃（衝撃力）をすべての羽根に伝達し，これによって，回転羽根1枚あたりの応力を軽減し，共振条件が限定されるので，適当にノズル数を選定して，ノズル レゾナンス（nozzle resonance）を防止することができる。
　図7.24は，ダブル シュラウド法による無限翼群方式の概略を示す。
(2)　とじ金（レーシング ワイヤ，binding strip, binding wire, lacing wire）
　　反動タービンには，囲い輪を設けないで，羽根先端の厚みを薄くし，羽根先すきまを小にして漏えいを少なくしているものもある。このようなとき，羽根の長さに対して適当な位置，すなわち先端に近い所，または先端と中央部に，羽根をつづって円周方向にとじ金を設ける。
　　取付け方法は，銀ろう付けで補強し，ピッチを正確に保つようにする。また銀ろう付けをせず，羽根を貫通させて振動を吸収させるものもある。
(3)　シーリング ストリップ（sealing strip）
　　シーリング ストリップは，衝動タービンの高圧部および反動タービン

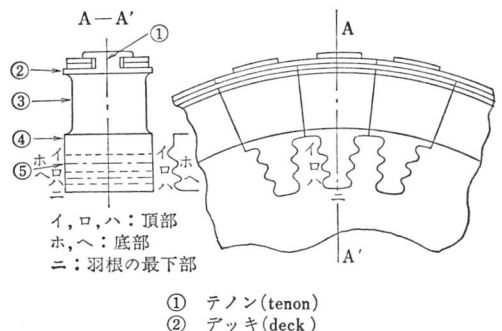

イ，ロ，ハ：頂部
ホ，ヘ：底部
ニ：羽根の最下部

① テノン（tenon）
② デッキ（deck）
③ 羽根（翼 blade）
④ プラットフォーム（platform）
⑤ 羽根根（翼根 root）

図 7.24　無限翼群方式（ダブル シュラウド法の一例）

に設け，半径方向や羽根の根元のすきまを小にし，蒸気の漏えい（内部漏えい損失）を少なくするために使用する。

取付け場所は，羽根の先端や側面，車室の羽根先端に対する面などである。

図7.25は，反動タービンの半径方向すきまに対するものを示し，図7.26，図7.27は，衝動タービンのシーリング ストリップの一例を示す。

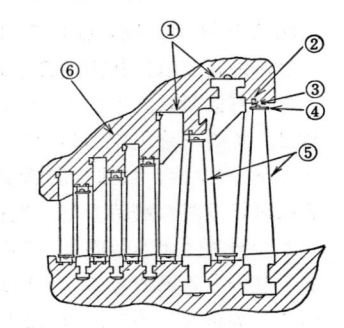

① 鍛造案内羽根　　④ 囲い板
② コーキング ピース　⑤ 鍛造回転羽根
③ シーリング ストリップ　⑥ 翼　環

図7.25　反動タービンのシーリングストリップ

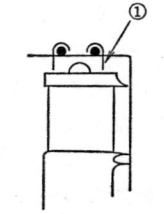

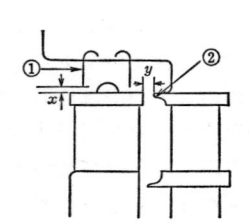

① 半径方向シーリング ストリップ　② 軸方向シーリング ストリップ
x：半径方向すきま　　y：軸方向すきま

図7.26　シーリング ストリップ（一例）

7.2.7　羽根に生ずる応力

タービンの運転中，羽根に生ずる応力には次のようなものがある。

1. 回転する羽根の遠心力による引張応力。最も大きい応力で，羽根の根元部分における最小断面積の所に起こる。
2. ノズルの部分流入に原因する周期的衝撃力による振動（くり返し曲げ応力）。

    調速段にて，回転中の羽根車が蒸気導入部分を通過するとき，入口および出口にて受ける衝撃力である。
3. 蒸気の推力（スラスト）による曲げ応力。羽根内を流動中の蒸気

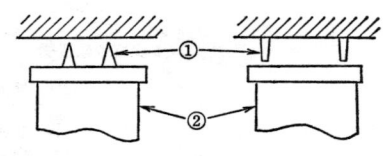

① シーリング ストリップ　② 回転羽根
図7.27　シーリング ストリップ（一例）

の圧力によるもの。
 4. 反動タービンでは，羽根入口，出口の蒸気の圧力差による曲げ応力。
7.2.8 羽根の材料
タービン用羽根の材料として，必要な性質（具備すべき条件）は，次のようである。
 1. 遠心力，振動および蒸気のスラストに対し，十分な強さを持つこと。
 2. 高温における強さおよびクリープ限度の減少が少ないこと。
 3. 蒸気中の水分および不純物による侵食，腐食に対し抵抗力の大きいこと。
 4. ダンピング キャパシティ（減衰能，damping capacity）特性が優秀なこと。
　　減衰能とは，次のようである。金属に振動を与えると，徐々にその振動が小さくなっていくが，この減衰振動は，金属内部の摩擦によるものである。この振動の初期に金属によって保有される内部エネルギの百分率を減衰能という。
　　なお，蒸気タービンの羽根の材料としてのクローム ステンレス鋼は，ニッケル クローム ステンレス鋼より減衰能が高い。
 5. 安価にして加工容易なこと。

上記の条件に適合する材料には，一般的に，リン青銅，5％ニッケル鋼（5％Ni鋼），ニッケル クローム モリブデン鋼（Ni-Cr-Mo鋼），モネル メタル（Monel metal），クローム系ステンレス鋼（Cr系ステンレス鋼）などがあげられる。

また12クローム鋼（12 Cr鋼）の減衰能は，きわめて優秀であるといわれている。

クローム系ステンレス鋼において，蒸気温度440～480℃では13％Cr鋼（SUS 50），480～510℃では12 Cr-Mo鋼を使用する。

モリブデン（Mo）添加は，加工性，耐食性，高温度における強さの向上が目的で，また，コロンビウム（Cb）添加は，クロームが炭素と結合して炭化クロームとなり，衝撃値の低下するのを防止するためである。

7.2.9 羽根の腐食，侵食とその防止法
タービンの羽根の障害は，原因別に分けると，化学的作用による腐食（corrosion）と，機械的作用による侵食（errosion，ドレン アタック，drain attack）とがある。

腐食の原因は，蒸気のpH値，蒸気内に混入する空気，炭酸ガスなどによる酸化腐食などである。

腐食の防止対策には，次の方法がある．
1. 有害ガスの混入防止のため，密閉給水装置とし，かつ空気分離器を設ける．
2. 耐腐食性の材質を使用する．

侵食の原因は，蒸気中の水滴（ドレン，drain）が高速回転中の回転羽根と衝突し，回転羽根が衝撃作用を受けることによって起こる．

なお蒸気中の水滴は，蒸気が飽和線以下に膨張する部分で，蒸気中の水分がノズルまたは回転羽根内流動中に分離して発生する．

侵食の発生個所は，一般的に，低圧タービンの5～6段以降の湿り蒸気域にて発生するが，高圧タービンの第1段に生ずることもある．

また水滴の速度は，蒸気の速度より遅いので，回転羽根背面の流入端に，局部的侵食を発生する．

衝撃作用の大きさは，回転羽根の周速度，蒸気の速度および湿り度，回転羽根の形状および材質などに関係する．特に，回転羽根の周速度が 270 m/s 以上のとき，急激に増加するといわれている．

羽根の侵食防止対策には，次のような方法がある．
1. 水分をタービン外に排出する．
   仕切板のドレン排除装置による方法で，仕切板に穴を設け，ドレンの遠心力を利用のもの，羽根の根元にみぞを設け，圧力差を利用のもの，そのほか排水だめを設ける方法などがある．
2. ボイラ水の管理に注意し，蒸気中の水分，不純物の混入を防ぐ．
   ボイラのプライミングを防ぎ，また気水分離装置の機能を発揮させる．
3. 再熱器を設ける（再熱サイクルの採用）．
   湿り蒸気になる前に，蒸気を抽出して再熱器へ通し，水滴の発生を防止する．
4. 耐侵食性の材料を選択して使用する（羽根の保護被覆も含む）．
   耐侵食性の材料は，高度の抗張力や硬度を必要とし，また反面，羽根材料は柔軟性を必要とする．この相反する条件に対し，一材料で解決することは難しい．
   このような理由により，一般に，耐侵食性のステライトをろう付けまたは溶接する．
   図 7.28 はこれを示す．
   なおタングステン，タンタラムなども有効といわれている．
5. みぞ付き湿分分離羽根を使用する．

回転羽根の外周に，図 7.29 のような水滴捕獲用のみぞを設けたもので，最終段の前段に使用する。原理はダンパ (damper) 作用で，その効果は，羽根表面に当った水滴が跳ね返らずにみぞ内に付着し，羽根の遠心力によって，外周方向へ有効に振り切られる。

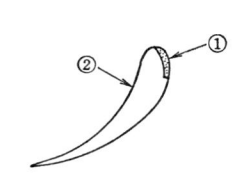

① ステライト　② 羽　根
図 7.28　ステライトろう付け羽根

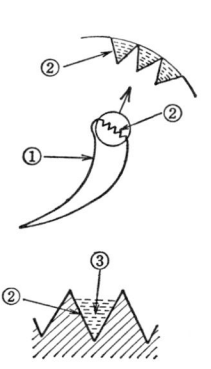

① 羽　根　　③ 水　分
② 水滴補かく用のみぞ
図 7.29　みぞ付き湿分分離羽根

7.3　車室（ケーシング，シリンダ，casing, cylinder）

車室は，内部にロータ（羽根車）を納める部分である。

舶用タービンの場合，車室は一般に高圧と低圧との2個から成り，後進タービンの車室は，低圧タービン車室の排気側に設けられるのが普通である。

7.3.1　車室の構造

図 7.30 は，車室の構造の概略を示す。

・車室の構造の設計

　車室の構造を設計する場合には，次の点に注意する必要がある。
1. 使用蒸気の圧力，温度に対し，十分な強度を持つこと。
   このためには，次の考慮を必要とする。
   ①　平たん部（たいらな部分）を避け，できるだけ曲線構造とし，剛度（剛性，剛さ，こわさ，stiffness，他の物体によって変形を与えられようとするときに呈する抵抗の大小を示す尺度）および強度を増加する。
   　特に，軸方向に直角な平面は，内圧に対して弱いので注意を必要とする。図 7.31(a)は平たん部の多い車室，図 7.31(b)は曲線構造を示す。

② 力骨（リブ，lib），支柱（stay）によって補強する。

力骨は，一般に，張力に対して弱く，圧縮力に対して強いので，力骨を車室に取り付ける。これは，圧縮応力だけが生ずる部分に使用する。

ノズル箱で大形の開口を必要とするときや，蒸気流入口を対称的に製作できないような場合，力骨を設けて補強する。

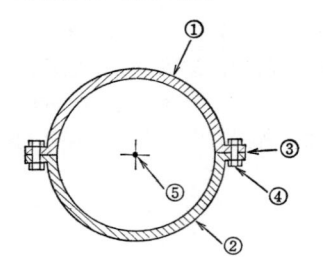

① 上部車室　③ フランジ継手　⑤ ロータの中心
② 下部車室　④ フランジ締付けボルト

図 7.30　車室構造の概略

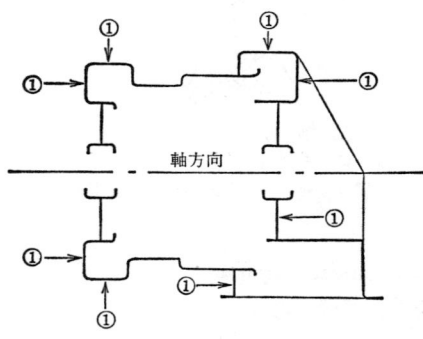

① 平たん部

図 7.31 (a)　車室の構造
　　　　　（平たん部の多い車室）

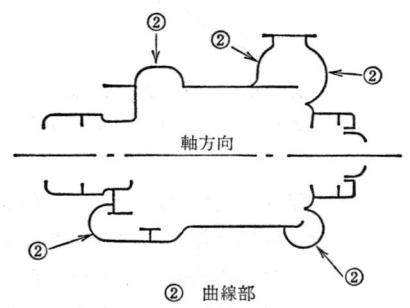

② 曲線部

図 7.31 (b)　車室の構造
　　　　　（曲線構造）

図 7.32 はノズル箱に取り付けた力骨を示す。

③ 二重車室構造（二重壁車室構造）とする。

車室を内部車室と外部車室とに二分した構造である。

500℃以上の蒸気温度に対して採用する。

二重車室（蒸気室だけを二重にしたものも含む）の目的は，熱による異常変形と過大な熱応

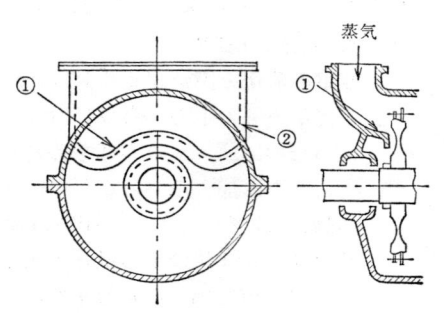

① 力　骨(リブ)　② ノズル箱
図 7.32　ノズル箱に設けた力骨（リブ）

力の防止である。

なおわが国の商船では，車室全体の二重車室構造の実績はなく，高圧タービン車室の蒸気室だけの二重車室構造は，多く採用されている。

2. タービン車室の排気端の形状

排気端の形状は，排気管の流動損失を軽減のため，図7.33(a)のように，流動を円滑にし，湾曲を少なくする。

しかし，欠点として，車室の長さが長くなる。図7.33(b)は，流動損失は増加するが，車室の長さが短くなる利点がある。図7.33(c)は，デフューザー作用を利用したもので，車室の長さはきわめて短い。

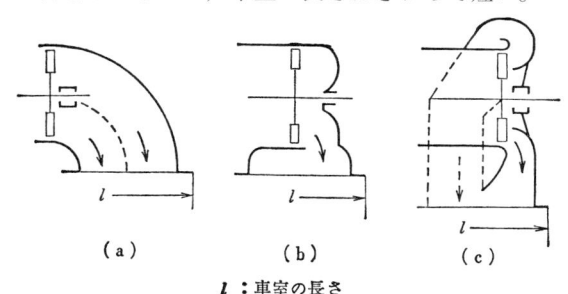

l：車室の長さ
図 **7.33** 排気端の形状

3. 熱による膨張収縮が自由で，かつ一様に作用し，変形によって中心線が狂わないこと。

① 配置を対称にする方法

上下あるいは左右の方向に対し，対称的に配置する。

図7.34は，車室に対し，蒸気入口を対称的に設けた一例で，大容量のタービンに採用されている。

② 3方向のキー（key）とタービン船首側の滑動装置とによる方法

車室の膨張収縮を自由かつ一様にし，車室の変形を防止するために，3方向のキーと船首側に設ける滑動装置とによっている。

図7.35は，キーの取付け個所を示す。

I形支持板を図7.36に示す。

③ 車室とロータとの膨張差の調整

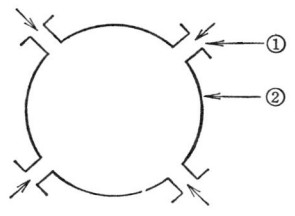

① 蒸気入口 ② 車 室
図 **7.34** 蒸気入口を対称に設けた車室

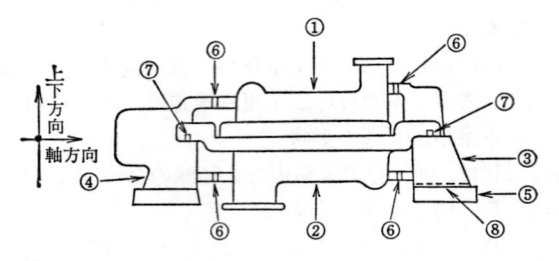

① 上部車室　④ 船尾側軸受台　⑦ 水平方向キー
② 下部車室　⑤ 機関台　　　　⑧ 前後方向キー
③ 船首側軸受台　⑥ 上下方向キー　　　（軸方向）

図 7.35　車室の膨張収縮に対するキー

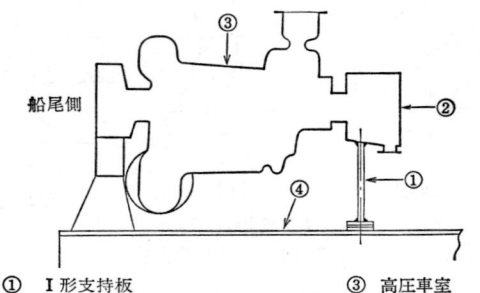

① I形支持板　　　　　　　　③ 高圧車室
　（たわみ支持板, expansion plate）
② 船首側軸受台　　　　　　　④ ガーダ（girder）

図 7.36　I形支持板

　図 7.38 において，ロータはスラスト軸受を基準とし，船尾側に膨張収縮する。また車室は，減速車台の固定個所を基準とし，船首側に膨張収縮する。このため，スラスト軸受は，車室の膨張量だけ船首側に移動し，ロータと車室との膨張は，方向が反対となって互いに相殺し，軸方向すきまの変動は少なくなる。

　また，以上のほか，これらの膨張差を少なくするために，衝動タービンでは仕切板保持環，反動タービンでは翼環を使用する。これらは，熱による膨張収縮に対する環境を同一条件にし，膨張差を少なくするものである。

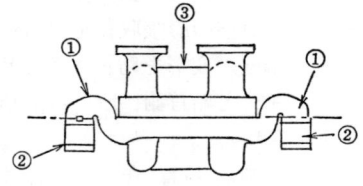

① 猫　足　② 軸受台　③ 車　室

図 7.37　猫　　足

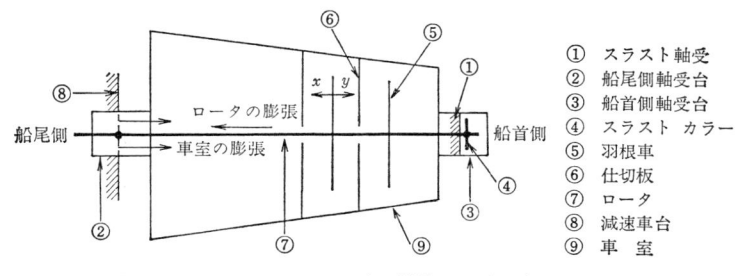

第7章 蒸気タービン各部の構造と作用

① スラスト軸受
② 船尾側軸受台
③ 船首側軸受台
④ スラスト カラー
⑤ 羽根車
⑥ 仕切板
⑦ ロータ
⑧ 減速車台
⑨ 車室

x：ロータの膨張による転位（移動）
y：車室の膨張による転位（移動）

図 **7.38** 車室とロータの膨張

　以上のように，膨張差を調整する装置を設けるが，車室とロータとの膨張の割合が異なり，特に起動のときは，ロータの膨張は車室より早いので，運転操作に当っては，膨張差について注意する必要がある。

4．　車室内に発生したドレン（drain）の排出に注意する。

　運転休止中に，車室内にドレンがたまった場合，車室内の空気の湿り度が増加して腐食を生ずる。このため，低圧側に対し，ドレン排除装置を設ける。また，タービン排気側には，用心弁（sentinel valve）を設ける。

5．　分解および組立てが容易なこと。

　車室内部の点検，掃除などのため，分解，組立てが容易にできるよう，ロータの中心水平面にて上下に二分し，ボルトにて締めつける。

6．　鋳造が良好に行われること。

　鋳造時，内部応力を生じないように注意する。

7.3.2　車室フランジと締付けボルト

運転中のタービンは，車室フランジの内外両側表面間に，図7.39に示すような大きな温度差（温度こう配）があり，さらにフランジより締付けボルトへの熱の伝達が不良のため，締付けボルトとの間には大きな温度差ができる。このため，締付けボルトは，締付け応力のほか，さらに温度差による引張応力が加わり，締付けボルドが折損することがある。

このような車室フランジと締付けボルト間の温度差を減らすため，次のような方法を採用する。

1．　締付けボルトの中心を，できるだけ車室の内側に接近させ，ボルトに曲げモーメントが加わらないようにする。
2．　車室フランジの内部に，蒸気のジャケット（steam jacket）を設け，蒸

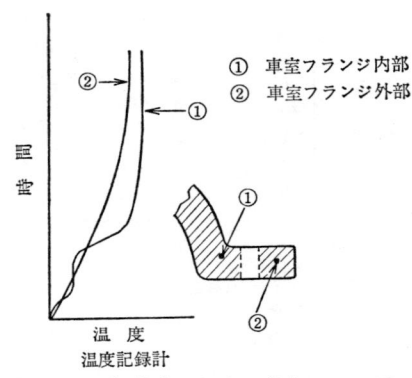

図 7.39 起動時における車室フランジの温度
① 車室フランジ内部
② 車室フランジ外部

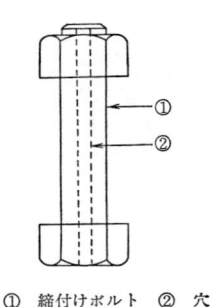

図 7.40 車室締付けボルト（中心に穴をあけたもの）
① 締付けボルト　② 穴

気を流通する。
3. 締付けボルトの中心に穴をあけ，分解後の組立て作業のとき，ボルト内部より加熱して（ガスバーナの火炎などを穴の中に通す）膨張させ，冷却による収縮を利用してよく締め付ける。

図 7.40 は，これを示す。

内部よりの加熱に対し，電熱を利用することもある。

また，車室フランジ面には，組立てのとき，パッキンを使用しない。そのため，蒸気が漏えいしないよう，接触面は入念に仕上げ，マンガン サイトやグラファイト（黒鉛，graphite）などを塗装する。塗装に当っては，フランジ内側より約1 cm ぐらいを離し，車室内部にはみ出して，高温にて堅くなるのを防止する。

7.3.3 車室のすえ付け固定

タービン車室のすえ付け固定法には，図 7.41(a)に示すように，タービンの船尾側足（脚）を減速車室に取り付けた台に乗せ船首側足を船体構造の機関台に乗せる方法と，図 7.41(b)に示すように，船首，船尾側足をそれぞれ船体構造の機関台に乗せる方法とがある。

高圧タービン車室と低圧タービン車室との連結は，レシーブ パイプ（クロス オーバ パイプ，クロス アンダ パイプ，連絡管，receive pipe）によって連絡し，これに伸縮継手をそう入し，ケーシングの熱膨張を自由にして，両車室の共振を防止する。

また高，低圧タービンの船首側のすべり台（滑動部）には，車室の膨張を計

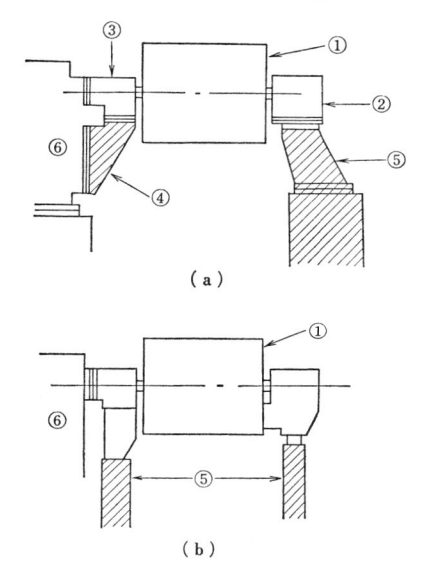

第7章 蒸気タービン各部の構造と作用

(a)

(b)

① タービン　　③ 船尾側脚(足)　　⑤ 機関台
② 船首側脚(足)　④ 減速車室に取り付けた台　⑥ 減速車室

図 7.41　タービン車室のすえ付け固定法

測する膨張計を取り付ける。しかし，最近では，膨張計の設置は少ない。

7.3.4　車室の材料

車室の材料は，使用蒸気の圧力，温度に十分耐えるものを使用する。

表 7.3 は，タービン車室の材料に対し，一般的基準を示す。従来用いられた Cr-Mo 鋼は，Mo の作用によってクリープ強さの優れた材料であるが，最近 V（バナジウム）の添加による Cr-Mo-V 鋼が出現し，クリープ強さが著しく改善された。

車室締付けボルトの材料は，400°C ぐらいまでは炭素鋼（SF 40 など），それ以上は蒸気温度により，Mo 鋼，Cr-Mo 鋼，Cr-Mo-V 鋼，Ni-Cr 鋼など

表 7.3　タービン車室の材料

温　度	250°C	300	350	400	450	500	550	600	650
材料名	炭素鋼（0.3C）鋳鋼（普通鋳鋼）				Cr-Mo 鋳鋼		Cr-Mo-V 鋳鋼		Cr-Ni-Cb 鋳鋼
用　途	舶用主機タービン，陸用火力タービン						陸用火力タービン		

を使用する。なお最近では，高温部に対しては 12% Cr-Mo-W-V 鋼が使用されている。

7.4 ロータ（羽根車，rotor, disc wheel）および軸（ロータ軸，タービン軸，shaft, rotor shaft, turbine shaft）

7.4.1 ロータの種類

(1) 円板羽根車（翼車，disc rotor）

衝動タービンに使用する。また反動タービンの低圧段にて，周速度，遠心力が大きいとき（直径が大きいとき），強い構造とするために使用することがある。

円板羽根車には両側の蒸気圧を等しくするために，つり合い穴（バランス ホール，balance hole）を設けるのが一般である。これは円板のたわみおよび振動の原因を除くためである。なお反動タービンには，これを設けない。

円板羽根車には次の3形式がある。

① 組立てロータ

デ ラバル タービンに採用する。デ ラバル タービンは，高速回転で遠心力が大きく，円板の強さを一様にするため，組立てロータを使用する。

円板羽根車の中央に，軸そう入用の穴加工をすることは，強度が低下するのを考慮し，円板羽根車は，フランジにて軸に取り付ける。図 7.42 はこれを示す。

② 一体ロータ（削出しロータ）

1つの鍛造素材から軸と円板羽根車とを削り出して製作するもので，現在，最も多く用いられている形式である。

図 7.43 は，一体ロータを示す。

③ はめ合わせロータ

円板羽根車と軸とを別個に製作し，羽根車の中心に穴をあけ，軸をはめ合わせて形成する。従来，周速度の大きい大形タービンを対象に採用されていた。その後一体

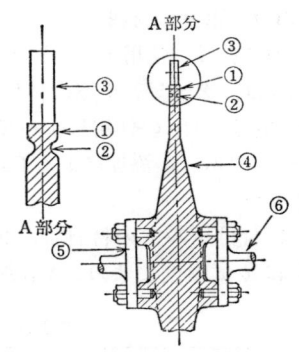

① リム(rim)　　③ 回転羽根　　⑥ 軸
② 安全みぞ　　　④ 円板羽根車
　(safety groove)　⑤ フランジ

図 **7.42** デ バラル タービンのロータ
　　　　（組立て式）

ロータの進歩により、現在では減少の傾向で、後進タービンに使用されているものもある。

図7.44は、はめ合わせロータを示す。(a)は、羽根車の厚さが小さくボスの幅を広くしたもので周速度150〜180 m/s 程度のもの、(b)は中心部にいくにしたがって肉厚にしたもので、周速度が前者以上に高いものに使用する。

(2) ドラム ロータ

回転羽根の列数が多く、羽根先すきまが小さい反動タービンに使用する。

構造は、円板羽根車より強固である。反動タービンにおいても、ドラム ロータの周速度が約120 m/s以上になると円板羽根車を用いるのが普通である。

ドラム ロータには、次の3形式がある。

① 中空ロータ

ドラムを中空にした形式で、ロータに作用する応力が少ないとき、質量を減少させるために使用する。

図7.45は、その概略を示す。

② 一体ロータ（削出しロータ）

軸と一体に鍛造して作ったもので、内部を中空としない形式である。

直径の小さい場合、または応力が大きくて強度を持たせる必要のあるときに使用し、構造的に最も強い。また一般に、鋼塊（インゴット，ingot）の中心部は、ほかの部分に比べて材質が不良のため、欠陥の原因となりやすい。このため材質検査の目的で、検査孔として、ロータ中心部の不良部分を除去することがある。

図7.46は、その概略示す。

③ 溶接ロータ

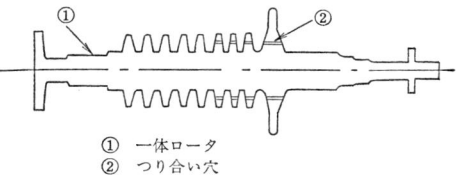

① 一体ロータ
② つり合い穴

図7.43 一体ロータ（削出しロータ）

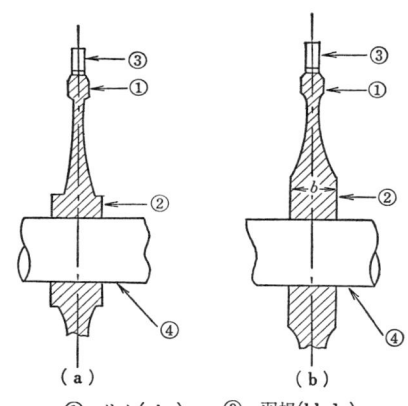

① リム(rim)　③ 羽根(blade)
② ボス(boss)　④ 軸(shaft)
b：ボスの肉の厚さ

図7.44 はめ合わせロータ

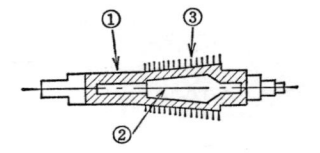

① ドラム ロータ
② 中空部 ③ 回転羽根
図 7.45 中空ロータ

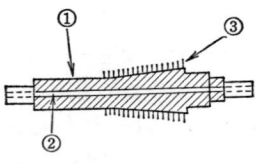

① ドラム
② ドラムの中心を貫通した穴
③ 回転羽根
図 7.46 一体ロータ

溶接ロータは，別個に製作したドラム ロータを，溶接によって一体に接続したものである。

溶接ロータの特徴は，次のようである。
1. 鍛造が容易である。
2. ボルト締め組立てよりも工作が容易である。
3. 質量が軽減でき，構造が強固である。

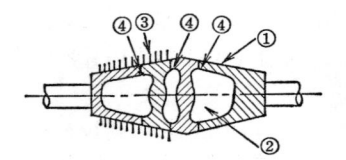

① ドラム ③ 回転羽根
② 中空部 ④ 溶接部
図 7.47 溶接ロータ

図 7.47 は，その概略を示す。

7.4.2 ロータの危険速度，危険回転数（限界速度，critical speed）

(1) 危険速度，危険回転数

蒸気タービンのロータ軸で最も大きい問題は振動で，ねじりモーメントや曲げモーメントの影響はこれに比べて小さい。振動はタービン軸のたわみによって発生し，その原因には2つある。すなわちロータの軸心と重心とが一致しないことによるものと，ロータの質量によるものとである。前者は，ロータの材質の不均一，羽根の質量の不均衡，工作上の誤差などが影響する。このように，軸にたわみがある場合，回転によって不均衡の遠心力を生じ，曲げ振動が発生する。この曲げ振動の周期と回転の周期とが共振回転数に達すると，軸に大きな応力が誘起され，軸が湾曲を起こし，ついには，軸が破損する危険がある。このときの速度をロータ軸の危険速度といい，このときの回転数を危険回転数という。

次に，図 7.48 に示すように，軸の中央に円板羽根車を取り付けたとき，軸心と重心と不一致による偏差を e，たわみによる偏差を y をとした場合，遠心力 F_c は

$$F_c = m(y+e)\,\omega^2 \text{ [N]} \quad \cdots\cdots\cdots\cdots\cdots\cdots\cdots\cdots (7\text{-}4)$$

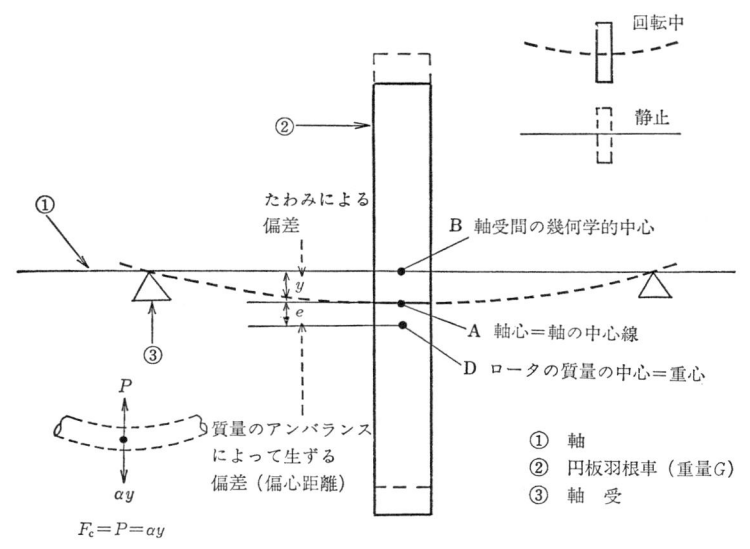

第7章 蒸気タービン各部の構造と作用

図7.48 タービン ロータの危険速度 $n>n_c$ のとき

ここに，m：羽根車の質量 kg，y，e：それぞれの偏差 m，ω：角速度 rad/s で，軸の質量は考慮しないものとする。

すなわち軸が角速度 ω で回転するとき，遠心力は重心 D に働き，その力（軸を曲げる力）に対抗して軸の内部に弾性力 P が発生する（このたわみに対し，軸を元に曲げもどそうとする弾性力 P が軸内に生ずる）。

このとき，軸を 1 cm 曲げる（1 cm のたわみを生ずる）のに必要な力を α [N] とすると，y cm のたわみに対しては αy [N] である。

(7-4) 式は，次のようになる。

$$F_c = m(y+e)\omega^2 = P = \alpha y \quad \cdots\cdots(7-5)$$
$$m\omega^2 y + m\omega^2 e = \alpha y$$
$$y(\alpha - m\omega^2) = m\omega^2 e$$
$$y = \frac{m\omega^2 e}{\alpha - m\omega^2} \quad \cdots\cdots(7-6)$$

(7-6) 式から，偏差 e が零でないかぎり，必ずたわみ y を生じ，角速度 ω は一定回転数 n に対しては一定となるが，回転数の増加につれて ω も増加し，(7-6) 式にて，$\alpha - m\omega^2 = 0$ のとき $y = \infty$ となる。

すなわち (7-6) 式に対し，分母の値が零のとき，たわみは無限大となって軸は破損する。このときの角速度を危険角速度といい，ω_c で示し，ま

た $a - \omega_c^2 = 0$ となる。

危険角速度 rad/s より危険回転数 N_c rpm を求めると

$$\omega_c = \sqrt{\frac{a}{m}} \quad \cdots\cdots\cdots\cdots\cdots\cdots\cdots\cdots\cdots\cdots\cdots\cdots\cdots\cdots\cdots (7\text{-}7)$$

また

$$\omega_c = \frac{2\pi N_c}{60}$$

であるから

$$N_c = \frac{60\omega_c}{2\pi} = \frac{30\omega_c}{\pi} \quad \cdots\cdots\cdots\cdots\cdots\cdots\cdots\cdots\cdots\cdots\cdots (7\text{-}8)$$

(7-8) 式に (7-7) 式を代入すると

$$N_c = \frac{30}{\pi}\sqrt{\frac{a}{m}}$$

危険速度は第1危険速度だけでなく，速度の上昇につれて第2，第3の危険速度があり，軸のたわみは図7.49のようになる。

振動のない点を節といい，振動の最大の点（最大振幅）を腹という。

第1危険速度では，両端の軸受が節となって振動し，第2危険速度では，軸の中央も節となり山が1つ谷が1つである。第3危険速度では，山が2つ谷が1つで図7.49のように，節と腹ができる。

(2) ロータ軸の危険速度とタービンの運転操作との関係

タービンが任意の角速度 ω（または回転数 n）で回転しているとき，軸のたわみは次式で示される。

(7-6) 式より

$$y = \frac{m\omega^2 e}{a - m\omega^2} \quad \cdots\cdots (7\text{-}9)$$

この式の分母，分子を m で割り，さらに変形すると次のようになる。

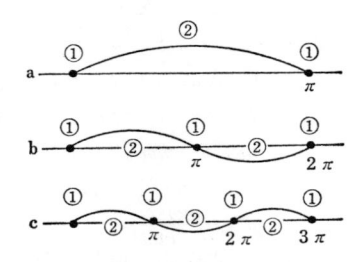

a：第1危険速度　b：第2危険速度
c：第3危険速度

① 節　② 腹

図7.49　第1，第2，第3危険速度と軸のたわみ

第7章 蒸気タービン各部の構造と作用

$$y = \frac{m\omega^2 e}{a - m\omega^2} = \frac{\omega^2 e}{\left(\dfrac{a}{m}\right) - \omega^2} = \frac{\omega^2 e}{\omega_c^2 - \omega^2}$$

$$= \frac{e}{\left(\dfrac{\omega_c}{\omega}\right)^2 - 1} = \frac{\left(\dfrac{n}{n_c}\right)^2 e}{1 - \left(\dfrac{n}{n_c}\right)^2} \cdots\cdots\cdots\cdots\cdots\cdots\cdots\cdots\cdots (7\text{-}10)$$

ここに，$\omega_c = \sqrt{\dfrac{a}{m}}$，$\omega_c = 2\pi n_c$，$\omega = 2\pi n$ である。

また全たわみは，図7.48において，BDに相当し $y+e$ である。

$$y + e = \left\{\frac{1}{\left(\dfrac{\omega_c}{\omega}\right)^2 - 1} + 1\right\} e = \frac{e}{1 - \left(\dfrac{\omega}{\omega_c}\right)^2}$$

$$= \frac{e}{1 - \left(\dfrac{n}{n_c}\right)^2} = x_0 e \cdots\cdots\cdots\cdots\cdots\cdots\cdots\cdots\cdots (7\text{-}11)$$

ここに，$x_0 = \dfrac{1}{1 - \left(\dfrac{n}{n_c}\right)^2} =$ たわみ係数

である。

図7.50は，x_0 と n/n_c との関係を示したもので，たわみは n の増加とともに大きくなり，$n = n_c$ のとき無限大となる。

次にロータ軸が危険速度を越えて回転するときは，ロータ軸のたわみ y はしだいに減少し，ω の極限（無限大）において $y \fallingdotseq -e$ となる。

このことは，(7-9) 式にて ω を増加して極限（無限大）とすれば，a は $m\omega^2$ に比べて非常に小さくなるために（逆に $m\omega^2$ は，a に比べて非常に大），$a = 0$ とみなし，$a - m\omega^2$ は $-m\omega^2$ となり，(7-9) 式は次のようになる。

$$y = \frac{m\omega^2 e}{-m\omega^2} \fallingdotseq -e \cdots\cdots\cdots\cdots\cdots\cdots\cdots\cdots\cdots (7\text{-}12)$$

すなわちロータ軸はまっすぐ（真直）になる。

また，ロータ軸が危険速度以上で回転のとき，$y < 0$ となることは，図7.51により，次のように考える。

(7-5) 式より

$$F_c = m(y+e)\omega^2 = P = ay$$

上式にて，$y+e$ と F_c を座標にとり，一定 ω に対する F_c 線は，原点 O′ を通る直線群にて表わされ，同様に P 線は P-y 座標上に，原点 O を通る

直線にて表わすことができる。

図より，P 直線と F_c 直線との交点を求めると，任意の周速度 ω に対するロータ軸のたわみ y（または $y+e$）が求められ，また極限条件の危険速度のとき，F_c 線と P 線とは平行となり（すなわち y が無限大のとき互いに交わる），危険速度以上のときは，F_c 線と P 線との交点は，原点 O より左方にあって $y<0$ となる。

このことをさらに説明すると，ロータ軸は危険速度に達しても，軸内に抑制力が作用し，振幅は，図 7.52 に示すように（無制限に増加せず），減少の傾向となり，$y=-e$ のとき，$y+e$ は零となる。

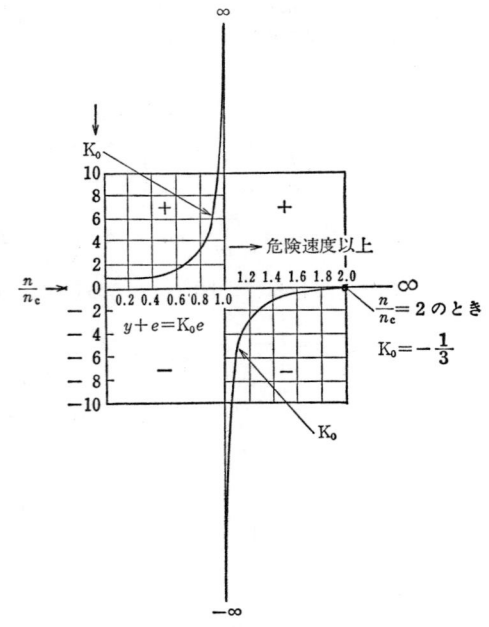

図 7.50　x_0 と n/n_c との関係

このため，危険速度を短時間に早く通過するときは，軸はたわみによって変形することなく再び安定し，安全な運転操作を行うことができる。このことは，タービンの取扱いに対し，最も重要なことである。

7.4.3　弾性軸（たわみ軸，flexible shaft, elastic shaft）と剛性軸（rigid shaft, stiff shaft）

弾性軸とは，規定（常用）回転数が第 1 危険速度以上，剛性軸とは，規定（常用）回転数が第 1 危険速度以下にあるように設計された軸をいう。しかし，両者とも，規定（常用）回転数は第 1 危険速度（回転数）より ±20% の範囲外にあるように設計する。実際には，これよりはるかに離れて設計製作がされている。一例として，剛性軸の場合，第 1 危険速度は，規定（常用）回転数の 50～70% 程度高く設計し，また弾性軸では，第 1 危険速度を規定（常用）回転数の 50～75% 程度にあるように設計する。

表 7.4 は，弾性軸と剛性軸との比較を示す。

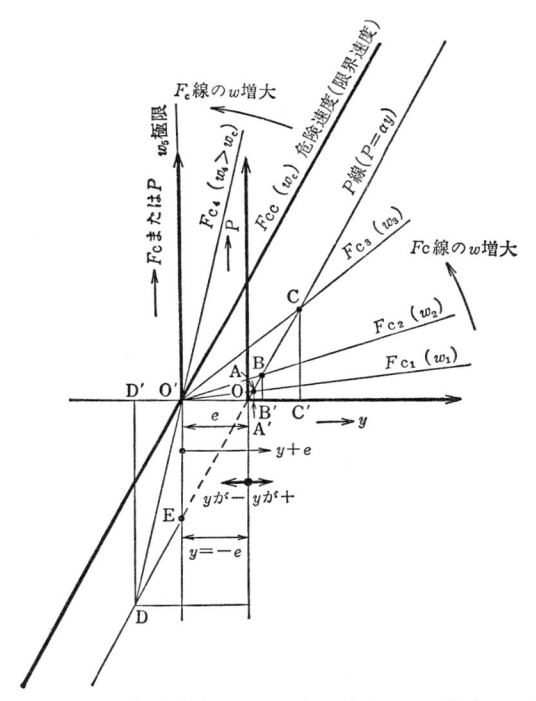

図 7.51 ロータ軸が危険速度以上で回転のとき $y<0$ となることの説明

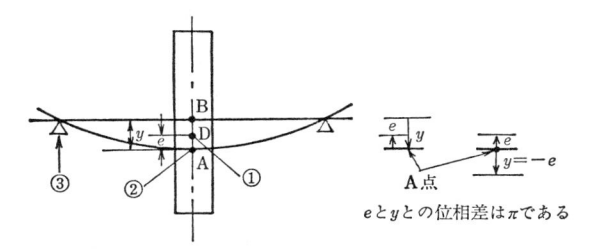

図 7.52 $n>n_c$，危険速度以上で回転のとき
（A 点が D 点の外側にあることに注意）

① 重 心　② 軸 心　③ 軸 受

e と y との位相差は π である

　一般に，すきま損失を問題にする反動タービンや回転数を変化するものは，軸のたわみによる接触の危険を避けるため剛性軸を採用し，また，すきま損失をあまり考慮しない衝動タービンや回転数を一定にして運転するものは，弾性軸を採用する。弾性軸は，軸径を小にして，グランド漏えい損失，仕切板漏え

い損失，軸受まさつ損失などを軽減する。

表7.4 弾性軸と剛性軸との比較

項　目	弾性軸（たわみ軸）	剛　性　軸
軸の構造と軸の大きさ	削出し式（一体式） 細くてたわみ易い	はめ合わせ式，ドラム ロータ 太くてたわみ難い はめ合わせ式 ドラム ロータ
危険回転数	$n_c < n$　　n_c：危険回転数 　　　　　n：規定回転数	$n_c > n$
取扱い	注意を要する	容　易
タービン効率	剛性軸よりよい	弾性軸より不良（グランド損失，軸受の摩擦損失が増す）
適用 1	陸用タービン（速度の変化はほとんど無い） 最近舶用タービンにも適用される（効率を上げるため）	舶用タービン（速度の変化が多いから）
適用 2	衝動タービン （効率を上げるため）	衝動タービン，反動タービン （すきまが小で，すきま損失が小）

　弾性軸は，危険速度以上で回転する場合，たわみ（軸の変形）が少なく安定である。その理由は次のようである
　この場合
$$F_c = m(y-e)\omega^2 = P \quad \cdots\cdots\cdots\cdots\cdots\cdots\cdots\cdots\cdots (7\text{-}13)$$
ここに，F_c：危険速度以上のときの遠心力，$y-e$：有効半径である。
（7-13）式に（7-10）式を代入すると
$$y = \frac{e\omega^2}{\omega^2 - \omega_c^2} \quad \cdots\cdots\cdots\cdots\cdots\cdots\cdots\cdots\cdots (7\text{-}14)$$
（7-13）式より
$$P = m\frac{e\omega^2}{\left(\frac{\omega}{\omega_c}\right)^2 - 1} \quad \cdots\cdots\cdots\cdots\cdots\cdots\cdots (7\text{-}15)$$

(7-15) 式にて，規定の角速度 ω（規定回転数 n）が一定で，危険角速度 ω（規定回転数 n_c）より大きい（$\omega > \omega_c$，$n > n_c$）範囲では，ω_c を小さくし，ω と ω_c との比（ω/ω_c）を大きくすればするほど，弾性力 P は小さくなり（弾性力が小さくなるということは，軸が細くてたわみやすくなり，この場合，遠心力によるたわみと質量によるたわみを総合して，たわみ変形が少なくなる），軸の変形は少なくなって安定することがわかる。

舶用タービンのように，低速運転や速度変化の多いものに対しては，最近に至るまで，おもに剛性軸が採用されてきた。なお，最近では，高圧タービンに弾性軸，低圧タービンに剛性軸を使用するものが多い。

7.4.4 ロータの材料

使用される蒸気条件と応力とによって異なるが，高圧，高温に用いられる一体ロータでは，オーステナイト鋼，Ni-Cr-Mo-V 鋼（高圧タービン），Cr-Mo-V 鋼（高圧タービン）Cr-Mo 鋼（低圧タービン）Ni-Mo-V 鋼（低圧タービン），組立てロータでは，Cr-Ni 鋼，Ni 鋼などが用いられる。

低圧に用いるタービンには，炭素鋼，Ni 鋼を使用する。

7.5 仕切板（隔板，ダイアフラム，diaphragm）

仕切板とは，段と段とを仕切るもので，衝動タービンだけに使用し，第1段以外の段に取り付ける。

7.5.1 仕切板の構造

仕切板には，外周に接近してノズルを設ける。高圧部には組立てノズルまたは溶接ノズル，低圧部には鋳込ノズルを設ける。このように，ノズルを組み立てた仕切板を組立て仕切板（built up diaphragm）という。

また，仕切板の内周には，その両面の圧力差による蒸気の漏えい防止のため，軸に対して気密装置を設ける。

図 7.53 は，溶接による仕切板の概要を示す。

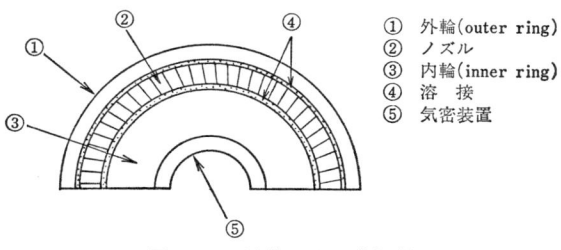

① 外輪(outer ring)
② ノズル
③ 内輪(inner ring)
④ 溶　接
⑤ 気密装置

図 7.53 溶接による仕切板

仕切板は，点検と掃除を容易にするために，水平面で上下に半円形に二分し，その合わせ面には合いせん（plug）を用いて組み立てる。外周は，上下の車室の内壁に精密仕上げされたみぞにそう入して取り付ける。

7.5.2 仕切板の中心線支持（保持）方法（center line support）

仕切板の中心と軸心とを一致させるため，上下ならびに水平方向にキー，ねじ栓，ドエル ピン（dowel pin, guide key）などを設け，仕切板を車室に取り付ける。

図 7.54 は仕切板の中心線支持方法の一例を示す。

上下の仕切板の中心支持にはキーを設け，水平方向の中心支持には，下側支切板の両端に設けたねじ栓と突起物とにより，また垂直方向中心支持には，下側仕切板の下部中央に設けたドエル ピンなどによって固定する。

図 7.55 は，水平方向中心支持の詳細を示す。図 7.56，図 7.57 も仕切板支持方法の一例を示す。

仕切板と車室との間には，熱膨張を考慮して適当なすきまを設け，不当な応力が生じないようにする。半径方向のすきまは 1～2 mm，軸方向のすきまは 1 mm ぐらいである。図 7.58 はこれを示す。

仕切板は仕切板の高圧側に設けたクラッシュ ピン（crash pin）によって固定され，軸方向の位置が決められる，また，仕切板の両面の圧力差により，車室とともに気密を保持するようになっている。

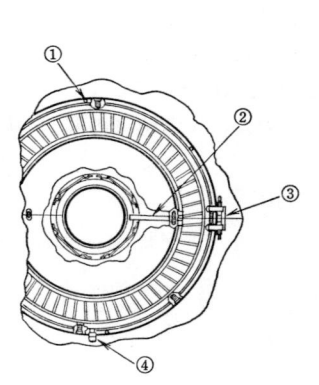

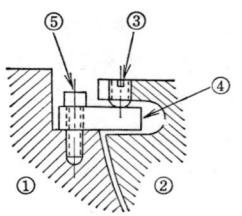

① 車 室　③ ねじ栓　⑤ ねじ栓
② 仕切板　④ 突起物

図 7.55 仕切板水平方向の支持

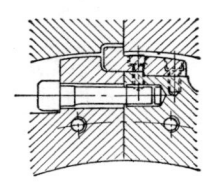

① クラッシュ ピン（crush pin）
② 水平キー
③ 水平方向中心支持
④ 垂直方向中心支持（ドエル ピン dowel pin）

図 7.54 仕切板支持方法

図 7.56 仕切板支持方法

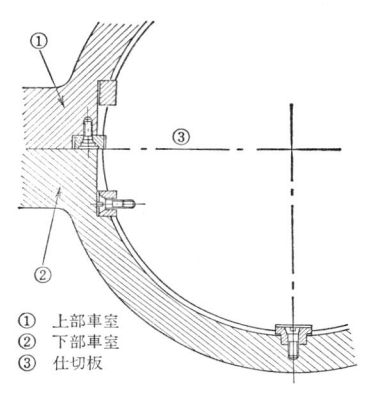

第7章 蒸気タービン各部の構造と作用

① 上部車室
② 下部車室
③ 仕切板

図 7.57 支切板支持方法

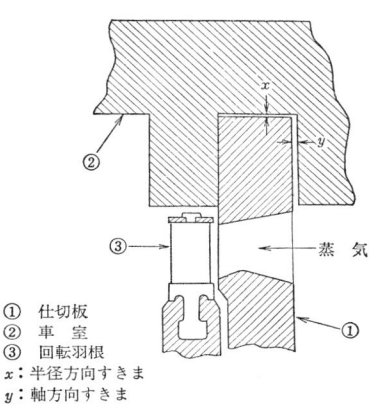

① 仕切板
② 車　室
③ 回転羽根
x：半径方向すきま
y：軸方向すきま

図 7.58 仕切板と車室との間のすきま

図 7.59 は，クラッシュ ピンを示す。

7.5.3 車室内（仕切板など）のドレン排除装置

低圧タービンの後部段では，蒸気の湿り度が増加する。このため，ドレン排除装置を設け，蒸気の主流から水分を除去することが必要である。

ドレンの排除方法には，次のようなものがある。

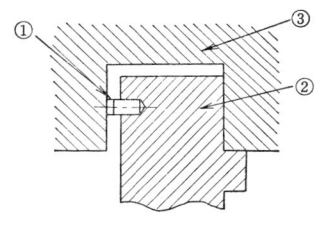

① クラッシュ ピン　③ 車　室
② 仕切板

図 7.59 クラッシュ ピン

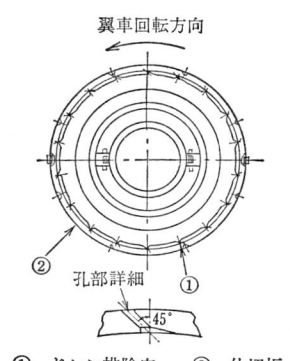

① ドレン排除穴　② 仕切板

図 7.60 ドレン排除装置
（遠心力を利用）

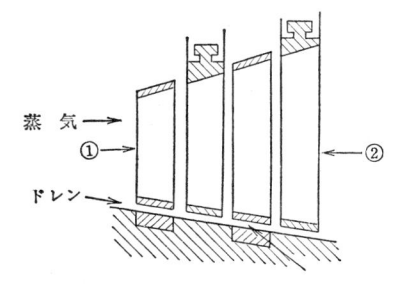

① 案内羽根　③ 小孔（小さい穴）
② 回転羽根

図 7.61 ドレン排除装置
（圧力差を利用）

① ドレン穴　③ 案内羽根
② 車室　　　④ 回転羽根

図 7.62　ドレン排除装置
（排水だめを設けるもの）

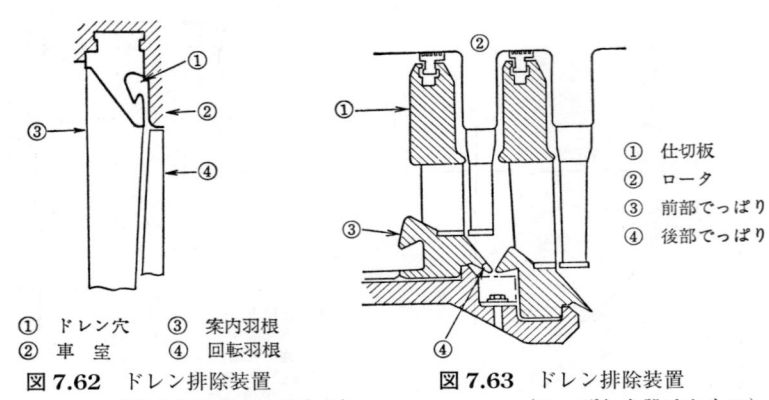

① 仕切板
② ロータ
③ 前部でっぱり
④ 後部でっぱり

図 7.63　ドレン排除装置
（でっぱりを設けたもの）

すなわちドレンの遠心力を利用するもの（図7.60），案内羽根や仕切仮に小さい穴を設け，圧力差を利用するもの（図7.61），排水だめを設けたもの（図7.62）仕切板にでっぱり（ledge）を設けたもの（図7.63）などがあり，これらは，いずれも蒸気の主流より抽出した水分を車室外または復水器に排除する。でっぱり式は，石川島播磨重工業(株)の舶用タービンに用いられている。図7.64は，三菱重工業(株)のものである。

7.5.4　仕切板の材料

仕切板の材料には，高圧，高温側には Cr-Mo 鋳鋼，Mo 鋳鋼，低圧側には普通炭素鋼，鋳鋼などを使用する。

7.6　気密装置

気密装置とは，蒸気の漏えいや空気の侵入を防止する装置で，仕切板とグランド（軸が車室を貫通する部分をいう）とに設ける。

仕切板の漏えい損は内部損失，グランドの漏えい損は外部損失である。

タービンの気密装置には，ラビリンスパッキン，炭素パッキン，水封じパッキンなどがある。

これらのうち，現在の舶用タービン

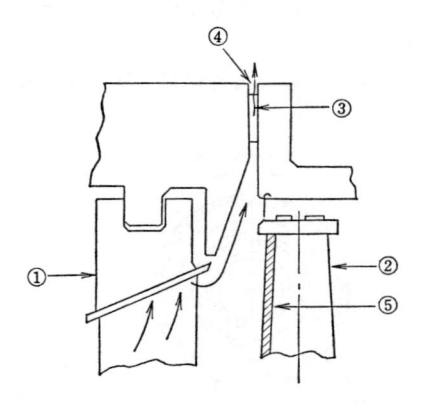

① 仕切板　　　　　　　④ ドレン排出
② 回転羽根　　　　　　⑤ ステライト加工
③ スペース ワッシャ
　　(space washer)

図 7.64　ドレン排除装置
（低圧タービン最終段）

では，ほとんどラビリンス パッキンだけが使用されている。このため，おもに，ラビリンス パッキンを対象に説明することにする。

7.6.1 ラビリンス パッキン（labyrinth packing）

(1) ラビリンス パッキンの原理

ラビリンス(labyrinth)とは，迷路のことである。

本形式の原理は，おもに絞り作用で，そのほか，方向変換，衝突によるうず流れ，急に広い部分に誘導するなどにより，速度の減少とともに圧力を低下させることである。このため，図7.65に示すように，多くの広い部分（膨張室）と狭い部分（すきま，絞り片）を交互に設け，通路を曲折して流動させ，圧力をしだいに低下させる。

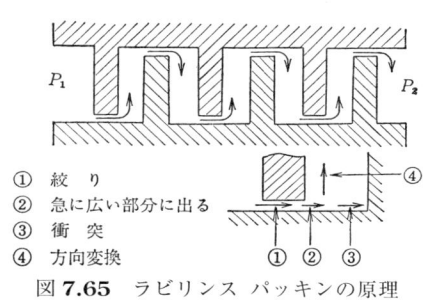

① 絞 り
② 急に広い部分に出る
③ 衝 突
④ 方向変換

図 **7.65** ラビリンス パッキンの原理

図7.65にて，圧力差 P_1-P_2 が一定のとき，狭部数が多いほど速度が減少し，漏えいする流量も減少する。

漏えいする流量は，すきまの大小および数，ラビリンスの形状，配置，膨張室の大きさなどに影響する。したがって，すきまの数（フィンの列数）と膨張室の大きさとを増せば漏えい量は少なくなる。その反面，軸の長さが長くなり，軸受間の距離が増し，軸径が大きくなる。

(2) ラビリンス パッキンの形式の種類

ラビリンス パッキンにおいて，構造上，最も重要なのはすきまである。

ラビリンス パッキンは，狭部のすきまの方向により，半径方向形，軸方向形，軸半径結合形の3形式がある。

半径方向形は，半径方向に必要なすきまを与えるもので，現在の舶用タービンに最も多く用いられている。半径方向形は，軸受の摩耗，ロータの振動などにより，すきまを損傷する欠点がある。このため，適当なラビリンス片の材料や，構造として遊動リング式などを採用する。

軸方向形は，軸方向にすきまを与えるもので，熱膨張により，すきまの量が変化する欠点がある。

図7.66，(a)～(c)は，半径方向形ラビリンス パッキンで，現在多く使用されている。

(3) ラビリンス パッキンの材料

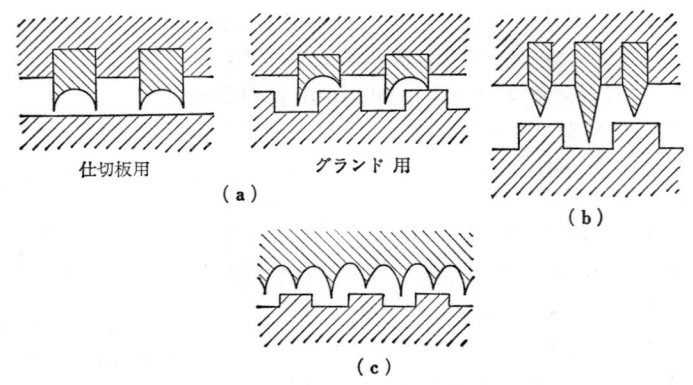

図 7.66　ラビリンス パッキンの種類

　ラビリンス パッキンは，漏えいを防止するため，そのすきまを小さくすることが有効である。そのため，ラビリンス フィンとロータとが接触した場合，ロータに損傷（ロータの湾曲を含む）を与えない材料（材質），すなわち耐熱性で硬度の低いことが必要である。

　上記条件に，適合する材質には，黄銅，ニッケル黄銅，りん青銅などがあり，従来多く使用されてきた。最近では，鉛ニッケル青銅がおもに使用されている。

7.6.2　仕切板の気密装置

　仕切板の内周と軸との間のすきまから，仕切板前後によって蒸気が漏えいし，この損失によってタービンの効率を低下させる。これを防止するために，気密装置として，仕切板の内周にラビリンス パッキンを設ける。

　仕切板気密装置用のラビリンス パッキンには，半径方向形が多く用いられ，次の2つの種類がある。

(1)　固定式

　　固定式には，次の2つの形式がある。すなわち仕切板の内周に数個のみぞを作り，これにフィンを植え込んだものと，ばち形のラビリンスの母体（foundation ring，仕切板の内周に取り付けたもの）から，フィンを削り出し加工したものとがある。前者は，一般に採用される方法で，図 7.67 に

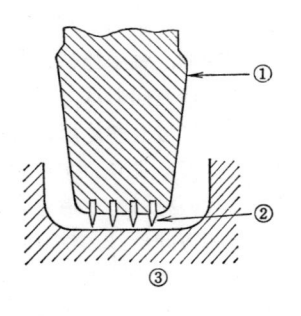

① 仕切板　② フィン　③ 軸
図 7.67　固定式ラビリンスパッキン

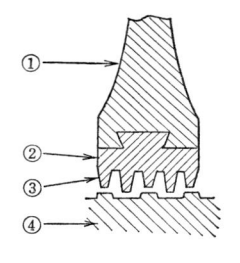

① 仕切板
② ラビリンスの母体
③ フィン
④ 軸

図7.68 固定式ラビリンス パッキン

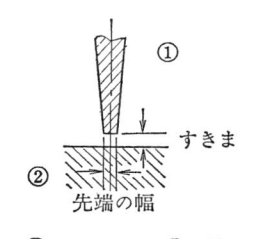

① フィン　② 軸

図7.69 フィンの先端

示し，後者はラトー タービンに使用し，図7.68に示す。

フィンの先端は，幅を0.2 mmぐらいに薄くし，軸とのすきまは，漏えいと熱膨張とを考慮し，最近では0.3～0.5 mmぐらいに設定しているが0.5～0.8 mmぐらいに設定したものもある。

図7.69はこれを示す。

また，図7.68のように，相隣される列ごとにすきまの位置を変え，漏えい防止の効果を増すようにする。

(2) 遊動リング式（遊動式）

固定式では，軸に振動が起こったとき，フィンの先端が軸と接触し，軸は発熱によって湾曲するようになる。またフィンの摩滅（摩耗）のため，すきまが増し，漏えいが増加する。このため，ラビリンス パッキンが軸と接触したとき，リングが後退できるよう可動にしたものが遊動リング式で，遊動リングを押える方法に，高速度鋼やステンレス鋼の板ばねを用いるものと，コイル状のばねを用いるものとがある。図7.70，図7.71は前者を示し，図7.72は後者を示す。

遊動リングの内方への運動は，みぞ内の突起によって抑制され，外方への運動は，空間を設けて自由である。

遊動リング式の特徴（利点）は，次のようである。

1. すきまを小さくできるので，蒸気の漏えいが少なく，内部漏えい損失が小である。
2. 温度変化に起因する熱膨張に対し，安全な構造である（超動停止や急激な負荷変動）。

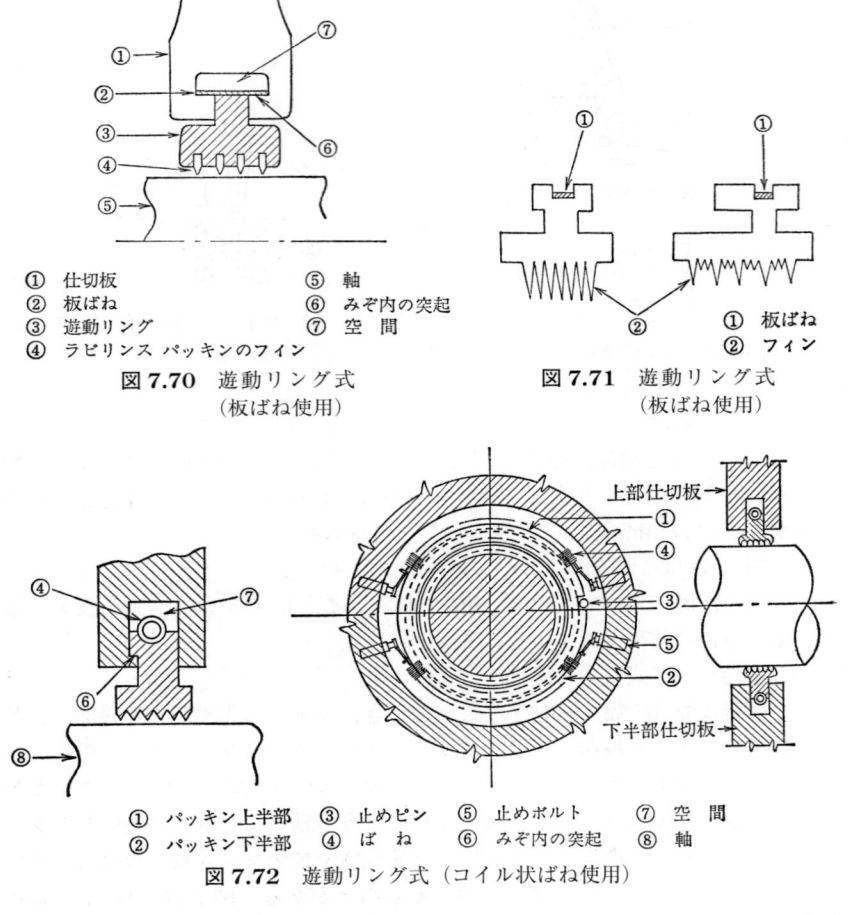

① 仕切板　　　　⑤ 軸
② 板ばね　　　　⑥ みぞ内の突起
③ 遊動リング　　⑦ 空　間
④ ラビリンス パッキンのフィン

図 7.70　遊動リング式
（板ばね使用）

① 板ばね
② フィン

図 7.71　遊動リング式
（板ばね使用）

① パッキン上半部　③ 止めピン　⑤ 止めボルト　⑦ 空　間
② パッキン下半部　④ ば　ね　⑥ みぞ内の突起　⑧ 軸

図 7.72　遊動リング式（コイル状ばね使用）

3. フィンと回転部とが接触のとき発熱が少なく，タービン軸の湾曲事故が防止できる。

7.6.3　車室の気密装置

グランドの漏えい損失を軽減するために，車室の気密装置を設ける。

グランドの内外部の圧力差に起因して，グランドのすきまから車室内の蒸気が外部（大気圧側）に漏えいして損失となり，また空気が車室内に侵入し，復水器の真空度が低下して出力が減少する。

車室の気密装置には，ラビリンス パッキンが最も多く使用され，仕切板用

① 羽根車　③ 遊動リング　⑤ パッキン スリーブ
② 軸　　　④ 板ばね　　　⑥ 車室側
図 **7.73** ラビリンス パッキン（車室の気密装置用）

と同じであるが，遊動リング式が多く用いられる。

グランド用ラビリンス パッキンのフィンの列数は，5.88 MPa(60 kgf/cm^2)，510℃，722 mmHg，29,420〜36,775 kW(40,000〜50,000 PS)級タービンにて，高圧タービンの高圧側60〜70，低圧側30〜40，低圧タービンの高，低圧側で20〜30 ぐらいが普通である。

遊動リングの先端の幅は0.2 mm ぐらいで，軸とのすきまは0.3 mm ぐらいである。

図7.73は，車室の気密装置におけるラビリンス パッキンを示す。

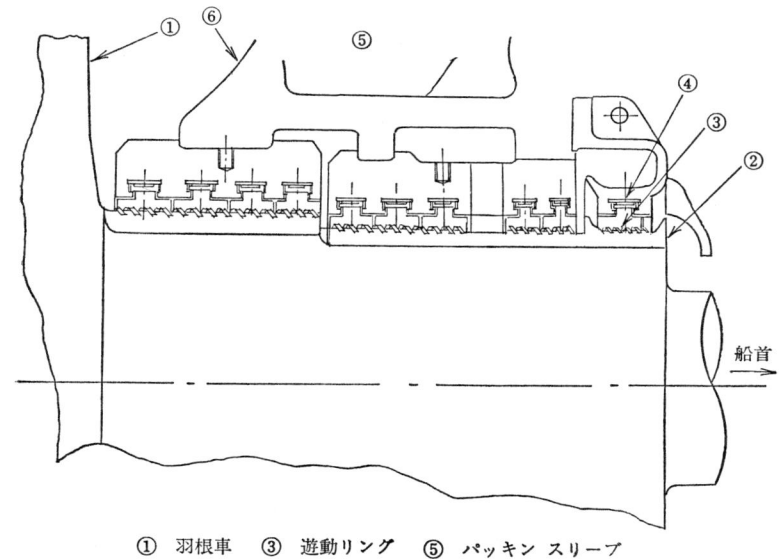

7.6.4　炭素パッキン（カーボン リング，carbon packing）

1本の炭素リングを数片に分割し，その外周を板ばねまたはコイルばねで内方に押し，軸とのすきま（普通0.05〜0.2 mm）を適当に設定し，損失を最小にしたものである。

炭素パッキンは一般に，軸の周速度が50 m/s 以下のとき使用する。それ以上では焼付きのおそれがあるために，現在では小形タービンに用いる程度で，大形タービンに使用されることはほとんどない。

7.6.5 封水パッキン（水封じパッキン，water seal packing）

軸にインペラ（羽根車）を取り付け，これを水室内で回転し，遠心力により，水室内に生ずる円周的水層によって気密を行うものである。

この方法は，ラビリンス パッキンと併用するが，現在，舶用タービンに使用されることはほとんどない。

7.6.6 グランド パッキン蒸気

前述の気密装置だけでは，十分な気密をうることは難しい。

このため，グランド部にパッキン蒸気を供給し，その圧力により，蒸気の漏えい（車室内から）または空気の侵入（車室内へ）を防止する。このような装置をパッキン蒸気管制装置といい，グランド蒸気の圧力は，9.8～19.6 kPa，ゲージ圧力（0.1～0.2 kgf/cm^2）が普通である。ただし，タービン内部の圧力によって一定ではない。

・パッキン蒸気管制装置

図7.74は，それぞれ暖機，出入港，航海などのパッキン蒸気の操作方法に対する一例の管系統図を示す。

暖機時：A弁開，B，C，D，E弁微開の状態にて，パッキン蒸気逃出管よりわずかに蒸気の出る程度とし，車室の両端および軸を暖め，また低圧タービンへの空気の侵入を防止する（このとき復水器の真空度は150～200 mmHg 程度にする）。

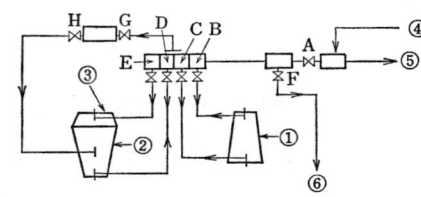

① 高圧タービン　③ 後進タービン　⑤ 暖機弁へ
② 低圧タービン　④ 低圧レシーバより　⑥ 復水器へ
A：パッキン蒸気元弁　B,C,D,E：各車室グランドへの分配弁
F：ドレン弁　G,H：操作弁

図7.74　グランド パッキン蒸気の管系統図

出入港時：A弁開，B，C，D，E弁をタービン負荷に応じて加減操作をする。

航海時：A弁閉，B，C，D，E弁を開，B，C，D弁からの高圧部の漏えい蒸気を集めてEに供給する。B，C，D弁からの蒸気量が大なるときは，G，H弁により，低圧タービンの段の中途に余剰蒸気を入れて有効に利用する。または復水器に逃がすようにする。

7.7　スラストつり合わせ装置および方法

7.7.1　タービンのスラスト

タービン ロータに作用する軸方向のスラストは，表7.5に示すように，衝

動タービンと反動タービンとでは異なる。

また速度線図にて，軸方向の動的スラストは，図7.75のように示される。すなわち羽根列を通過する蒸気流の分速は，入口でV_1，出口でV_1'になり，羽根列中では，V_1-V_1'になる。

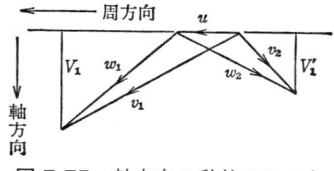

図 7.75　軸方向の動的スラスト

7.7.2　スラストつり合わせ装置および方法

(1) スラスト軸受

「7.8.2 スラスト軸受」にて説明する。

(2) つり合いピストン（ダミー ピストン，balance piston, dummy piston）

つり合いピストンは，反動タービンに対し，表7.5にて示すスラストの総和をつり合わせるために使用する。

図7.76は，つり合いピストンを示す。

一般に，つり合いピストンは，常用負荷につり合うものを1個設けるが，負荷の変動により，各段の圧力が変化して不つり合いとなる。このため，不つり合いのスラストは，スラスト軸受で受けている。この場合，数個の

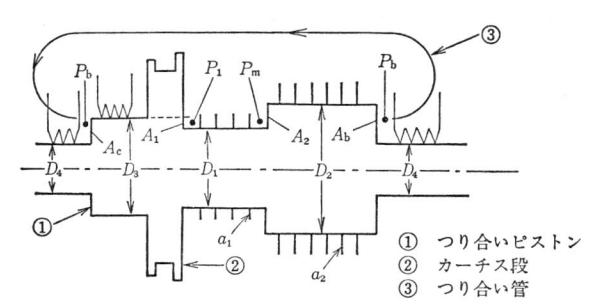

① つり合いピストン
② カーチス段
③ つり合い管

図 7.76　つり合いピストン

表 7.5　タービン ロータに作用する軸方向のスラスト

	衝動タービン	反動タービン
1	回転羽根に対する蒸気の流動による動的スラスト	同　左
2		回転羽根の入口側と出口側との蒸気の圧力差によるスラスト
3		ロータの断面積の変化（差異）に対し，ロータに作用する静的スラスト

つり合いピストンを設けることは，構造が複雑となって有利でない。

またロータの前後端の圧力のつり合いは，つり合い管によっている。

(3) 蒸気の流動方向による方法

大形のタービンは，つり合いピストンを設けずに，蒸気の流動方向による分流タービンの方法を採用する。

図7.77は，その数例を示す。

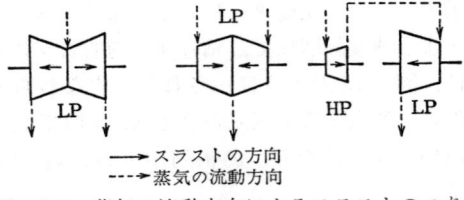

図7.77 蒸気の流動方向によるスラストのつり合わせ

7.8 タービン軸受

7.8.1 軸受（ジャーナル軸受，journal bearing）

(1) 軸受の構造

軸受は，軸の半径方向の荷重を支持するもので，車室の両端に接近して装置する。ロータ軸の回転数が大きいので平軸受(すべり軸受，plain bearing) を使用する（ころがり軸受は，ほとんど使用しない）。

軸受の構造は，軸受本体（body），軸受金（brass），軸受カバー（bearing cover）などから成っている。

図7.78は，軸受の構造を示す。

軸受本体は，ロータ軸の荷重に耐える強固な構造で，普通鍛鋼製である。軸受金は，黄銅，青銅，砲金または鋳鋼製とし，これを裏金（バック　メタル，back metal）として，ホワイト　メタル（WJ 1, WJ 2）を鋳込み，平軸受とする。軸受金は，水平面で上下に分割され，軸はそのままの状態で，軸受金を取り出して点検ができる構造になっている。下部軸受金は，軸受本体で支持し，上部軸受金の外周には，軸受カバーを設け，これを軸受本体にボルト締めして軸受金を固定する。

軸方向の中心は，ドエル　ピンによっている。

潤滑油が車室内に入ったり，またグランドから水滴や蒸気が軸受に入ることを防止するため，油そらせつば（油そらせカラー，oil baffle collar）や油そらせ板（oil deflecting plate）を設ける。前者は，車室側の軸につばを付けたもの，後者は，軸受金の両端に取り付け，上下二つ割れになっている。油そらせ板に付着する油は排油孔を設けて軸受出口管に導いている。

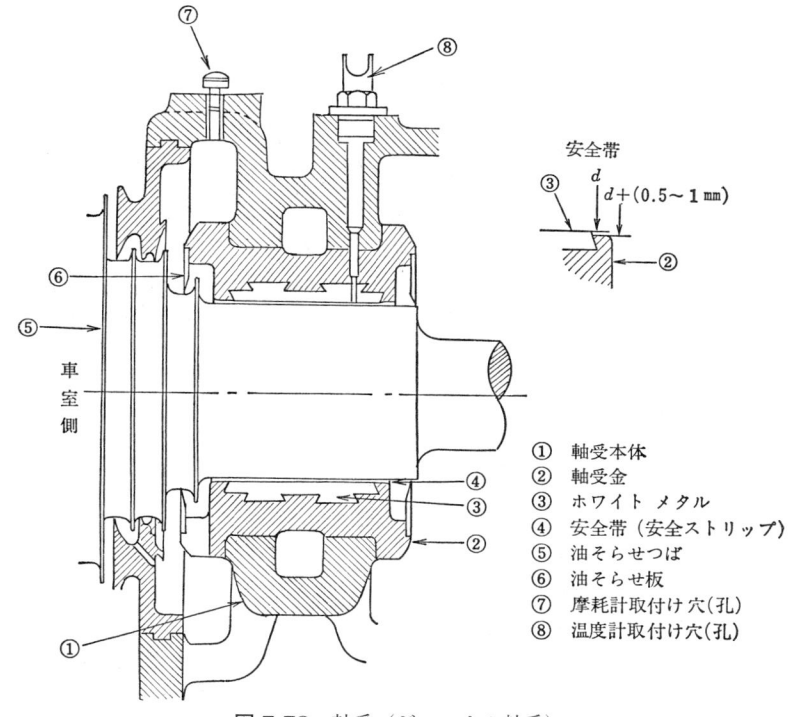

第7章 蒸気タービン各部の構造と作用

① 軸受本体
② 軸受金
③ ホワイトメタル
④ 安全帯（安全ストリップ）
⑤ 油そらせつば
⑥ 油そらせ板
⑦ 摩耗計取付け穴(孔)
⑧ 温度計取付け穴(孔)

図 7.78 軸受（ジャーナル軸受）

またホワイトメタルの摩滅（摩耗）や過熱焼損のとき，タービンの損傷を防止するため，安全帯（安全ストリップ，safety liner, safety strip）を設ける。これは軸受金の両端に，ホワイトメタルを鋳込まずに，軸受金の直径をホワイトメタルの直径より 0.5～1.0 mm ぐらい大きく仕上げた部分で，万一，潤滑油圧力の低下やその他の原因による過熱によって，ホワイトメタルが焼損のとき，両金属の溶融点の相違から，一時的に軸を支持することにより，羽根やラビリンスの接触を防止する。

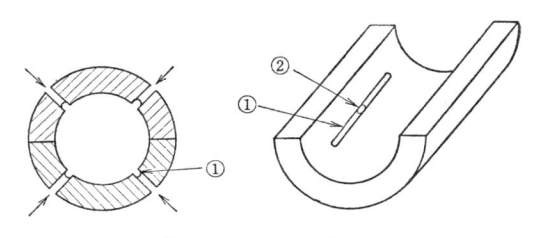

① 軸方向のみぞ ② 穴
図 7.79 軸方向に4個の油みぞを設けたもの
（オイルフワーリング防止）

船尾より見る　　　　　　A－O－B切断

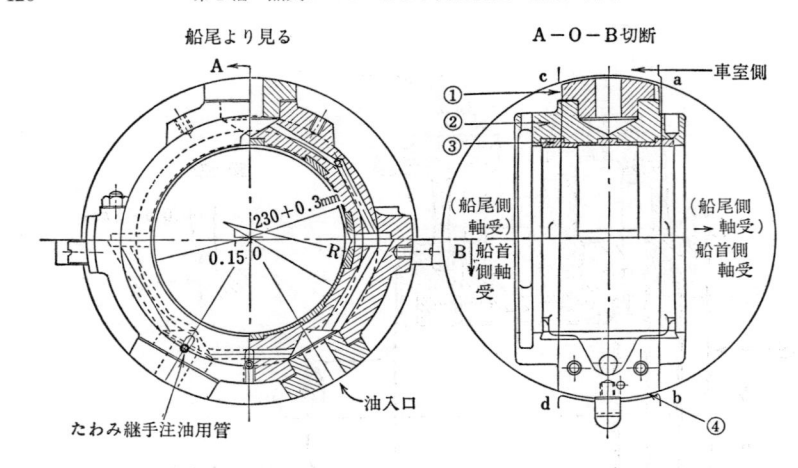

① こま　② 台金　③ ホワイトメタル　④ 球面座
(注)　弧ab, cdは球面座を理解するために書いた弧で実物にはない
図 7.80　球面軸受

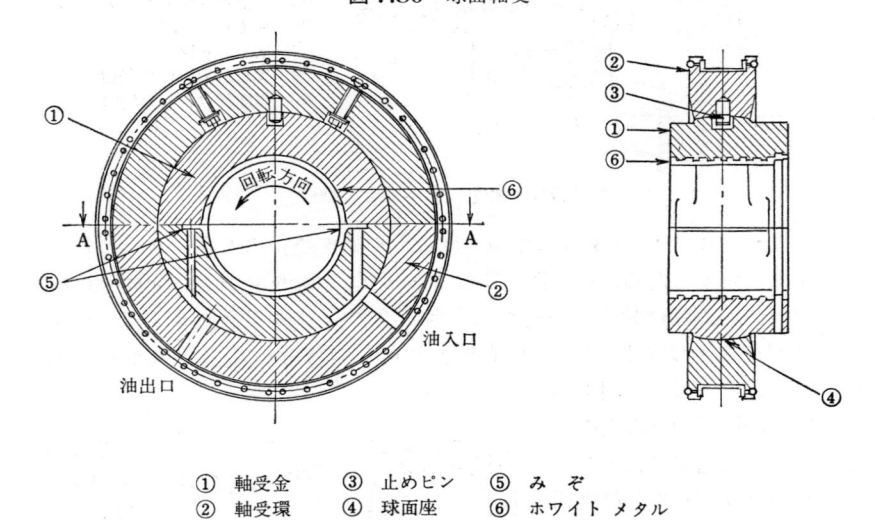

① 軸受金　③ 止めピン　⑤ みぞ
② 軸受環　④ 球面座　⑥ ホワイトメタル
図 7.81　球面軸受（シリンダ形）

しかし，最近では，その効果と必要性の有無を考慮して，安全帯を設ける製作者と，設けない製作者とがあり，その採用は一般に少なくなっている。

また軸受下半部のホワイト メタルには，油みぞを設けないのが普通である。しかし，真円軸受（シリンダ形）で軸方向に4個所のみぞを設けたものもある。図7.79は，これを示す。

軸受カバーには，軸受摩耗計の取り付け穴や温度計取り付け穴を設ける。

また軸受の構造には，上下に球面座を設け，球面支持により，軸受が可動となり，軸のたわみに関係せず，ホワイト メタルと軸との接触が一様で高圧に耐え，メタルの片当りを防止するものがある。舶用主機蒸気タービンでは，馬力の大きいものに適用する。図7.80，図7.81は，これを示す。

軸受と軸とのすきまは，油の粘度，直径，周速度などによって異なるが，直径で軸径の1/1,000～2/1,000ぐらいにとる。すきまが過大でも過小でも，振動の原因となることがある。

(2) 軸受の種類（形式）

軸受を径口の形，すきま，油みぞ（軸受上半部のホワイト メタル）な

表7.6 軸受の種類

種類	シリンダ形 （標準形，真円形）	だ円形	圧力形
径口の形	シリンダ形	だ円形	シリンダ形
油みぞ 軸受上半部 のホワイト メタル	$B_E = \frac{1}{2}B$ B_E：軸みぞの幅 B：軸受の有効長さ 油みぞの深さ 1.5 mm	同左	$L_E = \frac{2}{3}L$ 油みぞの深さ 0.5 mm 回転する軸によって油がポンプ作用にてダムで油圧を発生する
すきま	水平方向すきま＝垂直方向すきま	水平方向すきま＝2 （垂直方向すきま）	水平方向すきま＝垂直方向すきま

どによって分類すると，表7.6に示すようになる。
(3) オイル フワーリング（オイル フワール，油の振回り，oil whirling, oil whirl）とオイル フイップ（oil whip）

オイル フワーリング，オイル フイップとは，軸が軸受間を振れ回ることで，軸心の上下の変化，油温の変化などが原因である。ことに，タービン軸の危険速度が低い場合（設計値において），および軸受荷重が低い場合に起こりやすい。その防止方法には，次のようなものがある。 ⓐ ホワイト メタルの油みぞの形状を変える。 ⓑ 軸受荷重を増すように，軸受の軸方向の寸法（軸受の幅）を短くする。 ⓒ 軸受すきまを上下方向に小さく，水平方向を大きくし，いわゆるだ円形の軸受とする。 ⓓ 軸方向に油みぞを設ける。

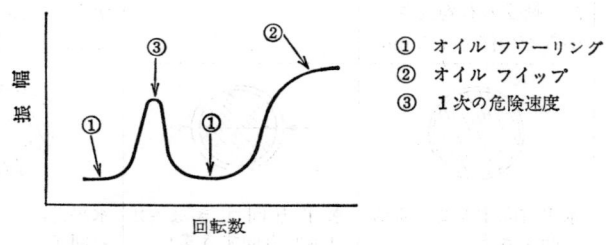

オイル フワーリングとオイル フイップとは，油膜の作用に基づく軸中心回りの旋回運動で，その発生域と発生現象は，次のような差異がある。

オイル フワーリングは，回転数の低い領域で発生し，その旋回速度は軸の回転数のほぼ1/2に比例し，また方向も同一で，オイル フイップに比べて旋回は静かである。

オイル フイップは，危険速度の2倍以上の回転数領域で発生し，その旋回速度は，危険速度の角速度に大体等しく，また方向も同一である。一度発生すると，回転数を上げても，旋回が静かになるのが難しい。タービン軸の回転数は，危険速度の1.5倍以下であり，オイル フイップは起こらない。図7.82は，これらの発生領域を示す。

7.8.2　スラスト軸受（thrust bearing）

タービン船では，軸系のスラスト軸受（プロペラのスラストを船体に伝えるため）のほか，タービンそのものにもスラスト軸受が必要である。

タービンにスラスト軸受を設ける目的は，次のようである。
1. 蒸気作用により，ロータに加わる軸方向のスラストを支える。

図 7.82　オイル フワーリングとオイル フイップ

2. 車室とロータとが，蒸気の高温によって軸方向に伸びるので，両者の関係位置を常に一定に保つ．

　このためには，タービンの蒸気入口側に近く車室に接してスラスト軸受を設け，ロータの変位の基準（原点）をスラスト軸受とし，羽根が短く，また，すきまの少ない高圧側（蒸気入口側）の変位を最小にし，静止部（ノズルや案内羽根）と回転部（回転羽根）との軸方向すきまをできるだけ一定にする．その目的は，運転の安全を期するためである．

　タービン船のスラスト軸受の位置を図7.83に示す．

　スラスト軸受には，単つば式（単カラー式，single collar type）と多つば式（馬てい形，multi collar type, horse shoe type）とがある．現在，蒸気タービンに使用されているものは前者で，後者は，古く往復蒸気機関に使用されていた．

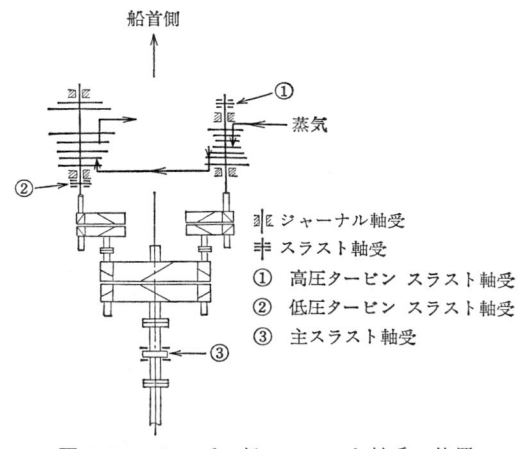

図中凡例：
- ジャーナル軸受
- スラスト軸受
- ① 高圧タービン スラスト軸受
- ② 低圧タービン スラスト軸受
- ③ 主スラスト軸受

図7.83 タービン船のスラスト軸受の位置

7.9 後進タービン（astern turbine）
7.9.1 後進タービンの構造
　後進タービンの構造の決定には，次のことを考慮する．

　すなわち後進タービンの使用ひん度は非常に少ないので，タービンの効率はある程度犠牲にし，また前進中の空転による損失を少なくする．これらの目的に対し，構造はできるだけ簡単にすることが必要である．

　このため，後進タービンの形状を小さく，出力を大きくするために，後進タービンの段には次の形式が多い．すなわち速度複式衝動タービン（カーチス タービン）が一般に採用されている．その方法は，カーチス タービン2列羽根を2段にしたものがわが国の商船では最も多く，カーチス2列羽根1段と圧力複式衝動タービン1段とで構成したものもある．そのほか，高圧タービンにカーチス2列羽根1段，低圧タービンにカーチス タービン2列羽根1段と圧力複式衝動段1段とで構成するものもある（わが国の商船にはその例がない）．な

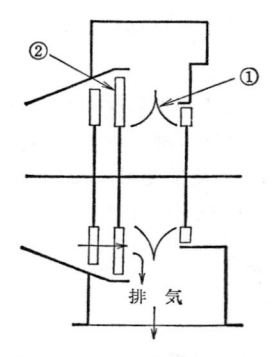

① 排気案内板(排気ガイド)
② 低圧最終段羽根
図 7.84 排気案内板

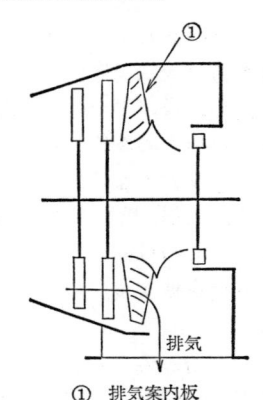

① 排気案内板
図 7.85 排気案内板

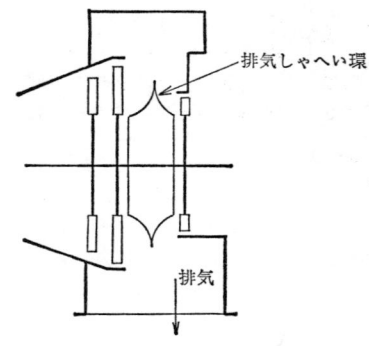

図 7.86 排気しゃへい環

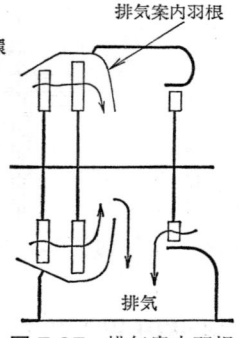

図 7.87 排気案内羽根

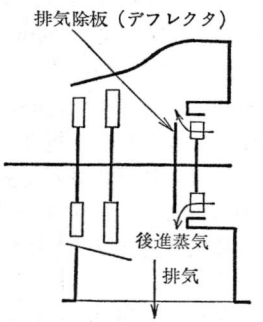

図 7.88 排気除板

お後進タービンには，ノズル弁を設けないのが普通である。

前進および後進蒸気の排気が，相対する前進および後進タービンに衝突し，急激な温度上昇のため羽根や車室を異常に加熱し，このため種々の障害を起こすので，次のような方法が採られている。

1. 前進および後進タービンを1つの低圧タービン車室に設ける場合には，両者のロータを背合わせとし，同一の排気管を使用する。このため，いずれかの蒸気が，他の方の羽根に衝突するのを防止する必要がある。その方法として，排気を円滑に導く排気案内板，排気しゃへい環，排気案内羽根，排気を方向転換させる排気除板(デフレクタ，deflector)などを使用する。

図 7.84，図 7.85 は，排気案内板，図 7.86 は排気しゃへい環，図 7.87 は排気案内羽根，図 7.88 は排気除板を示す。

2. 後進時に排気室温度が上昇し，車室および前進タービンの羽根が過熱されるのを防止するために，後進段出口にスプレノズルを設けて水を噴射させ，排気室を含み車室の温度上昇を防ぐ。そのほか，下部排気室の内側に防熱板を設けたり，後進時の軸心の変位を少なくするようにしたものもある。
3. デフューザ形排気室を採用する。この方法は，後進タービン車室と排気室との空間をデフューザとして利用するもので，後進タービンの蒸気流れを前進タービンと同一方向とし，排気はいずれも軸流として復水器に入れるもので，その通路は円すい状にする。その特徴は次のようである。ⓐ 後進用蒸気が前進タービンの羽根に衝突し，また加熱するおそれがない。ⓑ 排気が軸流方向に復水器に入るので，流動損失が少ない。ⓒ 前進運転中，タービン排気端の真空を復水器の真空より高くすることができるので，タービンの出力が増加できる。ⓓ 排気残留エネルギ損失を回収減少できる（デフューザにより，速度エネルギを圧力エネルギに変換する）。図 7.89 は，デフューザ形排気室を示す。

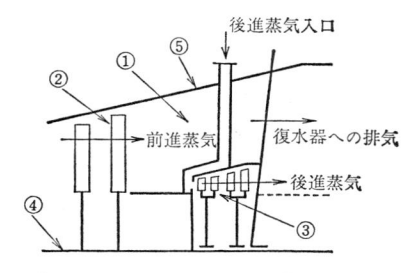

① デフューザ型排気通路　④ 軸
② 前進最終段羽根　　　　⑤ 車室
③ 後進タービン

図 **7.89**　デフューザ形排気室

4. 羽根車をはめ合わせ式にする。前進を含めた全体の軸に後進部分だけをはめ合わせ式とし，その急激な温度上昇による膨張を後進部分だけに局限し，軸全体に及ぼさないようにする。
5. 翼環を取り付ける。古く，反動タービンに用いられていた。この方法は，静翼（案内羽根）を取り付けた一種の内部車室である。後進車室が軸方向

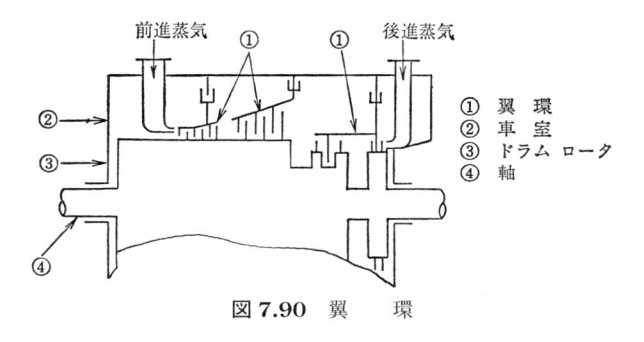

① 翼　環
② 車　室
③ ドラムロータ
④ 軸

図 **7.90**　翼　　環

に移動することなく，半径方向にも自由に膨張できるようになっている。図 7.90 は，これを示す。

7.9.2 後進タービンの配置

後進タービンの配置には，種々の方法がある。現在，わが国の商船で最も多く採用されているものには，次のようなものがあり，図 7.91 はこれを示す。これらのうち，(c)は低圧タービンが複流式で船首尾両端に後進段落を内蔵した構造となっている。

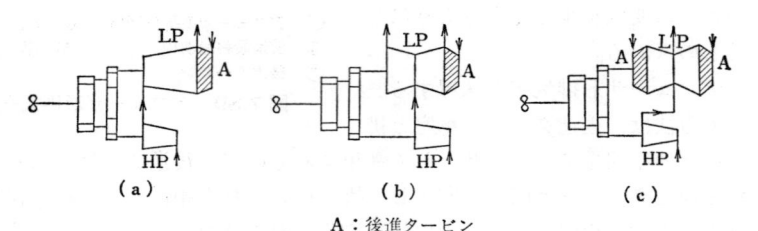

A：後進タービン

図 7.91 後進タービンの配置

7.9.3 後進タービンの材料

後進タービンの車室の材料は，蒸気条件によって異なり，一般に Cr-Mo 鋳鋼，Mo 鋳鋼などが使用されている。特に蒸気条件が低い場合には，普通鋳鋼などが使用される。

また，はめ合わせ式羽根車を採用するときは，羽根車の材質は Cr-Mo 鋼を使用する。

7.9.4 後進タービンの出力の基準

後進タービンの出力を決定する場合，考慮しなければならない点は，次のとおりである。

1. 後進出力は，十分でかつ必要最小限度とし，前進タービンの効率を減少させないこと。
2. 後進タービンの出力とボイラ蒸発量との関係は，計画前進蒸気使用量の 80% 以下とする。
3. 船体の形および大きさ，速力，用途などの差異により，操船に対して考慮する。
4. 減速歯車の強度について検討する。特に，低圧タービンだけに後進タービンがある形式の減速歯車の応力は，後進全力出力が連続最大出力の 40～50% 未満のタービンの場合，ほぼ等しいか後進全力のほうが小であり，後進全力出力が 50% 以上の場合には，後進時のほうが大きくなる。この

ため設計上，十分な強度を持つようにする。

　後進タービンの出力は，従来わが国では，前進出力の60％を標準としていたが，これは約7,000 PS 以下を対象とし，それ以上の出力に対しては，最近まで次のような規則（ロイド，NK 規則など）があって，一般に設計基準とされていた。

① 規定前進回転数の50％の後進回転数において，規定前進トルクの80％の後進トルクを発生しうる出力を有すること。

② 規定前進回転数の70％の回転数で，30分以上維持できること。

　その後，最近における各規則（ロイド，NK 規則など）の改訂では，数字的な基準を表明せず，十分な後退力を有することだけを定めている。

　このような状況において，わが国における各舶用蒸気タービンの製作者は，前述の基準数値を参考とし，それぞれ独自の方法によって，後進タービンの出力の決定を行っている。

7.10　舶用蒸気タービンの1例

　三菱重工業(株)の舶用蒸気タービンの1例を図7.92(a)，(b)に示す。

　タービンの構造として，高圧タービンは衝動単流型，低圧タービンは衝動反動単流型である。

　羽根は，高圧タービン第1段および後進第1段に無限翼群方式が採用されている。

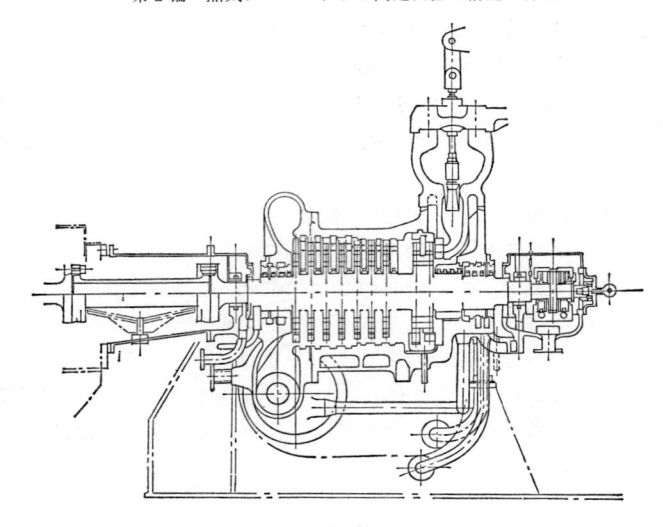

(a) 高圧タービン

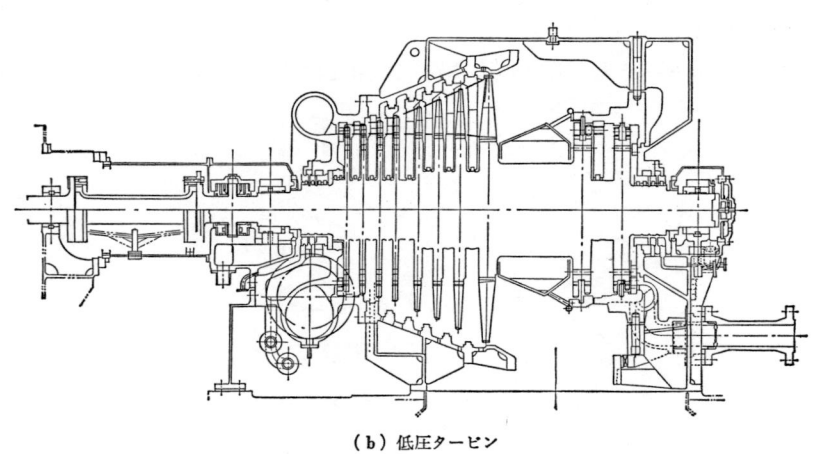

(b) 低圧タービン

図 7.92 三菱重工業㈱舶用蒸気タービン（MS型タービン）

第8章 復 水 装 置

8.1 復水装置の効用
復水装置の効用は，次のようである。
1. タービンの出力が増加できる。
   復水器の真空度を高める（排圧を低下する）と，タービンの熱落差が大きくなり，そのため出力が増加できる。
2. タービン プラントの熱効率が向上する。
   タービン入口蒸気の圧力および温度を一定としたとき，復水器の真空度を高めるとランキン サイクルの熱効率が増加する。したがってタービン プラントの熱効率が向上する。
3. タービン排気を冷却復水し，清水の節約ができる。すなわち復水をボイラ給水として循環使用する。
4. 復水中の空気（溶存酸素）が除去できる。ボイラ給水とした場合，腐食の原因となる空気（溶存酸素）を除去する。

8.2 復水装置に要求される条件
一般に，復水器に要求される条件は次のようである。
1. 冷却水温度に対し，できるだけ高い真空度が得られること。すなわち器内の空気をできるだけ排除し，高真空度をうることが必要である。そのため次の方法が採られている。これをまとめたものが表8.1である。
2. 復水を過冷却（under cooling）しないこと。
   復水の温度は，復水器出口の蒸気分圧に相当する飽和温度で，常に復水器入口の排気温度よりも低くなり，この温度差を過冷却といい，普通1.0～1.5℃ぐらいで，真空が高くなるほど大きくなる（「8.5復水器の性能に影響する諸要素」にて詳述する）。このように復水の温度低下は，ボイラ給水の温度低下となり，プラントの熱効率が低くなる。
   これを防止する方法は，コントラフロ形（Contraflo type, Contraflo Engineering 社の設計を受けついだ Allen 製復水器で，Allen-Contraflo 復水器である）を採用する。この型では，冷却水を器内の最低温度（空気出口側）から器内最高温度（蒸気入口側）の方向へ流し，復水は復水器の最低部に

表 8.1 復水器内の真空度をできるだけ高くする方法

No	方　　法	理　　由
1	蒸気通路を広く平滑にする	復水器入口，出口間の圧力差（真空損失）が小となり，漏えいによる空気の侵入が少なくなる
2	蒸気通路の距離を均一にする（復水器入口から空気抽出口までの距離）	器内の真空度が平均化する
3	蒸気通路の距離を最短にする（同上）	局部に蒸気や空気が停滞しない
4	蒸気通路の面積は入口側を最大として，しだいに小さくする（同上）	排気速度を一様に均一化するため
5	仕切板を設ける	仕切板にて，管巣より滴下する復水を受け，復水が冷却管に接触せず，滴下中の水滴を加熱して脱気効果を上昇する

設けた出口から排出する。空気は，復水器の上部に設けた空気エゼクタに吸引させて排出する。
3. 抽出空気温度を低くする。
　　抽出空気温度の低下は，空気エゼクタの容量の減少や負荷を軽減するためで（空気温度が低いと空気の容積が小である），これに対し，復水器内の空気の取り出し部は，冷却水の低温側に設ける。この低温部分を冷却帯 (cooling zone) といっている。
4. 循環水ポンプの所要動力を最小にする。
5. 伝熱面積を最小にする。
　　このためには，適切な設計(空気の滞留を防ぐため蒸気の流動をよくし，凝縮液が伝熱面に厚い膜を作らないこと）を行って，伝熱効果を高め，冷却管の汚損に注意する。
6. 復水の溶存酸素含有量が少ないこと。すなわち空気分離作用 (deaeration) のよいこと。
　　管巣より流動滴下中の復水の水滴に対し，排気（蒸気）を噴射して再熱し，空気を分離させて器外に抽出する。このため，冷却管（管巣）の配置を適当にし，また仕切板を設けてその効果を上昇させる。

7. すえ付け場所および質量，容積が小で，信頼性の高いこと。

8.3 表面復水器の構造および材料

復水器には，表面復水器（surface condenser）と直接接触式復水器（direct contact condenser）の2種類がある。

舶用タービンでは，もっぱら表面復水器が使用されるので，以下これを対象に説明する。

表面復水器は，多数の細い管内を冷却水が通り，管外をタービン排気が流動し，管壁の内外面を通して熱の交換作用を行い，排気を冷却復水する装置である。冷却水は，海水を使用する。

図8.1は，表面復水器の構造の概略を示す。

図において，胴①は，復水器の外形をなすもので，鋼板を溶接して製作し，これに排気入口と復水取出し口を取り付ける。

また，胴には，膨張継手を設け，胴と冷却管との膨張差を吸収し，振動による冷却管の破損および管取付け部の弛緩などを防止する。

排気入口は，排気の流動を円滑，一様に分布するような形状とし，タービン排気管との接続部は，膨張に対し，膨張継手を用いるか，または胴体下部の支え装置にばねを使用する。

水室②は，冷却水の流入，流出および配分を行うもので復水器の両端に設け，乱流による冷却管の潰食を防止するために，十分な容積が必要である。案内板⑦は，排気が冷却管巣を下降するときの案内の用をなし，排気は復水するにしたがって，しだいに容積を減少する。

冷却管③を管板④に取り付ける方法には，メタルパッキン式，フェルール式（ferrule 式，フェルールとは金属の輪），拡管式（管ひろげ式，tube expander 法）などがある。

拡管式は，冷却管の管端に対し，拡管器で広げてラッパ状に成形し，冷却水の入口および出口側に使用する。管端をラッパ状にするのは，冷却水の流動抵抗と管の潰食の軽減を図るためである。フェルール式は，フェルールとパッキンによるもので冷却水の出口側に使用する。

最近では，両端を拡管式にするものが多く，フェルール式を使用するものはほとんどない。両端を拡管式にしたものは，復水器胴に伸縮継手などを設ける。

なお，冷却管の入口側には，冷却管入口部の潰食防止のため，ナイロン製などのそう入物（インサート，insert）を取り付ける。

図8.2は，冷却管の管板への取付け方法を示す。

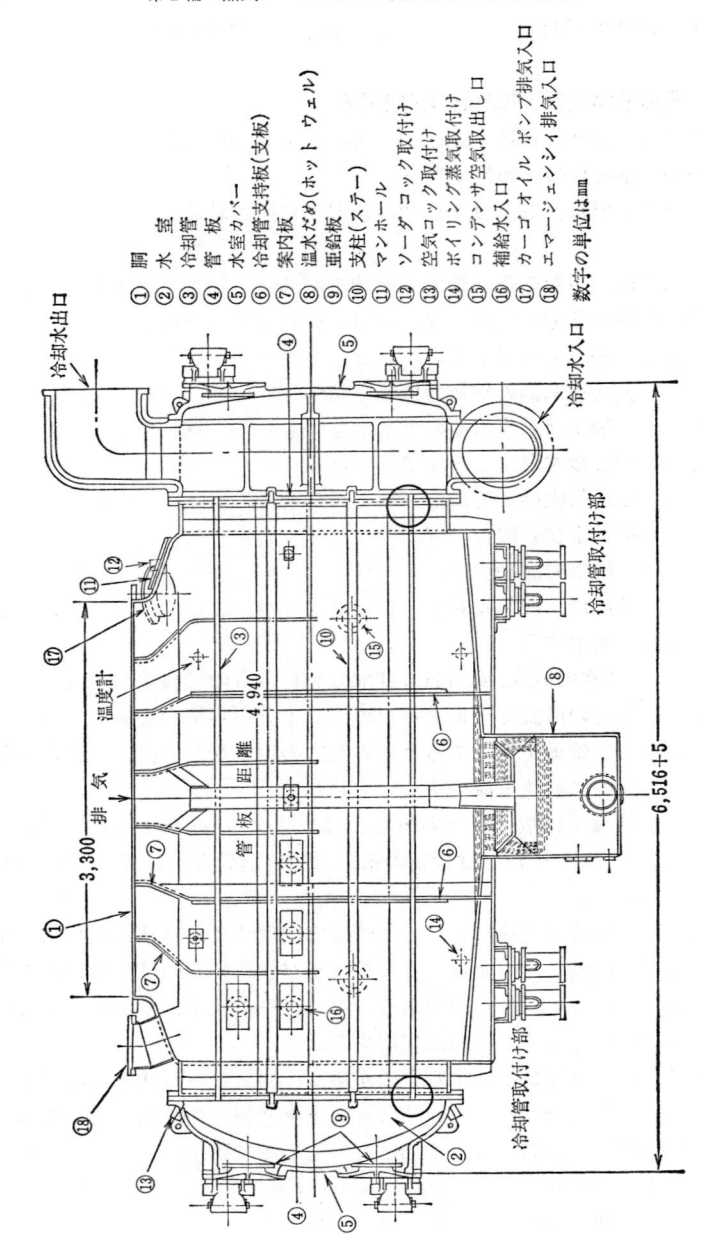

① 胴
② 水室
③ 冷却管
④ 管板
⑤ 水室カバー
⑥ 冷却管支持板(支板)
⑦ 案内板
⑧ 温水だめ(ホットウェル)
⑨ 亜鉛板
⑩ 支柱(ステー)
⑪ マンホール
⑫ ソーダコック取付け
⑬ 空気コック取付け
⑭ ボイリング蒸気取付け
⑮ コンデンサ空気取出し口
⑯ 補給水入口
⑰ カーゴオイルポンプ排気入口
⑱ エアージェクシィ排気入口
数字の単位はmm

図8.1 表面復水器の構造

冷却管が長くなると，適当な間隔に冷却管支持板（支板）を設け，重量支持のほか，冷却管がタービンの振動との共鳴振動によって破損するのを防止する．

復水器の下部には，滴下する復水を集める温水だめ（ホットウェル，hot-well）と空気を器外に抽出する抽気室とを設ける．復水は，温水だめから復水ポンプによって取り出され，以後復水系統を経て，ボイラの給水系統となる．温水だめは，密閉給水装置に対し，十分な保有量が必要である．空気は，冷却されつつ容積を減じて抽気室に集められ，空気エゼクタに吸引され，大気に放出される．なお，器内を流動中の空気は，復水を過冷却しないよう，また，気ほうが管壁に付着して，冷却作用を妨げないように処理することが必要である．

復水器には，ボイラの補給水管，空気エゼクタのドレン管および再循環用還水管（もどり水），低圧タービン用抽気管のドレン管などを設ける．

そのほか，のぞき穴，掃除穴，空気抜き，ドレン抜き，ソーダ注入用コック（冷却管外部掃除のため）および真空計，温度計の座を取り付ける．

図8.3は，コントラフロ形復水器（Contraflo type condenser）を示す．

図のように，冷却管を放射状に配列し，このため，排気が管列の内部に入りやすくなり，また排気の流動方向に対し，しだいに蒸気通路が減少される

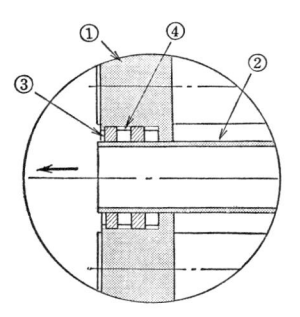

メタルパッキン式（メタリック）

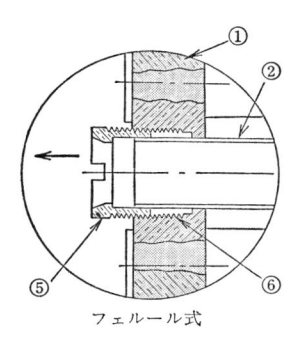

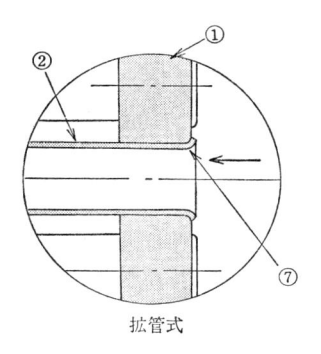

フェルール式

拡管式

① 管板　　　　　　　　⑤ フェルール
② 冷却管　　　　　　　⑥ パッキン
③ パッキン(メタリック)　⑦ ベルマウス
④ パッキン(ファイバ)

図 8.2 冷却管の管板への取付け方法

ので，排気速度が一様になる。

コントラフロ形復水器の特徴は，管巣（管群）相互の中間に設けた復水受けの仕切板（凝結水導板）で，排気通路の下底に取り付けられ，復水が冷却管に接触しないようにする。

その作用は，排気通路のタービン排気（蒸気）が，通路上方の管巣から滴下する水滴を再熱し，復水の温度をできるだけ上昇させ，復水の過冷却を防止する。このため，再熱形復水器（regenerative condenser）ともいう。

このように復水は排気温度近くまで熱せられ，仕切板を流下して復水器の底部に集合する。

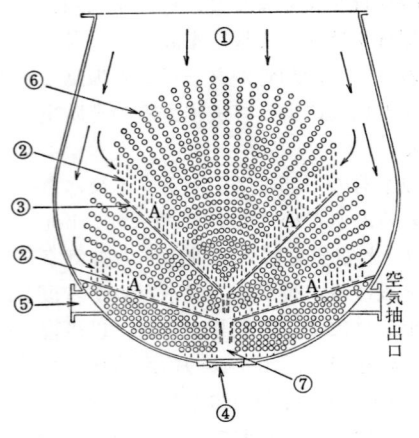

① 排気入口　④ 復水出口　⑥ 管　巣
② 排気通路　⑤ 空気エゼク　⑦ 温水だめ
③ 仕切板　　　　タ連絡口　A：滴下する水滴

図8.3　コントラフロ形復水器

また仕切板と管巣との空間は，滴下する水滴と蒸気との接触により，空気分離作用の効果を増進する。

冷却管の材料は，熱の伝導率と耐食性の要求から，主として銅系の合金を用いるが，最近ではステンレス鋼も使用されている。

8.4　復水器の付属装置

(1)　循環水ポンプ（循環ポンプ，circulating water pump）

タービン排気を復水させるため，冷却水を送るポンプを循環水ポンプといい，うず巻きポンプを使用する。

表面復水器の冷却水は，水量が大で，揚程は比較的小である（揚水損失は冷却管内の流動抵抗が大部分）。このため，循環水ポンプは低揚程形のポンプを使用する。

なお最近では，循環水ポンプを使用しないスクープ（scoop）方式がある。この方式は，主復水器は単流式（single flow type）で，船速を利用し，船底より復水器，油冷却器などの冷却用海水を導入する方法で，常用出力にて真空度 722 mmHg（海水温度 24℃）を保持できるものとされ，その目的は補機動力の節減である。しかし，反面，船体抵抗による失速（船速

の低下）があるために，一般に，船速 15 ノット（kt）程度では，かえって損失になる面もある。出入港時および主軸回転数が約 70 rpm 以下（計画 85 rpm のものに対しての一例として）にて，小容量の循環水ポンプを使用する。

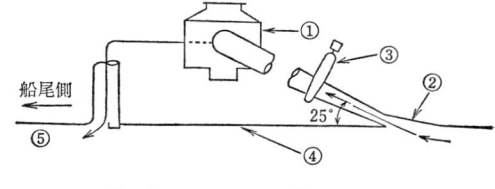

① 主復水器　④ 船　底
② スクープ入口　⑤ 排　水
③ 海水吸入弁

図 8.4　スクープ方式

図 8.4 は，スクープ方式を示す。

(2) 復水ポンプ（condensate pump）

復水器底部にたまった復水を取り出すポンプを復水ポンプといい，タービンポンプを使用する。

(3) 空気エゼクタ（air ejector）

復水器内の空気を排除するため，空気エゼクタを使用する。

復水器内の排気に空気を含むときは，器内の空気を排除する必要がある。その理由は

1. 真空度を上げることが難しい。真空度が低下するために，タービン出力の増加を妨げ，タービンプラントの熱効率が低下する。
2. 凝縮熱伝達が低下する。
3. ボイラ給水に溶存して，ボイラの腐食を起こす。
4. 器内の空気分圧が高くなり，復水の過冷却が大きくなる。

復水器内の排気に空気が混入する原因は，水中に溶存しているもの（ボイラ起動時のもの，および運転中の補給水）と外部から侵入するもの（低圧タービンおよび復水系統における配管の継ぎ目や各弁のパッキングランドなどから）とがある。

空気エゼクタは，図 8.5 に示すように，ノズルならびにデフューザから成る蒸気の噴射器で，蒸気圧力を復水器の圧力まで膨張させ，高速流動の蒸気によって空気および水蒸気（vapour）を復水器から抽出するもので，単段式と多段式と

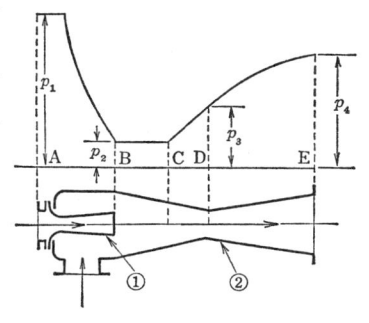

① ノズル　② デフューザ

図 8.5　空気エゼクタ

図8.6　空気エゼクタ系統図

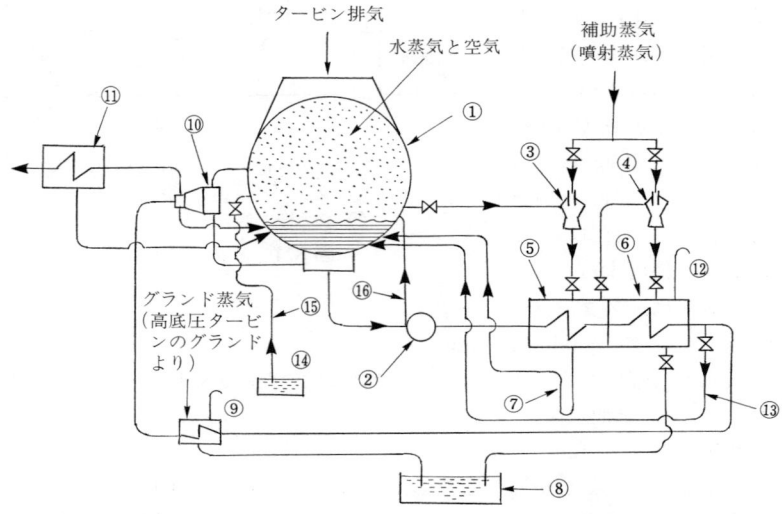

① 主復水器
② 主復水ポンプ
③ 主空気エゼクタ(第1段)
④ 主空気エゼクタ(第2段)
⑤ 第1段空気エゼクタ冷却器
⑥ 第2段空気エゼクタ冷却器
⑦ ループ封じ(ループ シール)
⑧ 大気圧ドレン タンク
⑨ グランド復水器
⑩ 水位調節装置
⑪ 第1段給水加熱器
⑫ 通気管(大気へ放出)
⑬ 循環系
⑭ 底部給水タンク
⑮ 補給水パイプ
⑯ 空気抜管(真空平均管)

がある。

図8.6は，2段式空気エゼクタの系統図を示す。復水器内の空気および水蒸気は，噴射蒸気とともに，空気エゼクタを経て空気エゼクタ冷却器に入り，ここで冷却管内の復水によって冷却される。このとき，管内の復水は，噴射蒸気によって加熱され，蒸気の熱エネルギを回収する。

第1段空気エゼクタ冷却器の復水（ドレン）は，復水器に導き回収するが，復水器と冷却器との圧力差によって，復水器の真空が破壊されるのを防ぐため，復水器の復水はU字管のシール（ループ封じ，loop seal）によって復水器に導入する。

第2段空気エゼクタ冷却器の復水は，大気圧ドレンとして回収する。

空気および復水しない水蒸気（ガスを含む）は大気中に放出する。

なお空気エゼクタの代わりに，真空ポンプを使用することもある。真空ポンプは，自動化のシーケンスに対して有利である。

8.5 復水器の性能に影響する諸要素

(1) 冷却水の温度ならびに流量と真空度との関係

冷却水の温度ならびに流量と真空度との関係は，次のような理想復水器の仮定により，理論的に求められる。

1. 漏えい空気はないものとする。
2. 冷却管巣流路内において，排気（蒸気）の圧力降下を考えない。
3. 管壁の熱貫流率を無限大とする。

図8.7(a)において，t_s：復水器内排気（蒸気）の飽和温度℃，h''：排気のエンタルピ kJ/kg，t_1：冷却水入口の温度℃，t_2：冷却水出口の温度℃，t_w：復水の温度℃，m_s：排気量（蒸気量）kg/s，m_w：冷却水量 kg/s，$m : m_w/m_s$（冷却水量比，質量比），r：乾き飽和蒸気の潜熱 kJ/kg，C_w：冷却水の比熱とした場合，排気が復水するためには図8.7(b)に示すように

$$m_s r = m_w c_w (t_2 - t_1)$$

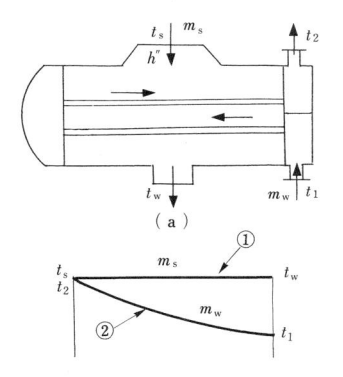

① 乾き飽和蒸気が復水して飽和水になる変化
② 冷却水の温度が上昇する変化

図8.7 冷却水の温度ならびに流量と真空度との関係

仮定3により，熱貫流率が無限大のとき，$t_s = t_2$ であるから，（実際の復水器では，$t_s = t_2 + (6\sim8)$℃）

$$m_s r = m_w c_w (t_s - t_1)$$
$$r = \frac{m_w}{m_s} c_w (t_s - t_1) = m c_w (t_s - t_1) \quad \cdots\cdots (8\text{-}1)$$

すなわち (8-1) 式は，飽和温度 t_s に対する潜熱 r，冷却水入口温度 t_1 および冷却水量比 m など相互間の関係を示す。

次に蒸気表により，異なる飽和温度 t_s に対し，潜熱 r，飽和圧力 p_s の数値を式 (8-1) に t_1 を一定とし，代入する。異なる飽和温度（真空度）に対する冷却水量比を求めると，図8.8のような曲線が求められる。

図によれば，得られる真空度は冷却水の入口温度に大きく影響し，その温度が低いほど，真空度は高くなる。このことは，船舶が航行する海域の水温により真空度が変化し，その結果，出力の大小となって船速の増減に

影響する。

　　また，ある一定温度の冷却水に対し，真空度は冷却水量の増加とともに増大する。その傾向は，最初は急であり，$m = 50 \sim 60$ ぐらいからゆるやかである。そのため，循環水ポンプの送水量には適当な限度があり，これ以上に増加すると，真空度の増大は少なくなり，かえって不経済である。

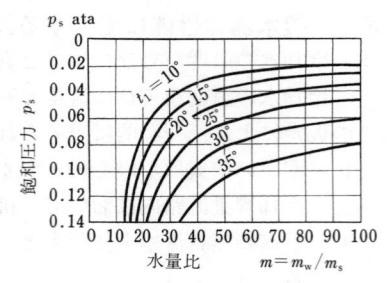

　　一般に冷却水量比 m は，$80 \sim 100$ 程度に採るのが一般である。

図 8.8 飽和圧力，冷却水入口温度との関係
t_1：冷却水入口温度

(2) 混在空気と真空度との関係

　　復水器内の排気（蒸気）中に，空気やその他のガスが混在すると，真空度が低下し，熱貫流率も低減する（凝縮熱伝達率が低下する）。

　　混在空気と真空度との関係は，理論的に，次のようにして求められる。

　　図 8.9 において，蒸気と空気とが管巣を通過のとき，蒸気はしだいに凝結し，容積を減少する。このため，空気によって満たされる割合が増加し，空気と蒸気の分圧（部分圧力）が異なってくる。

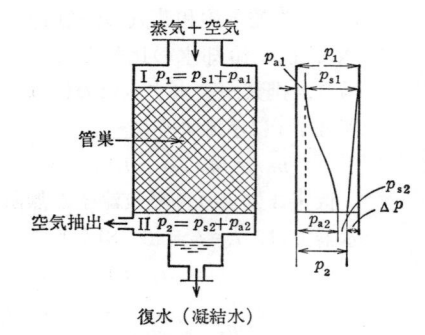

　　すなわちダルトン（Dalton）の法則によれば，全圧は混合ガスの分圧の和であるから，管巣入口（復水器入口）Ⅰおよび出口Ⅱにおいて

図 8.9 混在空気と真空度との関係

$$p_1 = p_{s1} + p_{a1} \quad \cdots\cdots\cdots\cdots\cdots\cdots\cdots\cdots\cdots\cdots\cdots\cdots (8\text{-}2)$$
$$p_2 = p_{s2} + p_{a2} \quad \cdots\cdots\cdots\cdots\cdots\cdots\cdots\cdots\cdots\cdots\cdots\cdots (8\text{-}3)$$
$$\Delta p = p_1 - p_2 \quad \cdots\cdots\cdots\cdots\cdots\cdots\cdots\cdots\cdots\cdots\cdots\cdots (8\text{-}4)$$

ここに，p_1, p_2：管巣入口，出口における全圧，p_{s1}, p_{s2}：管巣入口，出口における蒸気の分圧，p_{a1}, p_{a2}：管巣入口，出口における空気の分圧，Δp：管巣内における圧力降下（$3 \sim 5$ mmHg）である。また p_{s2} は復水（凝結氷）温度に相当する飽和圧力となり，p_{a2} は，空気エゼクタの容量によって決ま

る圧力である。

　復水器の圧力降下は，速度の2乗と密度とに比例する。この圧力降下は復水器の技術開発により，(排気の速度，排気通路の形状など) 低減することができる。この場合，(8-4) 式の $\varDelta p=0$ とすれば，(8-2)(8-3) 式から

$$p_{s1} + p_{a1} \fallingdotseq p_{s2} + p_{a2} \tag{8-5}$$
$$p_{s1} \fallingdotseq p_{s2} + (p_{a2} - p_{a1}) \tag{8-6}$$
$$p_{s2} \fallingdotseq p_{s1} - (p_{a2} - p_{a1}) \tag{8-7}$$

　(8-6) 式にてわかるように，管巣入口 (復水器入口) の蒸気の分圧は，管巣出口の蒸気の分圧 (復水温度に相当する飽和圧力) と管巣入口, 出口間における空気の分圧の増加分との和である。

　以上の結果から，次の2つの場合が考慮できる。すなわち，(1) 真空度を増大し，タービンの出力と効率との増進を図るときは，凝結水温度 (復水温度) が低下する。(2) 凝結水温度 (復水温度) を上昇して，タービン プラントの熱効率の増進を図るときは，真空度の増大が減少する。このように2つの要求が相反することである。

　次に，相反する(1)(2)の場合に対し，これをいかに満足せしめるかの対策が復水器設計の重要点である。これについて，次の点が考慮されている。

1. 冷却水入口側 (最低温度付近) に，空気の抽出口を設ける。
2. 空気の抽出口と温水だめ (ホット ウェル, hot well) とは，相当な距離を置くことが必要で，このため，温水だめは復水器の最下部に設け，また，これらの間には，蒸気の分圧差と温度差とを生ぜしめ，復水温度の無益な低下を防止する。

　また復水器における復水温度は，真空度 (下部真空計の示す圧力または真空度) に対応する飽和温度と相違する。その理由は次のようである。

　すなわち復水器の排気 (蒸気) 中には，多少の空気が混在し，(8-3) 式 (ダルトンの法則) にて，真空度 (下部真空計の示す圧力または真空度) は p_2 で示され，また復水温度は p_{s2} に対する飽和温度に相当し，$p_2 > p_{s2}$ であるから，復水温度 (p_{s2} に対するもの) は真空度 (p_2 に対するもの) に相当する飽和温度より低くなる。したがって，混在空気量が多いほど，復水温度は真空度 (下部真空計の示す圧力または真空度) に相当する飽和温度よりもしだいに低下する。

(3) 熱貫流率と真空度との関係

　　定常状態で，空気の漏えいがない場合，熱貫流率と真空度との関係は，次のようにして求める。

図 8.10 において,t_1,t_2:冷却水入口,出口における温度℃,t_s:復水器内の排気(蒸気)の飽和温度℃,p_s:t_sに対する飽和圧力 Pa,r:t_sに対する潜熱 J/kg,x:熱貫流率 W/(m^2・K)F:全冷却面積 m^2,m_w:冷却水量 kg/s,m_s:排気量(蒸気量)kg/s とすれば,長さ l(m)の冷却管において,入口端より x(m)の所に dx の長さの円管を考え,その間の冷却水の温度上昇を dt とすれば,次の関係式が成り立つ.

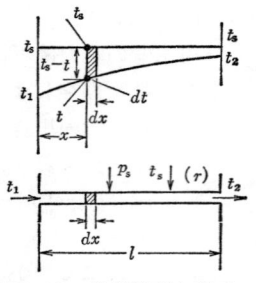

図8.10 熱貫流率と真空度との関係

$$m_w c_w dt = x(t_s - t)\frac{F}{l}dx$$

$$\frac{dt}{t_s - t} = \frac{xF dx}{m_w c_w l}$$

両辺を積分すると

$$-\log_e(t_s - t) = \frac{xF}{m_w c_w l}x + C$$

または

$$t_s - t = Ce^{-\frac{xF}{m_w c_w l}x} \quad \cdots\cdots\cdots\cdots\cdots\cdots\cdots\cdots\cdots\cdots\cdots\cdots (8\text{-}8)$$

(8-8) 式にて,$x=0$,$t=t_1$ とすれば,$C=t_s-t_1$ となる.これを (8-8) 式に代入すれば

$$t_s - t = (t_s - t_1)\exp\left(-\frac{xF}{m_w c_w l}\cdot x\right) \quad \cdots\cdots\cdots\cdots\cdots (8\text{-}9)$$

次に,dx 間にて,凝結する蒸気量を dm_s とすれば
$$rdm_s = x(t_s - t)\frac{F}{l}dx$$

$$dm_s = \frac{x}{r}(t_s - t)\frac{F}{l}dx \quad \cdots\cdots\cdots\cdots\cdots\cdots\cdots\cdots\cdots\cdots (8\text{-}10)$$

(8-10) 式に (8-9) 式の関係を代入すると

$$dm_s = \frac{\varkappa F}{rl}(t_s - t_1) \cdot e^{-\frac{\varkappa F}{m_w c_w} \cdot \frac{x}{l}} \cdot dx$$

$x = 0$, $x = l$ の間を積分すると

$$m_s = \frac{m_w c_w (t_s - t_1)}{r} \cdot (1 - e^{-\frac{\varkappa F}{m_w \cdot c_w}}) \quad \cdots\cdots\cdots\cdots\cdots\cdots\cdots (8\text{-}11)$$

(8-11)式にて，$m_w/m_s = m$，S：単位面積に対する凝結蒸気量，$S = m_s/F$ とすれば

$$r = m_w c_w (t_s - t_1)(1 - e^{-\frac{x}{m c_w s}}) \quad \cdots\cdots\cdots\cdots\cdots\cdots\cdots (8\text{-}12)$$

すなわち (8-12) 式は，冷却水温度 t_1 が一定のとき，熱貫流率と真空度との関係を示すもので，熱貫流率が低下すると，真空度が低下することがわかる（蒸発潜熱が小ということは真空度低下である）。

図 8.11 は，冷却水流速と熱貫流率との関係を示す。

冷却水の流速は，復水器の大きさと管入口の潰食発生とに関係があり，一般に 1.8〜2.0 m/s 程度（アルミブラス 1.83 m/s，ステンレス鋼 2.0 m/s) である。2.0 m/s 以上のときは，潰食を増進するおそれがある。

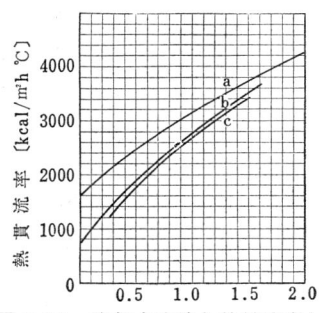

図 8.11 冷却水流速と熱貫流率との関係（a = 大気圧，b = 80% 真空, c = 90% 真空）

第9章 減速装置

9.1 減速装置を設ける理由
　タービンは，回転数の増加（周速度を大きくする）によって出力が増大し，単位出力あたりの質量，容積が軽減できる。
　またタービンの効率は，回転数が3,000～7,000rpm程度にて，速度比と効率との関係によって最高となり，最も経済的である。
　一方，プロペラは，空洞現象（キャビテーション，cavitation）を避けるため，できるだけ低速にし，その効率を上げる必要がある。
　このように，タービンとプロペラとの性能を考慮し，タービンの回転数は，高圧タービン5,000～7,000rpm，低圧タービン3,000～4,000rpm程度，プロペラの回転数は，100rpm前後（80～105rpm）が一般的である。
　したがって，両者の性能を協調するためにその中間に減速装置を設け，タービン回転数をプロペラ回転数まで下降させ，質量，容積の軽減と両者の効率を維持することが目的である。

9.2 歯車減速装置に必要な条件
　歯車減速装置は，一般に，次のような条件を必要とする。
1. 信頼度の高いこと。
2. 歯の摩滅（摩耗）に耐えること。
3. 歯車の騒音が少ないこと。
4. 質量，容積が小さいこと。

9.3 歯車減速装置に用いる歯車
9.3.1 インボリュート歯車（involute gear）
　図9.1に示すように，基礎円（base circle）I，IIおよびピッチ円A，Bは，それぞれ軸心をO_1，O_2とする同心円である。いま基礎円Iに巻かれた糸が基礎円IIに巻き取られると考えたとき，円Iとともに，回転する紙I′の上に，糸の一点pの軌跡を求めると，円Iの円周上の一点から始まる曲線apbとなる。同様に，円IIにおいて，これとともに回転する紙II″の上に，糸の一点pの軌跡を求めるとcpdとなる。とのようなapd，cpd曲線をインボリュート曲線と

いい，インボリュート曲線を歯形とする歯車をインボリュート歯車という。

インボリュート歯車の特徴は，次のとおりである。
1. 歯形が1つの曲線で簡単である。
2. サイクロイドに比べて製作が容易。
3. 同一歯車ピッチの他の歯形に比べ，歯が強い。
4. 軸間距離の多少の変化に対しても，歯のかみ合わせに影響しない。
5. 歯の根元が厚いので，大きな荷重に耐える。
6. 互換性がよい。

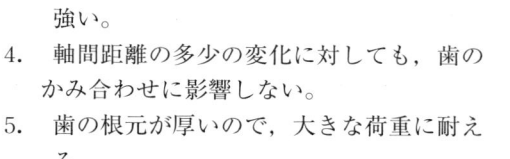

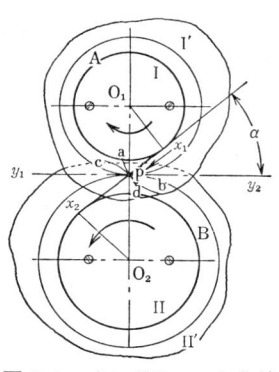

図9.1 インボリュート曲線

舶用歯車減速装置には，一般にインボリュート歯車を使用する。

9.3.2 やまば歯車（ダブル ヘリカル歯車，double helical gear）

平歯車は，歯のかみ合い始めと終わりのとき，急激に歯幅全体に対し，線接触が開始および終了する。このため，歯面に掛かる荷重によって，歯のたわみの変動が大きく，振動や騒音を発生しやすい。これに対し，はすば歯車(helical gear)は，この欠点がない。

はすば歯車とは，図9.2のように，歯車の軸心と平行しない斜歯を持つ歯車で，歯のかみ合いは，歯の一端で点接触として始まり，しだいに歯の接触幅が増加して最大となり，その後減少し，歯の他端で点接触となってかみ合いを終了する。このように，歯に掛かる荷重によって起こる歯の弾性変形は，その変化がゆるやかに行われるため，伝導が円滑で，振動や騒音が一般に少なくなる。また同時にかみ合う歯数が多いので，各歯の分担する力が小である。しかし一方，次のような欠点がある。

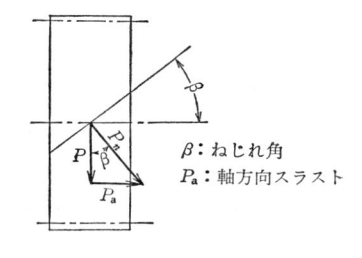

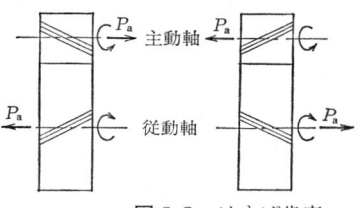

β：ねじれ角
P_a：軸方向スラスト

図9.2 はすば歯車

はすば歯車の斜歯の角度をねじれ角（つる巻き角，ヘリカル角）といい，ねじれ角のため，歯面に直角に働く力の軸方向分力，すなわち軸方向のスラストを生ずる。これが欠点である。

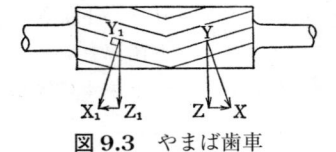

図9.3　やまば歯車

このため，このスラストを打ち消してつり合わせるため，図9.3のような，両歯の傾斜を反対にしたやまば歯車（二重はすば歯車，double helical gear）を使用する。このとき，歯車によって生ずるスラストは打ち消され，スラスト軸受は不要となる。この理由によって，舶用歯車減速装置には，一般に，やまば歯車を使用する。

やまば歯車の大きさは，普通，第1段のモジュール（module，ピッチ円の直径mm／歯数）を5（6〜7のものもある），第2段を8にすることが多い。

モジュールの決定には，次のことを考慮する。
1. 小歯車の直径は，減速比や大歯車の直径などにより制限を受ける。
2. 歯数が少ないと接触率が小となり，多くすると応力に耐えられない。

やまば歯車が円滑な運転をするためには，同時にかみ合う歯数（多数の歯を同時に重複して接触させる）を増加する必要がある。これには，歯のねじれ角や接触率（円周ピッチに関係）などが影響する。

9.4　減速段数，減速比および歯車効率

蒸気タービン船の開発当時，プロペラ駆動は直結方式であった。その後，歯車減速装置の実用化により，高速，大出力のタービンは，減速方式によるプロペラ駆動となった。この減速装置を装備したタービンを，歯車減速タービン（geared turbine）といい，現在，最も多く使用されている。

また，歯車減速タービンの初期においては，いずれも1段減速であったが，次のような理由により，2段減速を採用するようになった。

蒸気タービンおよびプロペラは，それぞれその効率を維持するために，適当な限界範囲の回転数がある。すなわち蒸気タービンは，回転数を低くすると効率が著しく低下し，タービン自体の質量，容積が増加する。またプロペラは，その回転数を多くすると，プロペラの効率が著しく低下する。このため，両者の条件を満足させるには，減速比（歯数比，gear ratio，大歯車の歯数／小歯車の歯数）を相当大きくする必要がある。減速比を大きくするには，小歯車の直径を小にし，大歯車の直径を大にすればよい。しかし，小歯車の直径は，その強さ，ねじりや曲げ作用によるたわみ，周速度（85m/s程度）などによって制限を受け，また大歯車は歯切り機械の大きさや精度，プロペラの直径，機関

のすえ付けなどによって制限を受ける。

したがって，1段減速では，減速比を20以上とすることが難しく，一般に10～20で，それ以上の減速に対しては，2段減速とし，一般に40～50で，また50以上（50～80，80は高圧タービン側）に高めることができる。

現在，わが国における舶用主機蒸気タービンでは，ほとんど2段減速装置が採用されている。

次に，大小両歯車の歯数が整数倍となっていない理由は，歯の摩耗を一様にするために，常に同一の歯がかみ合うことを避け，運転を円滑にして，歯の故障を防止するためである。もし，歯形，材質などが均等でない場合，歯の摩耗は著しく促進される。

また，減速装置は，機械損失（摩擦損失などによる損失）を生ずるため，減速段数の増加によって歯車効率(伝導効率)は低下する。歯車効率に対しては，従来1段減速で97～98％（減速比10～20％），2段減速で95～96％（減速比40～50％）程度といわれていたが，最近の舶用2段減速では，98～99％程度に進歩した。

9.5 減速歯車の K 値

従来，広く採用されて来た調質鋼製歯車の負荷能力に対しては，一般に，歯面の接触圧力による歯面荷重（面圧強さ），すなわちピッチングに対する負荷能力によって制限されるため，ヘルツ（Hertz）の応力の式を基礎とした，いわゆる K 値が歯車負荷能力判定の目安に使用されている。

K 値とは，次のようである。かみ合っている2つの歯車を2つの円筒と考え，それぞれの曲率半径を ρ_1, ρ_2 とし，P_n の荷重で接触しているものとすれば，接触面に生ずる最大接触応力 σ_d は，ヘルツの式により

$$\sigma_d = \sqrt{0.35 P_n \left(\frac{1}{\rho_1} + \frac{1}{\rho_2}\right) / b \left(\frac{1}{E_1} + \frac{1}{E_2}\right)} \quad \cdots\cdots\cdots\cdots\cdots\cdots (9-1)$$

ここに，b：接触幅，E_1, E_2：材料の縦弾性係数で，円筒内部に生ずる最大せん断応力は，表面より 0.78 b の深さに生じ，その大きさは 0.3 σ_d である。

いま，平歯車の場合を考え，σ_d を許容接触応力とし，単位長さあたりの接線力（接線荷重，歯面荷重）を求めると，(9-1) 式は，次式のようになる。

$$P = \left\{\frac{\sin 2\alpha}{0.35}\left(\frac{1}{E_1} + \frac{1}{E_2}\right)\sigma_d^2\right\} d_1 \left(\frac{R}{R+1}\right) \quad \cdots\cdots\cdots\cdots\cdots\cdots (9-2)$$

$$= Kd_1 \frac{R}{R+1} \dotfill (9\text{--}3)$$

また

$$K = \frac{P}{d_1} \cdot \frac{R+1}{R} \dotfill (9\text{--}4)$$

(9–3) 式にて

$$K = \left\{ \frac{\sin 2\alpha}{0.35} \left(\frac{1}{E_1} + \frac{1}{E_2} \right) \sigma_d^2 \right\} \dotfill (9\text{--}5)$$

ここに，K：K 値，α：かみ合い圧力角，d_1：小歯車のピッチ円直径 cm，d_2：大歯車のピッチ円直径 cm，R：減速比 d_2/d_1，ρ_1，ρ_2：曲率半径 cm，$\rho_1 = (d_1/2) \sin \alpha$，$\rho_2 = (d_2/2) \sin \alpha$，$P$：接線荷重（歯面荷重），$P = P_n \cos \alpha$ kgf/cm（歯幅 1 cm あたり）である．

K 値は，前述のように，ピッチングに対する歯車負荷能力の指標（歯面荷重）であるが，その単位は kgf/cm² で示し，また 14.22 倍して lbs/in^2 で表わすことが多い．

K 値は，舶用減速歯車の進歩によって，しだいに向上し，kgf/cm² 単位の数字にて，1955 年（昭和 30 年）頃，第 1 段が 5 程度（使用実績としての許容限度 $K \leqq 5.6$ kgf/cm²），第 2 段が 4 程度（使用実績としての許容限度 $K \leqq 4.75$ kgf/cm²）であったが，1965 年（昭和 40 年）以降では，製作者による多少の差異はあるが，平均して第 1 段が 9 程度，第 2 段が 7 程度に上昇した．

また K 値を高めるには，仕上げ精度，組立て精度の向上だけでなく，高硬度歯車材の使用と船体たわみの歯車に与える影響を少なくする必要がある．

9.6 歯車の配置

9.6.1 大小両歯車の配列による分類

減速装置において，互いにかみ合う両歯車のうち，直径の小さいほうの歯車を小歯車（ピニオン，pinion）といい，直径の大きいほうの歯車を大歯車（ギア ホイール，gear wheel）という．特に 2 段減速においては，第 2 段の大歯車を主歯車（メーン ギア，main gear）という．

歯車の配置は，大小両歯車の配列によって決められ，舶用主機蒸気タービンの場合，次の 3 方式に分けられる．

(1) ネステッド形（nested type，サンドイッチ形，sandwich type，さし入

第9章 減速装置

図9.4 (a) はその一例で，主歯車を2つに分割し，その間に第1段の大歯車をさし入れる。

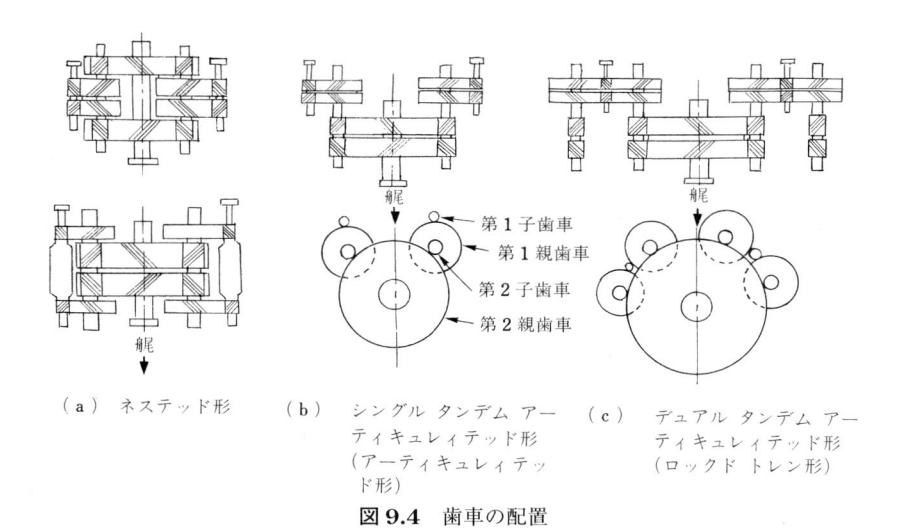

（a）ネステッド形　　（b）シングル タンデム アーティキュレイテッド形（アーティキュレィテッド形）　　（c）デュアル タンデム アーティキュレィテッド形（ロックド トレン形）

図9.4　歯車の配置

ネステッド形の特徴は，次のようである。
1. 構造が最も簡単である。
2. 1段と2段との間に，たわみ軸がないので，軸受の数が最も少ない。
3. 軸受間の距離が長く，歯のかみ合いが不良。
4. すえ付け場所が小。
5. おもに7355kW（10,000PS）以下に使用。

ネステッド形には，スプリットセコンダリ形とスプリットプライマリ形とがある。図9.5 (a)(b) は，これらを示す。

(2) シングル タンデム アーティキュレィテッド形（single tandem articulated type, タンデム アーティキュレィテッド形, tandem articulated type, アーティキュレィテッド形, articulated type）

図9.5 (c) に示すように，1つの駆動系（1台のタービンとプロペラ間の動力伝達）が1つのタンデム形（くし形）をなすものをシングルタンデム形といい，図9.6 (c) は，高，低圧の2つのタービンを持つ場合を示す。

(a) ネステッド タイプ
スプリット セコンダリ形

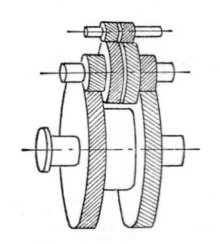

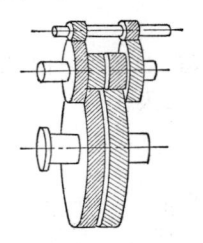

(b) ネステッド タイプ
スプリット プライマリ形

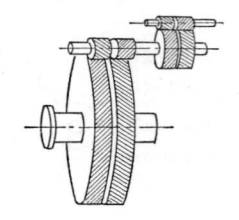

(c) シングル タンデム形

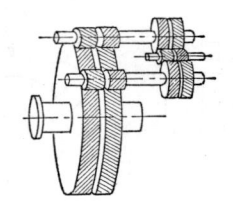

(d) デュアル タンデム形

1段，2段の間にたわみ軸とたわみ継手がある場合は，タンデム アーティキュレィテッドおよびデュアルタンデム アーティキュレィテッドとなる

図 9.5 歯車の配置

　シングル タンデム形の1段と2段との間を，たわみ軸（クイル軸）とたわみ継手で連結したものを，シングル タンデム アーティキュレィテッド形といい，図9.4 (b)，図9.7は，その一例を示す。
　シングル タンデム アーティキュレィテッド形の特徴は，次のようである。
1. 軸受の数が増す。
2. 軸受間の距離が短くなり，歯のかみ合いが良い。
3. 同一減速比の場合，多少質量が増す。
4. 歯車車室が小さく，取扱いが簡単で検査が便利。
5. 欠点として，すえ付け場所が大きい。
6. 約 22,065 kW (30,000 PS) 以下に採用する。

(3) デュアル タンデム アーティキュレィテッド形 (dual tandem articulated type, ロックド トレン形, locked train type)
　図9.5 (d) に示すように，1つの駆動系が2つのタンデム形をなすものをデュアル タンデム形といい，図9.6 (d) は，高，低圧の2つのター

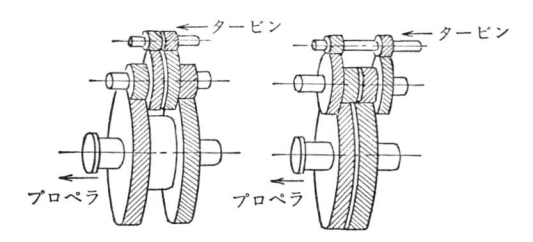

(a) スプリット セコンダ形(ネステッド形)
(b) スプリット プライマリ形(ネステッド形)
(c) シングル タンデム アーティキュレィテッド形
(d) デュアル タンデム形（ダブル ロックド トレン形）

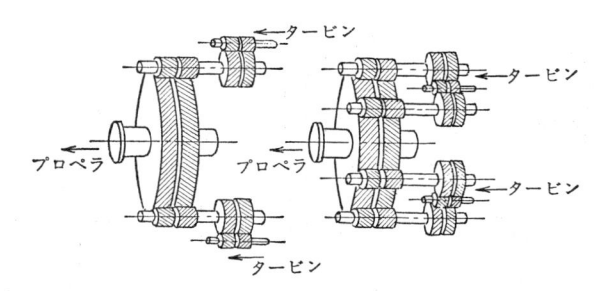

図 9.6　歯車の配置

ビンを持つ場合を示す。

　デュアル タンデム形の1段と2段との間を，たわみ軸（タイル軸）とたわみ継手で連結したものをデュアル タンデム アーティキュレィテッド形といい，図9.4 (c) に示す。

　デュアル タンデム アーティキュレィテッド形の特徴は，次のようである。

1. 構造が比較的簡単で，小形軽量となり，質量および容積が軽減できる。
2. 軸方向の距離が小。
3. 高精度の工作と精密な調整とを必要とする。
4. 高，低圧タービンの出力を4個に分けるので，シングル タンデム アーティキュレィテッド形に比べ，2倍のトルクが伝達でき，大馬力に適する。
5. 約 22,065〜36,750kW（30,000〜50,000PS）に採用する。

156　第2編　蒸気タービンおよび関連装置の構造と作用

高圧タービン側

給蒸 ←

低圧タービン側

① 第1段小歯車
② 第1段大歯車
③ 第1段大歯車軸
④ たわみ軸（高圧側）
⑤ たわみ軸（低圧側）
⑥ たわみ継手
⑦ 第2段小歯車
⑧ 主大歯車
⑨ 主大歯車軸
⑩ 主推力軸

図9.7　シングル タンデム アーティキュレイテッド形

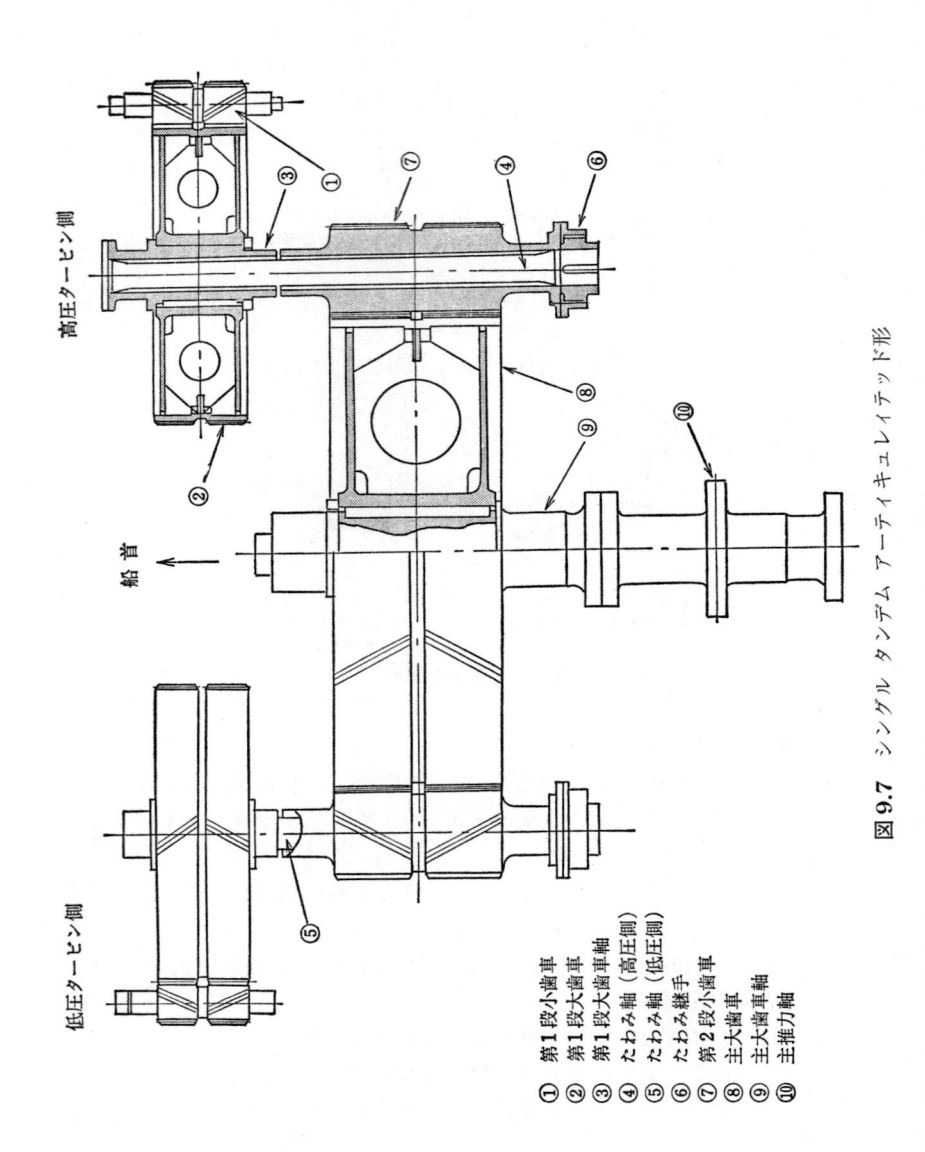

タービン出力が約 22,065 kW（30,000PS）を越え，プロペラ回転数を 80〜90 rpm 以下とするようになってから，すなわち 1969 年（昭和 44 年）頃以来，減速装置はほとんどこの方式が採用されている。その理由は，おもに馬力と容積（スペース，space）の点である。

9.6.2 歯車減速装置およびタービンなどの平面的配置による分類

平面的配置による分類で，現在使用されているものは，次のようである。

(1) コンベンショナル形（conventional type）

　低圧タービンを復水器の上に装備し，高，低圧タービンを中間軸（推進軸）の平面より高く配置したもので，コンベンショナル 2 プレン式（2 面式）と，コンベンショナル 3 プレン式（3 面式）とが多く採用されている。

　図 9.8 は，これを示す。

　この形式は，ぎ装において，高さが高くなるが長さが短くなる。図 9.8 にて，(a) は (b) よりもタービン中心間の距離が短縮できる。

(2) シングル プレン形（1 面式，single plane type）

　高，低圧タービン，減速歯車，主復水器が中間軸（推進軸）を含む一平

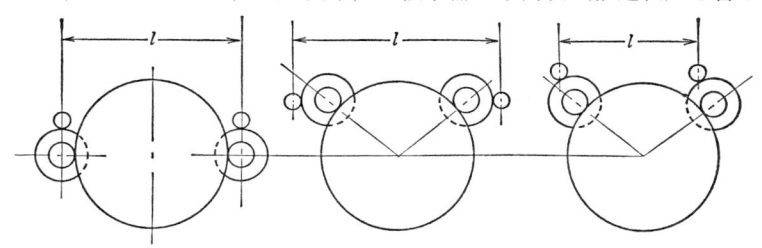

(a) 2プレン式（2面式）　(b) 2プレン式（2面式）　(c) 3プレン式（3面式）

l：タービン中心間の距離

図 9.8 コンベンショナル形

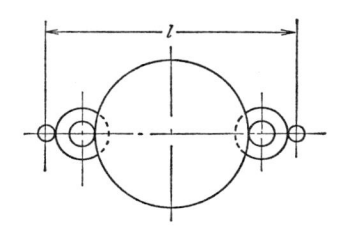

l：タービン中心間距離

図 9.9 シングル プレン形

面上に配置され，全体が5ブロック，すなわち高圧タービンおよび高圧第1段減速装置，低圧タービンおよび低圧第1段減速装置，第2段減速装置，主復水器，主潤滑油ポンプ，油だめタンクおよび諸管装置からなっている。

この形式は，ぎ装において，高さを低くすることができ，点検，組立てが容易である。

図9.9は，シングル プレン形を示す。

9.7 たわみ軸（可とう軸，flexible shaft, クイル軸，quill shaft）

2段減速歯車装置では，第1段大歯車軸と第2段小歯車軸とを別個とし，第1段大歯車軸と第2段小歯車軸の内部，または第2段小歯車軸の内部だけを中空とし（中空軸にする），その内部に，歯車軸との間にすきまを持たせた別個の軸をそう入（通す）する。この軸をたわみ軸という。

前者の場合には，図9.10に示すように，第1段大歯車軸とたわみ軸とはフランジで固定し，また，たわみ軸を仲介とし，たわみ継手によって第2段小歯車軸に連結する。この場合，たわみ軸は第1段大歯車軸内と第2段小歯車軸の中空を共通して貫通する。

後者の場合には，第2段小歯車軸内のたわみ軸の両端に，たわみ継手を装備するか，または第2段小歯車内のたわみ軸の船首端は，第2段大歯車軸に，フランジ継手によって結合し，船尾端は，たわみ継手によって結合する。

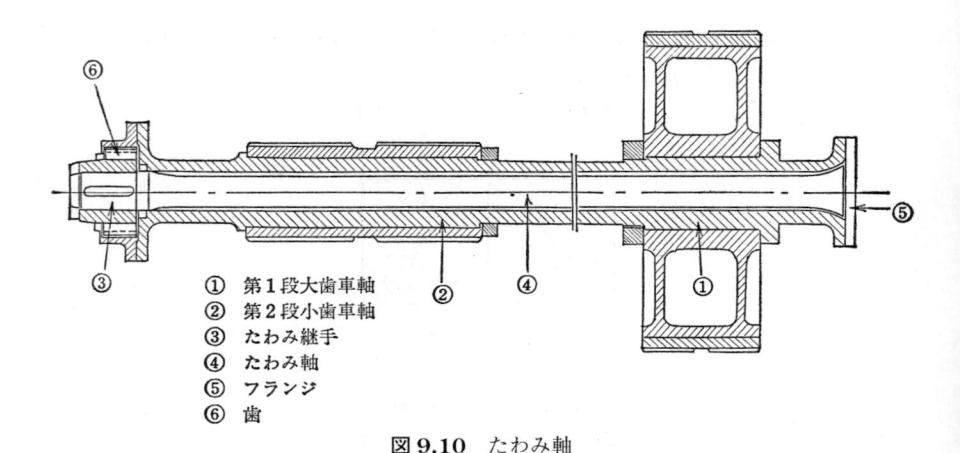

① 第1段大歯車軸
② 第2段小歯車軸
③ たわみ継手
④ たわみ軸
⑤ フランジ
⑥ 歯

図**9.10** たわみ軸

第9章 減速装置

たわみ軸を設ける理由は，中空軸とのすきまにおいて，たわみ軸のたわみのため，歯のかみ合いに無理をせず，歯が互いに影響を及ぼし合わぬことにより，歯面を保護するのが目的で，次のような効果がある。
1. 歯車のかみ合い誤差を吸収する。
2. 僅少なピッチ誤差を吸収する。
3. 急激なトルクの変動に対し，衝撃を防止する。

たわみ軸の材料は，Ni鋼，Cr－Mo鋼，鍛鋼を使用する。

9.8 たわみ継手（flexible coupling）

たわみ継手は，2軸の中心線がわずかに食い違っているか，わずかに傾いている場合に使用し，舶用主機用は，次の個所に設けられる。（図9.11）
1. タービン軸端と第1段小歯車軸端との中間軸の両端に使用した結合で，高速たわみ継手（high speed coupling）といい，図9.12はこれを示す。

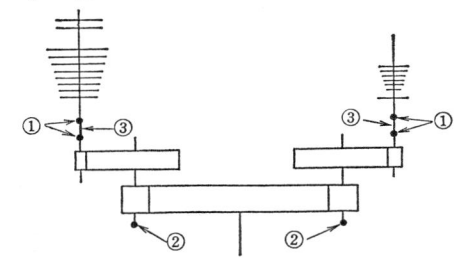

① 高速たわみ継手　② 低速たわみ継手　③ 中間軸
図 **9.11**　たわみ継手の取付け位置

2. 第1段大歯車軸と第2段小歯車軸との結合（たわみ軸と第2段小歯車軸との結合になる）に使用し，低速たわみ継手（low speed coupling）といい，図9.13はこれを示す。

たわみ継手は，軸方向に自由に動くことができ，また，わずかに傾くこともできる。

たわみ継手を設ける理由は，トルクを伝えることのほか，たわみ軸と同様に，歯面の保護が目的で，次のような効果がある。
1. 温度変化による軸系各部の膨張差を吸収する。
2. 中心線に，わずかの変化を生じても，軸系に無理を生じない（組立ての不良や運転中の温度変化）。
3. 軸の軸方向移動が容易なため，歯の局部摩耗を防止し，歯面荷重の均一分布ができる。

たわみ継手の種類には歯形とつめ形とがあり，舶用主機には歯形が最も広く用いられ，つめ形は，ほとんど用いられることがない。

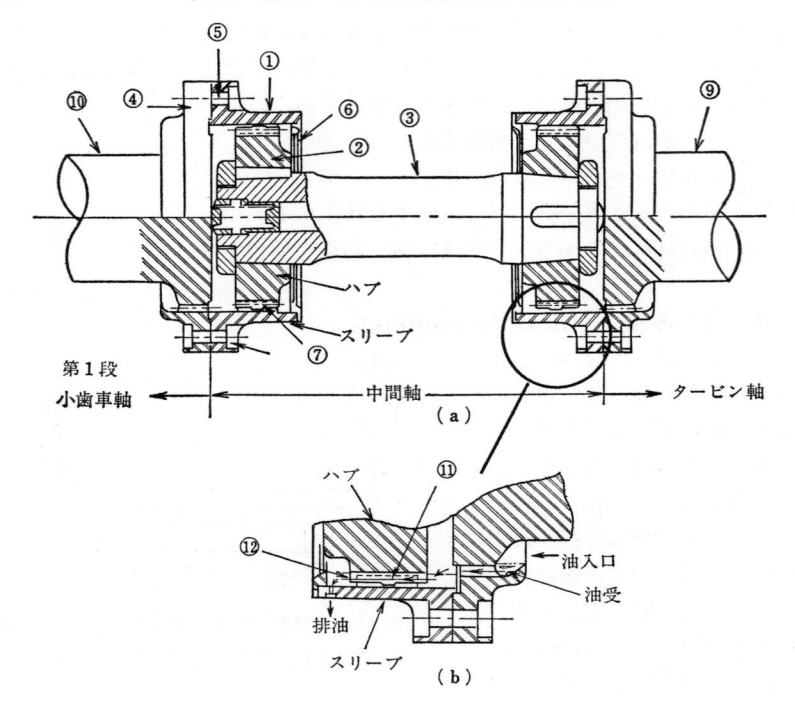

①	スリーブ	⑤	リーマ ボルト穴	⑨	タービン軸
②	歯輪(ハブ)	⑥	油受カバー	⑩	第1段小歯車軸
③	軸(カップリング センタ)つぎ手軸	⑦	歯(接触部,歯のかみ合い面)	⑪	内 歯
④	フランジ	⑧	リーマ ボルト	⑫	外 歯

図 9.12　高速たわみ継手

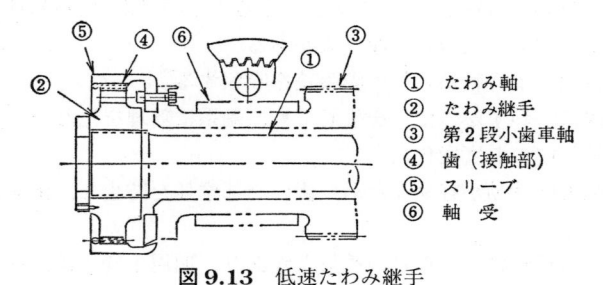

① たわみ軸
② たわみ継手
③ 第2段小歯車軸
④ 歯（接触部)
⑤ スリーブ
⑥ 軸 受

図 9.13　低速たわみ継手

次に，たわみ継手の構造について説明する。
(1) 歯形たわみ継手（歯車形，ギア形，teethed type coupling, gear type coupling）

歯形たわみ継手には，両歯形と片歯形とがあり，接触部の形状を歯車形としたものである。これらは，ピッチの小さい歯を持ったかみ合い歯車により，トルクを伝達するもので，内歯→外歯，または外歯→内歯→内歯→外歯の順で歯車をかみ合わせ，特に軸方向の運動を自由にした点が特徴である。

図9.12，図9.13は歯形たわみ継手を示し，図9.12は川崎重工業(株)，図9.13は三菱重工業(株)にて使用のものである。

トルクは，たわみ軸によって船尾側のたわみ継手（かみ合い継手）に伝達され，さらに，歯車（歯の接触部）を経由し，スリーブから第2段小歯車に伝達される。図9.13はこれを示す。

なお，たわみ継手では，かみ合せ歯の摩耗を防ぐため，歯面部に潤滑油を注入する。

タービン ロータと第1段小歯車との連結には，両歯形たわみ継手を，また第1段大歯車と第2段小歯車との連結には，片歯形たわみ継手を使用する。材料には，Cr-Mo鋼が多く使用される。

① タービン側継手　⑤ テーパ ピン　⑨ 止めねじ
② リーマ ボルト　⑥ 油受カバー　⑩ 平小ねじ
③ みぞ付ナット　⑦ スリーブ継手
④ 割ピン　⑧ かみ合い継手

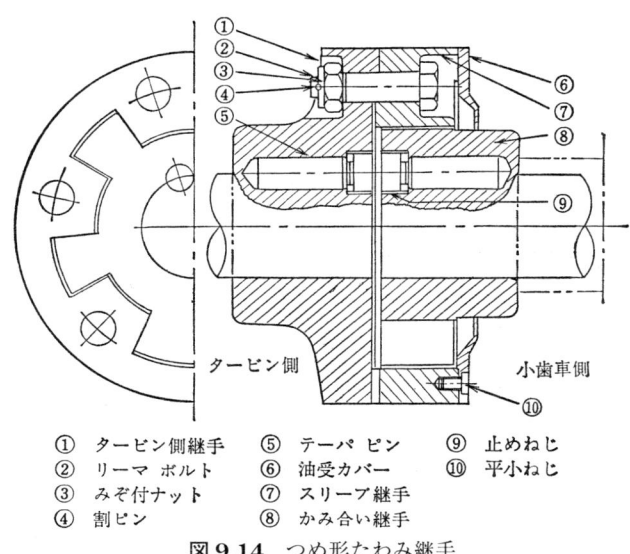

図 **9.14**　つめ形たわみ継手

たわみ継手の歯車には，バック ラッシを設け，普通 0.2～0.4 mm 程度で，その摩耗限度は 1 mm ぐらいである。バック ラッシが増加すると，不平衡トルクによって衝撃力を受けやすく，歯面の点食，歯の折損，騒音などの原因となる。

歯形たわみ継手は，接触部が点接触で，潤滑油の回りがよく，冷却良好で焼付きが少ない。また回転モーメントや曲げモーメントが均等になる。

(2) つめ形たわみ継手（クロー形，claw type coupling）

昔時，多く用いられた形式である。

図 9.14 は，つめ形たわみ継手の一例である。

タービン側継手①とスリーブ継手⑦は，リーマ ボルト②によって連結する。スリーブ継手⑦とかみ合い継手⑧（小歯車軸に固定されたもの）とは，つめ形のかみ合いによって連結され，回転力は，タービン軸より小歯車軸に伝達される。なお，タービン軸とタービン側継手①とは，テーパ ピン⑤によって固定される。

つめ形たわみ継手の欠点は，次のようである。

1. 可とう作用が，3軸方向のうち，主として単一方向だけに限定されること。
2. 各つめに対する圧力負担が一様でないときは，部分的に高温となり，焼損または摩減を増し，そのために起こる不均等回転モーメントや曲げモーメントは，振動発生の原因となる。

9.9 その他の減速装置

9.9.1 液体減速装置

液体減速装置は，構造が複雑，減速比が小，伝導効率が低いなどの欠点が多く，現在では，ほとんど使用されていない。

9.9.2 電気減速装置（電気推進装置）

電気減速装置は，タービンまたはディーゼルにて発電機を運転し，その発生した電力で低速の電動機を回転し，これに直結したプロペラ軸を回転する方式で，電気推進装置ともいう。すなわち発電機と電動機との回転比を適当に取り，減速運転を行うものである。

蒸気タービンを用いた電気推進をターボ電気推進といい，タービンの回転方向は常に一定で，プロペラ軸に直結した電動機を電気的に切り替え，その回転を逆転させて後進を行うものである。

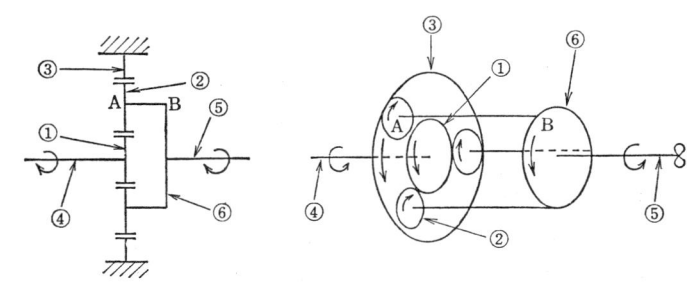

① 太陽歯車　③ 固定環輪　⑤ プロペラ軸
② 遊星歯車　④ タービン軸　⑥ 遊星枠　　━┼━：歯のかみ合い

図 9.15　遊星歯車装置の構成

9.9.3 遊星歯車装置

　遊星歯車装置は，太陽歯車（sun gear），遊星歯車（planet gear），環輪（fixed annulus）などの3主要部から成っている。

　その構成は図9.15に示すように，中央に太陽歯車が位置し，その周囲には，等間隔に配置された3個またはそれ以上の遊星歯車があり，太陽歯車とかみ合って一体の遊星わくにより支えられている。遊星歯車の外周には，これとかみ合う環状の内歯歯車が設けられている。このような構成により，太陽歯車の周囲を，数個の遊星歯車が，自転しながら公転する機構である。

　遊星歯車には，プラネタリ（planetary）形とスター（star）形とがあり，後者は，構造が複雑となるために，いまだ実用化されていない。

　遊星歯車の特徴は，次のようである。
1. 小形軽量である。
2. 高速，高出力の減速に適する。
3. 伝導効率，98.5%程度で高い。
4. 入力側と出力側とが同心である。
5. インターナル セルフ アライメント（internal self alignment）が行われるので，ミス アライメント（miss alignment）にかかわらず，常に良好なかみ合いができる。

第10章　タービンの付属装置

10.1　調速装置
10.1.1　蒸気タービンの出力調節（加減）装置（速度制御装置）

　舶用主機蒸気タービンは，必要に応じ，出力を変更，調節することが多い。出力は，タービンの回転数を増減する速度制御によって行われ，したがって，これによりプロペラの回転数が変化する。

　タービンの出力は，次式で示される。

$$N_t = \eta_e \, m H_a \quad \cdots\cdots\cdots\cdots\cdots\cdots\cdots\cdots\cdots\cdots\cdots\cdots\cdots\cdots\cdots\cdots\cdots\cdots (10\text{--}1)$$

ここに，N_t：タービンの出力，η_e：有効効率，m：蒸気流量，H_a：タービンの理論断熱熱落差（エンタルピ差）である。

　(10–1) 式より，タービン出力の変更は，蒸気流量 m または理論断熱熱落差 H_a を変化させるか，あるいは両者を同時に変化させればよい。

　タービンの出力調節法には，操縦弁の開度による絞り調節と，ノズル数の加減によるノズル加減調節とがある。

　前者は m と H_a を変化させ，後者は m を変化させる方法である。なお，H_a を変化させるのは，入口側の蒸気条件（圧力）が変更し，エンタルピの利用が

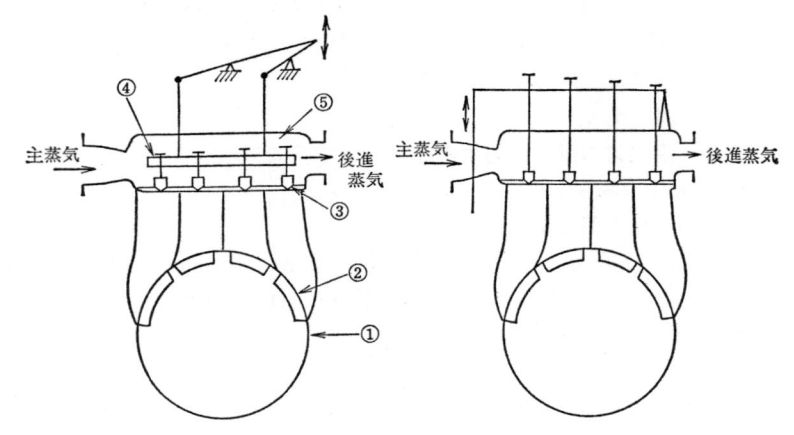

① 高圧車室　② ノズル群　③ ノズル弁（調整弁）　④ バー（つり上げ板）　⑤ 蒸気室

図 10.1　ノズル加減調節法

十分できないので不経済となり,衝動タービンでは有利でない。

これら2つの方法は,舶用主機蒸気タービンの出力調節装置として使用されるほか,補機用タービン（発電機など）の調速装置の一部分（操作部）として使用され,絞り調速法,ノズル加減調節法といわれている。図10.1は,ノズル加減調節法を示す。

絞り調節法は,操縦弁を絞り,その開度の多少により蒸気量の増減を行うと同時に,蒸気条件が変わって（入口圧力が変化する）,理論断熱熱落差を減少させる方法である（図10.2にて H_0 が H_0' となる）。

ノズル加減調節法では,前進蒸気操縦弁は,バーリフト（bar lift）形の1本のバーの上下により,そのバーに設けられたプラグ形の数個のノズル弁（調整弁）が順次開閉する構造である。

次に,絞り調節法とノズル加減調節法との優劣を比較すると,次のようである。

1. 熱効率は,負荷軽減（低負荷）のとき,ノズル加減調節法が少し優っている（効率の減少が少ない）。

    図10.2の $h-s$ 線図において,ノズル加減調節法の全負荷時および負荷軽減時の蒸気の動作状態をそれぞれ ABC………E, A'B'C'………E' とすれば,全熱落差は, H_1 から H_1' に減少する。

    また絞り調節法では,全負荷時の蒸気の動作状態は,ABC………E,負荷軽減時は,絞りの前後における（入口側）蒸気のエンタルピが一定であるから,A は A″ になり,蒸気の動作状態は A″B″C″………E″ となり全熱落差は H_1 から H_1'' となる。

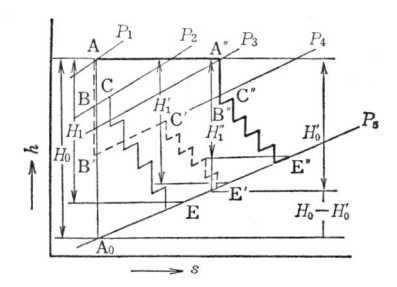

——— 全負荷時の蒸気の動作状態（ノズル加減調節法,絞り調節法）
---- 負荷軽減時の蒸気の動作状態（ノズル加減調節法）
・・・・ 負荷軽減時の蒸気の動作状態（絞り調節法）

図 10.2 絞り調節法とノズル加減調節法との比較
（$h-s$ 線図における蒸気の状態変化）

H_1' と H_1'' とを比較すると，H_1' が大きく，ノズル加減調節法の熱効率が少し優っていることがわかる。

ノズル加減調節法の負荷軽減時において，第1段の圧力降下が P_1-P_2 から P_1-P_4 へ，また第1段の熱落差も AB から AB′ に増加する。したがって第1段の蒸気速度が増加し，第2段以降の熱落差が減少する。すなわち熱落差は，第1段にて増加し，第2段以降では減少する。このため，第1段は蒸気速度の増加につれて摩擦損失も増加し，蒸気の状態変化は，全負荷のときよりも図 10.2 のように右方となる。

ここに，第1段の圧力降下と熱落差の増加および第2段以降の熱落差の減少は，次の理由である。

すなわち部分負荷のときは蒸気量が減少し，第2段以降の各段においては蒸気通過の面積が同一のため，これらの段は流速が減少し，熱落差も減少する。したがって，第1段の熱落差がそれだけ増加し，全負荷時よりも逆に増加する。

2. 装置については，絞り調節法は簡単であるが，ノズル加減調節法は複雑である。
3. 適用として絞り調節法は，反動タービン（全周流入であるから）または衝動タービン，ノズル加減調節法は衝動タービンだけに使用する。また両形式を併用にしたものでは，航海中（負荷の大なるとき）の出力調節にはノズル加減調節を，出入港時（負荷の小なるとき，たとえば 1/2 負荷以下）には，操縦弁による絞り調節によることが多い。この併用した形式を絞り流量調節（combined type governing）と呼んでいる。

10.1.2 過速度調速機（過速度防止装置，over speed preventer, limited governor）

タービン軸（またはプロペラ軸）の回転数が規定の回転数を超過する危険防止のため，過速度調速機を設備する。

舶用主機蒸気タービンは，従来，超過速度非常調速機（emergency governor）により，主蒸気止め弁を自動的にしゃ断（shut off）する方式が採用されて来た。最近では，おもに，過速度防止装置として，蒸気をしゃ断せず，過速度にならないよう，制限，調整する方式が採用され，二次的に，または注文者の要請により，しゃ断装置を取り付けることが行われている。連続最大出力回転数の 3～4.5% 以上上昇した場合，作動を開始して蒸気量を加減し，速度の過上昇を防止するようになっているものが多い。

過速度調速機（過速度防止装置）は，タービン軸の先端に設けた調速機羽根

車（ガバナ インペラ，governor impeller）の吐出圧力が，羽根車の回転速度の2乗に比例することを利用した油圧式（hydraulic governing）である。

10.2 安全装置（保護装置）

・危急しゃ断装置

危急しゃ断装置（安全装置）は，主機タービンを運転中，故障によって非常状態が発生した場合，危急に蒸気をしゃ断してタービンを非常停止させ，事故を未然に防止してタービンを保護する安全装置である。

このような危急しゃ断装置をトリップ（trip）装置という。

危急しゃ断装置が作動する場合は，数種の対象がある。そのうち，潤滑油系の圧力低下と手動停止装置（手動トリップ）は，船舶機関規則および日本海事協会（NK）規則に規定されている。なお，手動停止装置とは，非常時にタービンを急停止する必要のあるとき，非常用手動トリップ弁によるものである。

危急しゃ断装置（安全装置）は一般に図10.3に示すような部分から成っている。

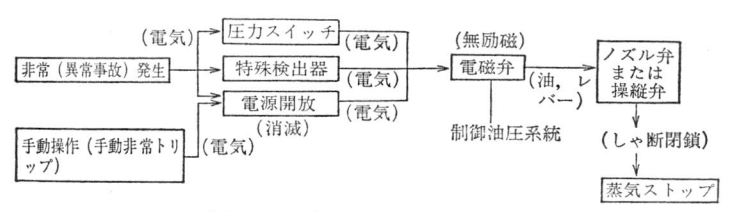

図10.3 危急しゃ断装置の構成

第3編 蒸気タービンおよび関連装置の運転と管理

第11章 蒸気タービンおよび関連装置の取扱いと保全

11.1 タービンおよび関連装置の取扱い

11.1.1 暖機（warming up）

一般に，蒸気原動機は，運転前の事前操作として暖機が必要で，蒸気タービンでは，車室とロータとの膨張差，および車室やその他各部品内に起こる不同膨張などにより，内部すきまの増減が著しく，羽根やラビリンスの接触，ロータ軸の中心線の狂い，温度不同による羽根車の変形，ロータ軸の湾曲などのため異常振動を発生する。このような事故を防止するため，暖機を行っている（なお暖機不十分の場合には前述のような事故を発生する）。

・暖機中の注意事項
1. 蒸気管およびタービン車室のドレン弁を全開し，ドレンを十分に排除する。
2. パッキン蒸気の供給，調整を行って，冷気が車室内に侵入し，軸端部の暖機が不良にならないようにする。
3. 復水器の真空は，規定以上に上げないこと。上げ過ぎると，車室内圧力が上昇した場合，タービンが回転する（パッキン蒸気暖機）。
4. タービン車室の膨張量に注意し，左右が均等に膨張することを確かめる（最近では，車室の膨張計測を行わないで，時間プログラムにて，膨張量を推定するものが多い）。
5. 機関室の通風により，タービンの局部的冷却を起こさないようにする。

11.1.2 回転暖機および試運転

回転暖機および試運転中は，プロペラが回転する。このため，各部間の連絡を密にし，また各部においては，責任のある体制の下に行うことが必要である。

・回転暖機および試運転中の注意事項

1. 蒸気管およびタービン車室のドレン弁を全開し，ドレンを十分排除する。
2. パッキン蒸気の調整に注意する。
3. タービン車室，減速車室内の音響を聴診棒で調べる。
4. タービンの振動に注意する。
5. 前進から後進に移行のとき，ロータ軸の移動，すなわちタービン スラスト軸受のすきまに注意する。
6. 始動が困難な場合，その原因を調べ，適当な処置をする（ドレンが車室内に多量滞留することがある）。

11.1.3 航海中（運転中）の注意事項

1. 潤滑油

　　タービンの運転中，潤滑油については，次の点に注意する。

　　潤滑油の圧力および温度，温度変化に注意し，規定の範囲以上および以下にしないこと。潤滑油系統の圧力，温度は，最も注意が必要である。

2. ドレン

　　航海中は，各ドレン弁は全閉する。運転中のタービンにドレンが入ると，重大な障害を起こすので，蒸気管や車室内にはドレンが滞留しないように排除する。

　　増速，負荷増加の場合には，ドレンの発生や浸入のおそれがあるので十分注意する。なお，ボイラの気水共発（プライミング）によって，ドレンが浸入することがある。

3. 振動

　　タービンに振動が発生したときは，至急タービンを停止し，その原因を調査する。原因不明のまま，ふたたびタービンを起動することは，絶対に行うべきではない。責任者に報告して処置することが重要である。

4. 復水器の真空（真空度）

　　復水器の真空は，海水の温度，タービン出力などによって変化する。

　　復水器の真空が低下すると，熱効率や出力が減少する。復水器の真空は，次のような原因で低下する。ⓐ 冷却水量過少，ⓑ 復水量増加，ⓒ 海水温度上昇，ⓓ パッキン蒸気不足にて多量の空気の漏入，ⓔ 冷却管の汚損が大，ⓕ 空気エゼクタの蒸気不足および作動不良（汚損），ⓖ 復水器の水準が高い（密閉給水弁の作動不良）などである。

　　復水器の真空が低下した場合には，ⓐ 空気エゼクタや真空ポンプの効果を強くする，ⓑ パッキン蒸気を調節するなどの処置をする。

また空気量が多い場合には，復水温度は，真空計の真空度に相当する飽和温度より低くなる。その理由は，復水器中に蒸気と空気とが混在する場合，ダルトンの法則により，真空計の圧力は蒸気の分圧と空気の分圧との和を示す。したがって，器内の蒸気の分圧は，真空計に表われる圧力よりも低いためである。

5. その他

その他として，ⓐ グランド パッキン蒸気を過不足のないように調節する（過度に多くなると蒸気が吹き出て，潤滑油中に多量のドレンが混入する），ⓑ 車室の膨張を計測する，ⓒ 復水器内の復水を計測して塩分を検査し，海水の漏えいを調査する，ⓓ 減速歯車室内の異常の有無を聴診棒にて調べるなどである。

11.1.4 オート スピニング

オート スピニングの目的はドレンを排除し，冷機までのロータ軸の湾曲を防止することにある。

スタン バイ（stand by）時やタービンの運転終了時などでタービンの回転が停止のとき，長時間停止によるロータ軸の湾曲を防止するために，操縦レバー（コントロール レバー）が停止の位置にあり，タービンの回転が停止した場合，自動的に前進または後進方向にスピニング（spinning）を行わせる装置がオート スピニング装置である（一定時間ごとに前進および後進の蒸気弁を自動的に交互に開閉し，前，後進の回転をくり返す）。

図11.1において，操縦レバーが停止位置にあって，タービンが停止すると，プロペラ軸の零回転位置を検出し，約2分間継続すると，自動的にスピニング開始の指令を出し，同時にオート スピニングのランプが点灯表示する。その後，スピニングは約2分間隔で，前進ノズル弁と後進操縦弁を交互に開閉し，前，後進をプロペラ回転数で5〜10 rpmにてくり返

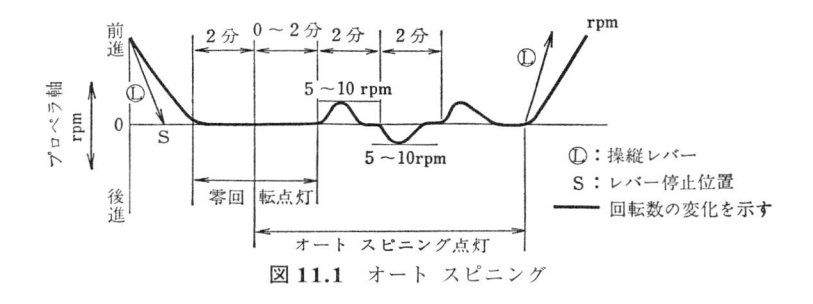

図11.1 オート スピニング

す。

11.1.5 運転中に発生する故障

(1) タービンの振動

　蒸気タービンの振動には，縦振動，横振動（屈曲振動，曲げ振動），ねじり振動などがあり，おもに横振動が問題になる。

　タービンの回転部，すなわち軸，ロータ，羽根などに発生する故障は，そのいずれも，結果的には，ほとんどタービンの振動現象として現れる。

　タービンの振動の原因には，次のようなものがある。

1. ロータ（羽根車）および軸の不つり合い

　　ⓐ 製作時の動または静不つり合い。ⓑ 材質の不均一。ⓒ 工作上の誤差。ⓓ 軸心と重心の不一致。ⓔ 軸の湾曲。ⓕ 羽根やロータにスケール付着。ⓖ 羽根や囲い板の折損。

2. 内部接触

　　ⓐ 軸とラビリンス　パッキンとの接触。ⓑ スラスト軸受の摩耗。ⓒ ロータや仕切板の屈曲。ⓓ 軸方向の位置調整の不良。

3. 軸受の事故

　　ⓐ 軸受すきまの過大（ホワイト　メタルの摩耗）。ⓑ 軸受油膜の不安定（オイル　フワーリング）。ⓒ 軸受の過熱。

4. ボイラからのドレン

　　ⓐ 暖機不十分でドレンの発生が多い。ⓑ 気水共発（プライミング）。

5. 危険速度

　　ⓐ 危険速度に対する設計不良。ⓑ 起動時，危険速度通過に対する操作の不良。

6. すえ付け，組立て

　　ⓐ 心出しの不良（軸中心線の狂い）。ⓑ 車室足部のすべり不良。ⓒ 車室連絡蒸気管の取付け不良。ⓓ 船体のたわみ。

7. 調速段の羽根の振動

　　調速段の羽根は，部分流入による共振（これによって周期的な衝撃作用を受ける）やノズル　レゾナンス（nozzle resonance，ノズル後流に対する共振）などによって振動を発生し，羽根を破損することがある。

8. 長い羽根の振動

　　羽根の長い低圧段では，特殊な条件の下で危険振動を起こしやすい。

　　回転数が広範囲に変動する舶用タービンでは，すべての回転数に対して共振を避けることは難しい。このため，計画出力において共振を避け

るようにする。共振時通過に際しては，共振時にその振幅が早く小さくなるように，減衰能が大きく，十分な強さを持つ材料を使用するのがよい。
(2) 軸受の温度上昇
　1. 軸受に関係するもの
　　　ⓐ 軸受設計の不良。ⓑ ホワイト メタルの調整不良。ⓒ 軸受すきまの減少。ⓓ 油みぞの不適当。ⓔ 中心の狂い。ⓕ 軸受への伝熱が大きい。
　2. 潤滑油に関係するもの
　　　ⓐ 潤滑油量不足（油ポンプの故障，油管のつまり，油こし器のつまり，油タンクの油面低下）。ⓑ 油冷却器（冷却器の容量不足，冷却管の汚れ，冷却水の温度上昇，冷却水量不足）。ⓒ 油の変質（油冷却器冷却管の破損，不良油の混入，油の清浄不良，ドレン混入および油の加熱）。ⓓ 油中の異物（ドレンおよび空気の混入，油管の掃除不十分，油不良）。ⓔ 潤滑油選定の不良。
(3) 減速装置の騒音，振動
　1. 歯車の加工精度の不良（ピッチの不正確など）。
　2. 歯車の仕上げ精度の不良（一対の歯のすり合わせ不良など）。
　3. バック ラッシ（歯車）の過大，あるいは過小（油膜の形成不良）。
　4. 歯車の静的，動的つり合いの不良（このため油膜形成の不良）。
　5. 軸心の不一致，すえ付けの不良。
　6. 歯車車室の強度，構造の不良。
　7. 積荷などの船体のひずみ。

11.2　タービンおよび関連装置の損傷
11.2.1　車室の損傷
・車室の損傷
　車室の損傷には，次のようなものがある。
　1. き裂（クラック，crack）
　　　車室の内側，特にフランジ部の付近にき裂が発生する。その原因は，長期使用の加熱冷却のための熱応力によるもので，熱応力によって塑性変形をなし，応力のくり返しに起因する疲労の結果である。
　　　運転中のように，車室内面温度が外面温度より高い場合には，外面に引張応力，内面には圧縮応力を生ずる。また，内外面の温度こう配が逆

のとき，外面に圧縮応力，内面に引張応力を発生する。

車室のき裂は，車室の外面にも発生し，湾曲部のすみ部に多く発生する。

車室の損傷に対し，取扱い者として特に注意することは，温度の急変する暖機，起動および停止時の取扱いである。

一般に，蒸気タービンでは，車室温度の上昇（温度変化）は，1時間あたり280℃程度が最大といわれている。

2. 車室締付けボルトの折損（保全に関係）

車室の水平継手フランジと締付けボルトの間には温度差があり締付けボルトの温度が低いので，膨張差による引張応力がボルトに加わる。温度差は特に起動や暖機のときに大きい。このような状態で長期使用によりボルトは塑性変化して伸びるため，ついに折損する。

3. 水平継手フランジ面の蒸気漏れ（保全に関係）

フランジ部の締付けの不良，フランジ面の変形などにより，水平継手面より蒸気が漏えいする。このようなとき，フランジ面のすり合わせ修理をする。

また蒸気漏れがないように，上下車室のフランジを固く締め付け，十分気密を保つ必要がある。このため直径の大きいボルトでは，スパナの締付けのほか，ボルトの中心に穴を通し，電熱やガスバーナなどにより内部から膨張させ，ボルトが所要の長さに伸びたとき，ナットを軽く締め付ける。なお継手面は，気密のため，十分に仕上げる必要がある。

11.2.2 軸（ロータ軸）の損傷

軸（ロータ軸）の損傷で最も多いものは軸の湾曲で，タービンの損傷のうち，きわめて重大な故障である（航行不能となる）。

・軸の湾曲（曲がり）の原因

蒸気タービンに振動が発生すると，ほとんどの場合，軸が湾曲する。このように，振動の過程を経て，軸が湾曲する。このため，振動の原因は，軸湾曲の原因と同一に考えられる場合が多い。

軸の湾曲の原因は，大別して，設計，工作および取扱いの欠陥であるが，ここでは，取扱いに関するものについて説明する。

その原因となるものには，次のようなものがある。

1. 局部的不均一加熱および冷却により，ラビリンスと軸とが接触した場合（接触により，軸が過熱されて湾曲する）。

ⓐ 車室が局部的に冷却し，変形を生じたとき。ⓑ グランド部がドレ

ンにより急冷されたとき（グランド パッキン蒸気とともにドレンが入ったとき）。ⓒ グランドからドレンが入り，ロータ（羽根車）が不均一に冷却されたとき。ⓓ グランド部より冷気を吸入したとき（グランド蒸気に不足）。ⓔ 暖機不良にて，不均一加熱のとき。
 2. ドレンに起因する場合
  ⓐ 気水共発（プライミング）のため，スラスト荷重が大となり，スラスト軸受の焼損のとき。ⓑ 暖機不足，ドレン排除不良などのため，車室内にドレンが滞留したとき。
 3. その他
  ⓐ 車室内に異物侵入。ⓑ 危険速度通過時の操作不良（弾性軸のタービン）。ⓒ 注油不足による軸受の焼損（軸が下降し，ラビリンス パッキンと接触し，過熱されて変形し湾曲する）。ⓓ 組立て時のセンタリングの不良。

11.2.3 タービン軸受（ジャーナル軸受，スラスト軸受）の損傷

(1) ジャーナル軸受の損傷
  ジャーナル軸受の軸受焼損の原因には，次のようなものがある。
 1. 軸受への潤滑油の供給停止
  ⓐ 潤滑油ポンプの故障。ⓑ 潤滑油重力タンクの液面低下。
 2. 軸受への潤滑油の供給不十分（不足）
  ⓐ 潤滑油の圧力不足。ⓑ 潤滑油中への固形物，不純物，油あか，水分などの混入。
 3. 軸受の調整不良
  ⓐ ホワイト メタルの当り不良（荷重が過大となる）。ⓑ 油みぞの端やかどのかえり。ⓒ 軸受すきまの不足。ⓓ 軸受の中心線の狂い（タービンの組立て不良）。
  そのほか，軸受温度の異常上昇やホワイト メタルの摩耗などがあり，これらの原因は次のようである。
  軸受温度の異常上昇は，軸受の調整不良，潤滑油の供給不十分，グランドパッキン蒸気の漏えい，軸受への伝熱が大きいなどであり，また，ホワイトメタルの摩耗は，材質の不適当，潤滑油の不良，潤滑油の水分の多いときなどに起こる。

(2) スラスト軸受の損傷
  スラスト軸受の軸受焼損の原因には，次のようなものがある。

1. 潤滑油の供給停止および不十分。
2. 潤滑油の不良（固形物，不純物，油あか，水分などの混入）。
3. パッドの加工，調整の不良および摩耗。
4. スラスト荷重の異常増加（気水共発など）。

11.2.4 歯車減速装置の損傷

歯車の損傷を表 11.1 に示す。

歯面の損傷には，そのほか，スポーリング（spalling）やゴーリング（galling）などがあるが，舶用減速歯車には，その発生例はほとんどない。

スポーリングは冶金的疲労の一種で，比較的大きな金属片を歯面から取り去る現象である。金属は引張，圧縮およびせん断を受け，せん断力は，表面下のある深さで最大値に達する。この応力は，通常，設計範囲内にあるが，中心線の不良，材質の欠陥，過大荷重により疲労限度を越えることがある。その結果，表面下に疲労割れが生じ，ついに金属片が歯面から脱落し，傷跡にかなりの大きさのくぼみを残す。スポーリングは，ピッチ ラインより下方の歯元の面に起こりやすい。

ゴーリングは，歯面から金属を取り去る別の形の損傷で，初期には，スコアリング（スコーリング，scoring）と呼ばれ，過度の運転か油の不適当のため，荷重を支える油膜が破れて生ずる損傷である。その原因は，歯面の油膜の破壊により，境界潤滑となって歯面の局部的な微小突起部分が直接接触するようになる。さらに，その突起部分が圧力（荷重）と速度（すべり）のくり返しを受けて高温となり，ついに金属間が溶着を生ずるようになる。工作，材質の不良または潤滑の不良（油膜強度の不足，油量の不足，油の不良など）によって起こる。

表 11.1　歯車の損傷

損傷の種類	原　因	対　策
歯の折損 （欠損） 小歯車の端部の歯の折損が多い	1. くり返し曲げ応力による疲労 　① 歯のピッチ誤差が大 　② ヘリカル角度が合わない 　③ 歯面の当りが局部的 　④ 歯元の丸味が過少 　⑤ そのほか歯形の不良（歯元部の折損が多い） 2. 歯のピッチングの進行による（歯の中央部でも折損する） 3. 腐食疲労（潤滑油に海水混入） 4. 材料，工作の欠陥（歯元のき裂潜在，リブの溶接にき裂）熱処理不良 5. 衝撃荷重がかかったとき（荒天時など） 6. すえ付け不良（中心線の狂い） 7. 歯面間に異物のかみ込み	1. 歯面の工作を正確にし，くり返し曲げ応力がかからないようにする 2. 適切な材料を用い，熱処理に注意 3. 材料，工作の検査 4. 潤滑油管理 5. すえ付けに注意
歯面のピッチング （点食） 各原因の場合，油膜が切れて金属接触を起こし表面の一部がはく離して，あばた状の小孔が点々として生ずる	1. くり返し圧縮応力による疲労 　① アライメント（alignment）の不良　② 歯すじの修正不良 　③ 歯面の当りが局部的 　④ 歯面粗さの低下（表面に微小な凹凸がある）　⑤ 歯面のすべり作用 2. 歯の接触面の衝撃作用 3. 歯の表面硬度不均一 4. 潤滑油の粘度不足，劣化，海水混入 5. 中心線の不良	1. アライメントを適当にする 2. 歯すじの修正を良くする 3. 工作法の改善（歯面の仕上げを良くする） 4. 銅メッキの採用 5. 粘度の高い潤滑油を使用し，劣化を防止する 6. 中心線の不良に注意 7. 適切な材料
歯の焼付き	1. 両歯車の材質の組合せ 2. 潤滑油の不足（油切れ） 3. 潤滑油の不適当（粘度が不適当，油性の低い金属接触を生じやすいもの） 4. 歯面の精度の不良 5. バックラッシの過小，過大	1. 周速度の大きいものは炭素鋼（大歯車）とNi-Cr-Mo鋼（小歯車）などの組合せ 2. 潤滑油管理と適切な粘度および油性の潤滑油を使用する 3. 工作精度の向上 4. バックラッシに注意

損傷の種類	原　　因	対　　策
	6. 軸受すきまの過大 7. 歯車の中心線が不良 8. 軸受台が強固でない	
スカッフィング (scuffing) 引っかき傷	スカッフィングとは，歯面がかじられるような損傷で，歯のすべり速度が大である歯先をインボリュート曲線どおりに修正しないとき（工作不良），接触荷重が局部的に過大となり，油膜が破壊して金属接触を起こす。この摩擦面が溶着し（焼付き）その部分がせん断的に破壊され，歯車のすべりの多い部分に発生する（スカッフィングは負荷運転の初期に発生しやすい）	1. 発見したら早く歯先を適当量ファイリング (filling) する 2. 特殊極圧タービン油を使用 3. 歯の当り幅を小にする（これが大きいと起こる）
ピニオン軸の湾曲	1. 両歯車軸受の中心線の狂い 2. 小歯車軸のねじれ 3. 両歯車のかみ合いの異常 4. ピニオン軸径の過小，軸受間隔距離過大	1. すえ付け，組立てに注意 2. 軸受の摩耗に注意

参考文献

青木　健：蒸気タービンの傾向と対策，成山堂
石谷清幹・赤川浩爾：蒸気工学，コロナ社
井原敏雄：工業熱力学，理工図書
内丸最一郎：蒸気タービン，丸善
運輸省海事法規研究会：実用海事六法，成山堂
運輸省船舶局：船舶機関関係法令，海文堂
大賀　悳二：蒸気タービン，アルス
小野栄一郎：応用熱力学，産業図書
甲斐敬規：舶用蒸気タービン受験提要，海文堂
勝原哲治：蒸気工学概論，山海堂
火力発電技術協会：火力発電必携，火力発電技術協会
景山克三・倉西正嗣：機械設計（下），オーム社
倉西正嗣・景山克三：新制機械設計，オーム社
桜井忠一：機械力学，産業図書
軸受・潤滑便覧編集委員会：軸受・潤滑便覧，日刊工業新聞
柴山信三：蒸気タービン，山海堂
菅原管雄：蒸気タービン，養賢堂
菅原管雄：工業熱力学，岩波書店
鈴木茂哉・永沢謙三：軸受，共立社
須藤浩三：流体機械，朝倉書店
高橋安人・柴山東八：フリュゲル蒸気タービン，コロナ社
田付正吾：舶用燃料・潤滑油ベスト管理，成山堂
谷下一松：工業熱力学（基礎編），裳華房
土居政吉：舶用蒸気タービン講義，海文堂
長崎相正：金属材料の基礎，成山堂
西島清一郎：舶用機械工学（第2分冊），海文堂
日本機械学会：機械工学便覧（蒸気動力），日本機械学会
日本造船学会艤装研究委員会：機関艤装（第2巻），海文堂
日本舶用機関学会：舶用機関計画便覧，コロナ社
野々山佐一：基礎機構学，工学図書
舶用機関研究グループ：舶用機関データブック，成山堂
林則行・富坂兼嗣：機械設計法，森北出版
八田圭三・岡崎卓郎・熊谷清一郎：熱力学概論，養賢堂
弘田亀之助：蒸気タービン入門，電気書院
兵働務・石田雄三：タービンの設計，パワー社
明星四郎・富田正久・染谷高次郎：実用燃料油と潤滑油，成山堂
森康夫・一色尚次・河田治男：熱力学概論，養賢堂
森田泰司・角政之：流体力学と流体機械の基礎，啓学出版

参考文献

文部省：学術用語集（機械工学編），日本機械学会（技報堂）
栃場重男：蒸気タービン，共立出版
山下仙之助：蒸気タービンの設計，パワー社
山田広中：蒸気タービン，海文堂
山中秀男：舶用機関，共立出版
山本市良次：火力発電所据付建設技術，電気書院
米原令敏：舶用機関工学（第1分冊），天然社
W. J. Goudie : Steam turbines, Longmans
A. Stodola & L. C. Loewenstein : Steam and Gas Turbines, McGraw-Hill
エネルギー管理士受験準備講座テキスト，省エネルギーセンター
日本舶用機関学会誌，日本舶用機関学会
日本機械学会誌，日本機械学会
日本機械学会論文集，日本機械学会
船の科学，船舶技術協会
三菱重工技報，三菱重工業
舶用機関，日本郵船機関士協会
甲種機関科試験問題集，海文堂
1級・2級・3級海技士試験問題解答800題，成山堂
各種カタログ，取扱説明書

◇ 演 習 問 題 ◇

第1章 序　　説

1　蒸気タービンに過熱蒸気を使用する場合の利点をあげよ。(2, 3級)
2　蒸気タービンにおいては，同一圧力差によって生ずる熱落差は，高圧部と低圧部とでは，どちらが大きいか。(3級)
　　答　低圧部の方が大きい。

第2章 蒸気タービンの概要と分類

1 蒸気タービンに関する下記(1), (2)の文中（ ）内の①〜⑩に適合する字句を記せ。
(1) 衝動タービンにおいては，蒸気は（①）内を通過中に膨張して（②）を増加し（③）を低下するが，（④）を通過中には，蒸気の（⑤）は変わらない。
(2) 反動タービンにおいては，蒸気の膨張は（⑥）および（⑦）を通過中に行われる。蒸気が回転羽根を通過中に（⑧）作用によって仕事をすると同時に圧力が（⑨）して速度増加による（⑩）作用によっても仕事をする。
(3級)

<u>答</u> ① ノズル ② 速度 ③ 圧力 ④ 回転羽根 ⑤ 圧力 ⑥ 案内羽根 ⑦ 回転羽根 ⑧ 衝動 ⑨ 低下 ⑩ 反動

2 反動タービンについて述べた下記文中の（ ）の中に適合する字句を記せ。
反動タービンでは，蒸気は案内羽根および回転羽根の中を流動中も膨張し続けるので，案内羽根は衝動タービンの（㋐）のような役目をする。回転羽根内を流動中の蒸気は，衝動タービンのように（㋑）作用によって仕事をすると同時に膨張を続ける。したがって，蒸気圧が（㋒）し，速度が（㋓）することによって生ずる（㋔）作用によって仕事をするので反動作用のみでなく，衝動作用と反動作用の両作用によって仕事をするものである。(3級)

3 蒸気タービンに関して下記(1)〜(5)の記述のうち，正しいものを2つあげよ。
(1) ノズルでは，蒸気の保有する熱が運動のエネルギに転換される。
(2) 衝動タービンでは，蒸気の圧力低下が回転羽根内において著しい。
(3) 反動タービンでは，蒸気は回転羽根内を流動中にその速度を増加する。
(4) 圧力複式タービンでは，段落数を多くすれば，回転速度を大きくすることができる。
(5) 速度複式タービンでは，回転羽根の列数を2倍にすれば周速度を約2倍にすることができる。
(3級)

<u>答</u> (1), (3)

4 蒸気タービンに関する下記(1)〜(5)の記述のうち，正しくないものを2つあげよ。
(1) 衝動タービンでは，1段落でする仕事量が多いからタービンの全長を短くすることができる。
(2) 蒸気がノズル内を流動する間に，その熱エネルギが機械エネルギに転換される。
(3) 反動タービンでは，蒸気の圧力は回転羽根内を通過中にも低下する。
(4) 衝動タービンでは，蒸気は回転羽根内においては膨張しない。
(5) 反動タービンは，高圧蒸気を利用するのに適している。
(3級)

答 (2), (5)

5 蒸気タービンに関する次の㋐～㋔の文のうち，正しくないものを2つだけ記せ。
㋐ 蒸気タービンにおいては，同一圧力差によって生ずる熱落差は低圧部より高圧部の方が大きい。
㋑ 衝動タービンにおいては，一般に低圧部にカーチス段落を設ける。
㋒ 衝動タービンの反動度はふつうゼロである。
㋓ 再生タービンにおいては，抽気された蒸気はふつう給水加熱に利用される。
㋔ 速度段落を2列設けた速度複式衝動タービンでは，蒸気はノズル，回転羽根，案内羽根および回転羽根の順に流動する。
(3級)

答 ㋐, ㋑

6 下記(1)～(5)の蒸気タービンは，それぞれ衝動タービンおよび反動タービンのいずれに適合するか。
(1) 回転羽根に作用する蒸気スラストをつり合わすために，つり合いピストンを設けるタービン
(2) 高温高圧の過熱蒸気を使用するのに適するタービン
(3) ノズル数を加減することにより蒸気量を調整するタービン
(4) 回転羽根のすきまから蒸気の漏れるおそれが少ないタービン
(5) 蒸気の通路がケーシングとロータの間に制限されているので蒸気の摩擦損失が少ないタービン
(3級)

答 (1) 反動 (2), (3), (4) 衝動 (5) 反動

7 蒸気タービンに関する次の文のうち，正しいものには○印を，正しくないものには×印を記せ。
㋐ 反動タービンにおいて，高圧部から低圧部に至るほど羽根の長さを順次長くするのは，蒸気を同一速度で流動させるためである。
㋑ タービンの機械効率は，ロータ軸が車室を貫く部分に設けてあるラビリンスパッキンの漏えい蒸気量が変化しても変わらない。
㋒ 回転羽根の入口角は，速度線図から求められる羽根入口角より一般に小さくする。
㋓ ロータ軸の第1危険速度の最大振幅は，軸受間の中央付近に現われる。
㋔ 円板羽根車の回転損失は，蒸気の密度が高くなるほど大きくなる。
(1級)

答 ㋐ ○ ㋑ × ㋒ × ㋓ ○ ㋔ ○

8 次の(1)～(5)の蒸気タービンは，それぞれ衝動タービンおよび反動タービンのどちらに適合するか。それぞれ記せ。

(1) 高温高圧の過熱蒸気を使用するのに適するタービン
(2) ノズル数を加減することによって蒸気量を調整するタービン
(3) 動翼に作用する蒸気の静的な推力を釣り合わすために，釣合いピストンを設けるタービン
(4) 蒸気の通路がケーシングとロータの間に制限されているので，摩擦損失が少ないタービン
(5) 翼先端からの蒸気の漏えい量が少ないので，翼先端とケーシングのすきまを大きくできるタービン
(3級)

答 (1) 衝動タービン, (2) 衝動タービン, (3) 反動タービン, (4) 反動タービン, (5) 衝動タービン

9 蒸気タービンに関する下記文中の（　）内の㋐～㋔に適合する字句，数値または式をあげよ。

蒸気タービンの固定羽根と回転羽根の一対の段落において，その全熱落差を h_1 とし，(㋐) 羽根内の熱落差を h_2 とすれば，この段落の反動度は (㋑) で表わされる。

一般に反動度 (r) は，デラバルタービンで $r=0$，パーソンスタービンで $r=$ (㋒)，また，衝動タービンとは $r=$ (㋓) のものを，反動タービンとは $r=$ (㋔) のものをいう。(2級)

答 ㋐ 回転　㋑ h_2/h_1　㋒ 0.5　㋓ 0.5 未満　㋔ 0.5 以上

10 蒸気タービンの1つの段落における蒸気の状態変化と反動度を $h-s$ 線図を描いて説明せよ。また，衝動タービンおよび反動タービンの反動度はどのくらいか。(2級)

11 蒸気タービンの反動度に関する次の文のうち，正しくないものを2つ記せ。
㋐ 反動度は案内羽根内の蒸気の熱落差と1段落の熱落差との比をいう。
㋑ 反動度は1より大きな数値になることはない。
㋒ 反動度が1の場合は，案内羽根内と回転羽根内のエンタルピの変化が等しい。
㋓ 反動度が0.5で案内羽根と回転羽根の出口角が等しい場合は，理論上軸方向の蒸気の速度変化はない。
㋔ 純然たる衝動段では，反動度はゼロである。
(2級)

答 ㋐, ㋒

12 舶用蒸気タービンの高圧側第1段落，および後進タービンにカーチス式羽根車が多く用いられる理由を述べよ。(2級)

13 衝動タービンの次の①～④に該当するものを㋐～㋖より選べ。(3級)
① 単段落タービン
② 圧力複式タービン
③ 速度複式タービン

演習問題（第2章）

④ 圧力速度複式タービン
㋐ パーソンス タービン
㋑ ツェリ タービン
㋒ デ ラバル タービン
㋓ ラトー タービン
㋔ カーチス タービン
㋕ ユングストローム タービン
㋖ ブラウン・カーチス タービン

14 反動タービンの固定羽根Aおよび回転羽根B中における蒸気の圧力Pおよび速度Vの変化を示す下図(1)～(5)のうち，正しいものを1つだけあげよ。(3級)

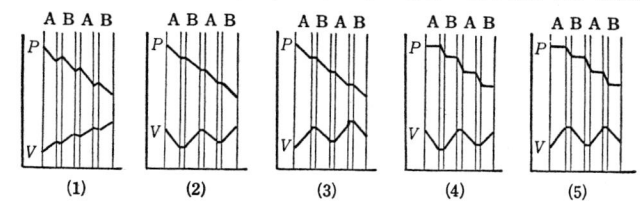

(1)　(2)　(3)　(4)　(5)

15 混式衝動タービンに関する下記の問いに答えよ。
(1) 圧力速度複式タービンは，圧力複式タービンをくし形に並べるか，それとも速度複式タービンをくし形に並べるか。
(2) 高出力タービンの高圧側にカーチス タービンを設けるとどのような利点があるか。
(3) 速度段落を2列設けるカーチス タービンのノズル，固定羽根および回転羽根の配列とその部分の蒸気の圧力および速度の変化を略図を描いて示せ。
(2級)

16 速度複式衝動蒸気タービンに関する次の問いに答えよ。
(1) 1つの翼車に2列の動翼を植え込んだカーチス タービンにおいて，ノズルと翼列の配置は，どのようになっているか。また，蒸気の圧力と速度は，どのように変化するか。(配置および蒸気の変化を，それぞれ略図で示せ)
(2) 速度複式衝動タービンは，船舶においては，どのようなタービンとして用いられているか。
(3級)

17 衝動タービンおよび反動タービンの案内羽根は，それぞれどんな役目をするか。(3級)

18 圧力複式衝動タービンの仕切板には，どんな形状のノズルが用いられるか。(3級)

19 後進タービンには，どのような形式のタービンが，一般に用いられるか。また，それはなぜか。(3級)

20 次の図は，混式衝動タービンの略図を示す。図について次の問いに答えよ。

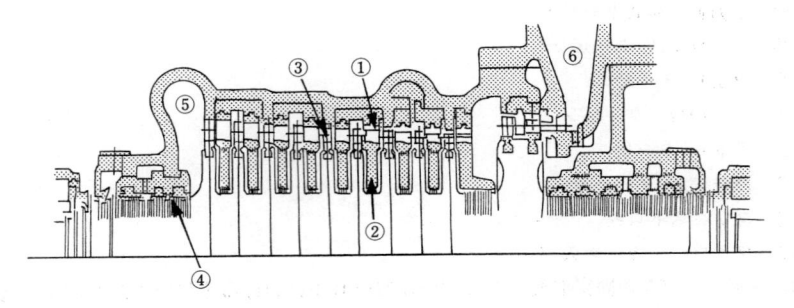

(1) ①,②,③および④は，それぞれなにか。
(2) 蒸気の入口は，⑤および⑥のうちどれか。
(3) 圧力段の段数は，いくつか。
(4) 速度複式段は，どこに設けられているか。
　（3級）
　答 (1) ① 案内羽根，② 仕切板，③ ブレード，④ ラビリンスパッキン
　　　(2) 蒸気の入口は⑥
　　　(3) 圧力段の段数は，10段
　　　(4) 速度複式タービンは，第一段落に設けられている。

21 高圧および低圧の2シリンダからなる蒸気タービンにおいて，反動段（反動段落）は，低圧シリンダに用いられる理由を述べよ。（2級）

22 高圧および低圧の2シリンダからなる蒸気タービンにおいて，衝動段（衝動段落）は，高圧タービンに用いられる理由を述べよ。（2級）

演習問題（第3章）

第3章　蒸気タービンの熱サイクル

1 舶用歯車減速蒸気タービンにおいて，流入する蒸気の初圧力と初温度および真空度が，タービンの効率，構造並びに材質に及ぼす影響について，それぞれ論ぜよ。(1級)

2 下図は蒸気タービンの理想的熱サイクルの圧力‐体積線図を示す。図について下記の問いに答えよ。

(1) A点はなにを表わすか。
(2) B点はなにを表わすか。
(3) C点はなにを表わすか。
(4) D点はなにを表わすか。
(5) 面積 ABEF はなにを表わすか。
(3級)

答　A点：復水
　　　B点：ボイラ内に送られた給水
　　　　（給水ポンプによって断熱圧縮を受け，圧力が上昇してボイラ内に入る）
　　　C点：蒸気タービン入口蒸気（ボイラ内にて定圧のもとで蒸発し，続いて定圧のもとで過熱器で過熱蒸気となり，タービン入口の状態）
　　　D点：蒸気タービン出口蒸気，すなわち復水器入口（蒸気タービン内で断熱膨張を終わった状態）
　　　面積 ABEF：復水ポンプ仕事と給水ポンプ仕事との合計

3 下図は蒸気タービンのランキンサイクルを $T-s$ 線図によって示したものである。図中ボイラの圧力を P_1，復水器の圧力を P_2，$\overline{BC}$ はボイラ内において一定圧力のもとにおける蒸発（等温膨張），$\overline{CD}$ は過熱器内での等圧加熱，$\overline{DE}$ はタービン内の断熱膨張，$\overline{EA}$ は復水器内での復水過程（等温圧縮），$\overline{AB}$ は飽和状態の復水がボイラ内で受熱によって飽和線に沿って等圧で加熱されるものとして，下記(1)〜(3)の問いに答えよ。

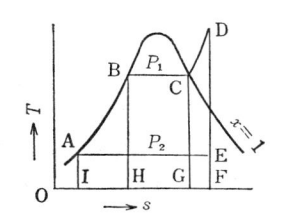

(1) 面積 IABH，面積 HBCG および面積 GCDF は，それぞれなにを表わすか。
(2) 面積 IABCDF，面積 EFIA および面積 ABCDE は，それぞれなにを表わすか。
(3) このランキンサイクルの理論熱効率は，どのように表わされるか。
(3級)

答　(1) 面積 IABH は液体熱，面積 HBCG は蒸発熱，面積 GCDF は過熱器での受熱量

4 蒸気タービンのランキンサイクルに関する下記文中の（　）内の⑦〜㋑に適合

する字句を記せ。

　蒸気タービンで乾き飽和蒸気および過熱蒸気を用いた場合のランキンサイクルは，ボイラ内において単位質量の飽和水が一定圧力のもとに蒸発，すなわち（ア）膨張し，この蒸気は過熱器内で（イ）加熱され，次にタービン内で（ウ）膨張および復水器内で等温（エ）され，この飽和状態の復水がボイラ内に送られて受熱によって飽和線に沿って（オ）加熱されて完結するサイクルである。(3級)

　【答】 ㋐ 等温　㋑ 等圧　㋒ 断熱　㋓ 圧縮　㋔ 等圧

5 図は，ランキンサイクルの $T-s$ 線図の1例を示す。図に関して，次の問いに答えよ。
(1) ボイラおよび過熱器における受熱量を面積で示せ。
(2) 有効仕事を面積で示せ。
(3) $P-V$ 線図で表すと，どのようになるか。(図を描いて示せ。)
(3級)

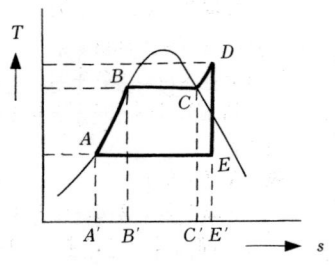

6 次の蒸気タービンは，どんなタービンか。それぞれ簡単に説明せよ。
(1) 再熱タービン
(2) 背圧タービン
(3) 混圧タービン
(3級)

7 蒸気タービンにおいて，復水器の真空が一定の場合，排気のかわき度は，蒸気の初圧および初温とどんな関係があるか。$h-s$ 線図，または，$T-s$ 線図を描いて説明せよ。(2級)

8 蒸気タービンに関する下記(1)〜(3)の問いに簡単に答えよ。
(1) タービンの初圧だけを高めると，一般に小形タービンより大形タービンの方が効率を高めるのに有効であるのはなぜか。
(2) タービンの初温だけを高めると，一般に小形および大形タービンのいずれにも効率を高めるのに有効であるのはなぜか。
(3) 排気の湿り度が x であるタービンにおいて，排圧を変えずに，初圧のみを高めた場合の排気の湿り度を x' また，初温のみを高めた場合の湿り度を x'' とすれば，x，x' および x'' の大きさはどのような順位となるか。
(1級)

　【答】 (3) $x' > x > x''$ (乾き度と間違えないように)

9 蒸気タービンに関する次の（　）内に適合する字句を記せ。

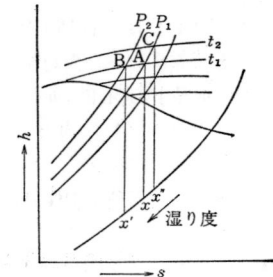

演習問題（第3章）

蒸気タービン主機において，高圧の蒸気を使用するタービンほど，低圧段落における蒸気の（ア）度は増加する．低圧段落において蒸気中に含まれる水滴は回転羽根の（イ）面より（ウ）面に多く衝突し（エ）作用を与える．これを防止するためには，蒸気の（オ）を上昇するか，再熱するか，またはドレンを排除する装置を設けるなどの方法がある．(2級)

答 ⑦ 湿り　④ 腹　⑨ 背　⑤ 侵食　⑦ 初温度

10　蒸気タービンにおいて，再生サイクルが，単純サイクル（ランキン　サイクル）に比較してすぐれている点を述べよ．(3級)

11　蒸気タービンにおいて，再生サイクルが採用される理由をあげよ．(3級)

12　下図は，いずれも蒸気機関の理論サイクルを示した $T-s$（温度—エントロピ）線図であり，A図は再熱サイクルを，B図は再生サイクルを表わしたものである．両図に関して下記の問いに答えよ．

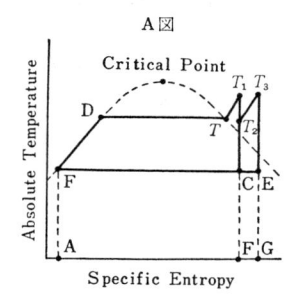

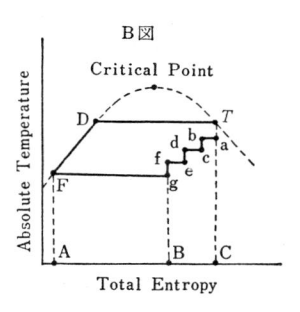

（1）A図によって，ランキン　サイクルの効率を示せ．
（2）A図によって，再熱サイクルの効率を示せ．
（3）B図において，ab，cd，ef で示される部分は，どのような変化であるか．
（4）B図における，面積 abcdefgBCa はどのような事項を表わすか．
（5）横軸が，A図では specific entropy であり，B図では total entropy にとってあるのはなぜか．
　　(1級)

答　(1) $\dfrac{\text{面積 FDTT}_1\text{CF}}{\text{面積 AFDTT}_1\text{CFA}}$

　　(2) $\dfrac{\text{面積 FDTT}_1\text{T}_2\text{T}_3\text{ECF}}{\text{面積 AFDTT}_1\text{T}_2\text{T}_3\text{EGFA}}$

　　(3) 全エントロピの減少．
　　(4) 復水器への放出熱量の減少と機関仕事量の減少との和．
　　(5) A図はサイクルを通して蒸気流量一定のため，単位流量について考え，B図は途中で抽気されて蒸気量が変化し，全流量について考える必要があるの

で全エントロピ（total entropy）を使用する。

13 蒸気タービンに関する下記の問いに答えよ。
(1) 蒸気タービンにおいてランキン サイクルの熱効率を高くするには，どのようにすればよいか。また，これには，実際上それぞれどのような点から制限されるか。
(2) 再熱タービンにおいて，再熱点の圧力はタービン初圧のなん%ぐらいの場合，熱効率が高くなるか。
(3) 再熱タービンにおいて，再熱蒸気が入る部分のタービンは非再熱式と比べて一般に構造上どのような点に考慮が払われているか。

(1級)

答 (2) 初圧によって異なるが，一般に，最適再熱圧力は初圧の 10～30% ぐらいである。たとえば初温 500℃，再熱温度 500℃，初圧 100 kgf/cm^2 の場合，初圧の 25% ぐらいで，初圧がさらに高くなるとその割合は徐々に増加し，200 kgf/cm^2 で 28% ぐらいになる。また初温，再熱温度が高くなれば，その%は低くなる傾向にある。

14 蒸気タービンに関する下記(1)～(5)文のうち，正しくないものを2つだけあげよ。
(1) ランキン サイクルにおいて，タービンの初圧を上げると蒸気の比容積が減じ，内部損失が増加する。
(2) 再熱サイクルにおいて再熱点における圧力は蒸気の初状態によって決められる。
(3) 再生サイクルにおいて，抽気点は過熱蒸気域にある方が湿り蒸気域にあるものより熱損失は少ない。
(4) 再生サイクルでは，タービンの低圧部に流れる蒸気量は高圧部に流れる蒸気量より少ない。
(5) ランキン サイクルにおいてタービンの初温度を一定とした場合，初圧を上げるほどサイクル効率は高くなる。

(2級)

答 (3), (5)

第4章　ノズルおよび羽根と蒸気の流動

1　蒸気タービンのノズルに関する次の問いに答えよ。
(1)　ノズル出口の蒸気圧が入口圧に対する臨界圧以下になるのは，どんな形状のノズルか。
(2)　圧力複式衝動タービンの仕切板には，どんな形状のノズルが用いられるか。
(3)　蒸気がノズルを通過して得られる流出速度は，理論上の流出速度より小さくなるのは，なぜか。
　　（2級）
　答　(1)　末広ノズル

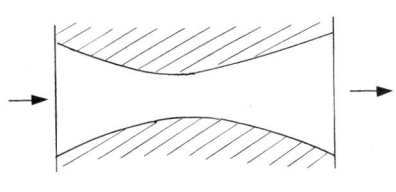

　　(2)　先細ノズル

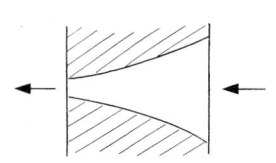

　　(3)　ノズル内面の粗さ，形状，蒸気の性状などにより損失が生じるため。

2　蒸気タービンに関する下記(1)，(2)の問いに答えよ。
(1)　先細ノズル，中細（末広）ノズルが用いられるタービンを下記(a)〜(c)のうちからそれぞれ選べ。
　　(a)　カーチス　　(b)　パーソンス　　(c)　ツェリ
(2)　ノズルの出口圧力を P_2，入口圧力の臨界圧を P_c としたとき，次の(ア)，(イ)の場合にそれぞれ用いられるノズルを下記(a)〜(c)のうちから選べ。
　　(ア)　$P_2 < P_c$　　(イ)　$P_2 > P_c$
　　(a)　先細ノズル　　(b)　中細（末広）ノズル　　(c)　平行ノズル
　　（3級）
　答　(1)　先細ノズル—ツェリ　　中細ノズル—カーチス
　　(2)　(ア)—(b)　　(イ)—(a)

3　蒸気タービンのノズルに関して，次の問いに答えよ。
(1)　ノズルの出口圧が，入口圧に対する臨界圧より高い場合および低い場合は，それぞれどのような形状のノズルを使用するか。
(2)　下記(ア)〜(エ)のタービンは，上記(1)の2種のノズルのうち，どちらのノズルをそれ

ぞれ使用するか。
  ㋐ デラバルタービン　　㋑ ラトータービン　　㋒ カーチスタービン
  ㋓ ツェリタービン
（2級）

答　(1)　ノズルの出口圧力が，入口圧に対する臨界圧より高い場合は，先細ノズルを使用する。逆に，ノズルの出口圧力が，入口圧に対する臨界圧より低い場合は，中細ノズルを使用する。

　　(2)　㋐中細ノズル，㋑先細ノズル，㋒中細ノズル，㋓先細ノズル，

4　蒸気タービンのノズルに関する下記文中の（　）内の㋐～㋔に適合する字句または記号を入れよ。

　蒸気タービンのノズルを形状の上から分類すると，（㋐）ノズル，（㋑）ノズルおよび（㋒）ノズルとなる。いま，これらのノズル出口における蒸気圧を P および入口圧に相当する臨界圧を P_c とすれば，㋐ノズルは P（㋓）P_c，㋑ノズルは P（㋔）P_c また㋒ノズルは $P \geq P_c$ の場合に用いられる。（3級）

答　㋐ 末広　㋑ 平行　㋒ 先細　㋓ <　㋔ =

5　蒸気タービンのノズルに関する下記の問いに簡単に答えよ。
(1)　ノズル内の蒸気の臨界圧力とは，どこの圧力をいうか。
(2)　中細ノズルにおいて，ノズルの入口から出口までの蒸気の比容積および速度の変化の状態は，それぞれどのようになるか。
（2級）

6　蒸気タービンのノズルに関する下記(1)～(3)の問いに答えよ。
(1)　ノズル入口と出口の蒸気のエンタルピの差を h_t（kJ/kg）とすると，ノズル出口の蒸気の速度が $w = 1.4\sqrt{h_t}$（m/s）となるためには，どのような条件でなければならないのか。
(2)　中細ノズルのノズル入口から出口までの形状（断面積）は，蒸気のどのような状態の変化に応じて，きめられたものか。
(3)　中細ノズルにおいて，ふつうの運転状態のとき，ノズル入口蒸気圧と臨界圧の比は，入口蒸気圧の変化によって変わるか，それとも変わらないか。また，この比は乾き飽和蒸気と過熱蒸気では，いずれが大きいか。（2級）

答　(1)　入口速度が出口速度に比べて無視できるほど小さい。
　　(2)　流量一定であるから，断面積は蒸気速度に比例し，蒸気速度は蒸気の圧力と比容積の関数である。
　　(3)　変わらない。乾き飽和蒸気が大きい。

7　蒸気タービンのノズルに関する次の問いに答えよ。
(1)　ノズル入口の蒸気の速度を無視した場合，ノズル効率とノズルの速度係数の間には，どのような関係があるか。（式で示せ。）

(2) ノズル出口における蒸気の比容積を v', 理論的断熱膨張をする場合の比容積を v とすると，ノズルの速度係数と流量係数の間には，どのような関係があるか。（式で示せ。）

(3) ノズルの速度係数と流量係数は，摩擦のほかにどのような事項の影響を受けるか。

(2級)

答 (2) 流量係数を ϕ とすると，$\phi = \phi \cdot \dfrac{v}{v'}$

$$\phi = \frac{実際のノズル流出蒸気量}{理論ノズル流出蒸気量}$$

実際の流量 $= S \cdot \dfrac{C_1}{v'} = S \cdot \phi \cdot \dfrac{C_0}{v'}$　　　S：ノズル出口断面積

$= \phi \cdot \dfrac{v}{v'} \times S \cdot \dfrac{C_0}{v} = \phi \cdot \dfrac{v}{v'} \times$ 理論流量

(3) ① 水滴，② 過飽和，③ 蒸気の衝撃，④ はく離により蒸気が充満して流れない，⑤ 境界層の影響

8 蒸気タービンのノズルに関する次の文の中で，正しくないものを2つだけ記せ。

㋐ ノズル内における過膨張は，中細ノズルだけにおこる現象である。

㋑ 中細ノズルでは，ノズル出口の圧力は臨界圧以下に膨張する。

㋒ 組立形ノズルは，一般に高圧段落に用いられる。

㋓ 高圧段落のノズルには，一般に耐熱鋼が用いられる。

㋔ ノズル角は，回転羽根の入口角より大きくしなければならない。

(2級)

答 ㋐，㋔

9 蒸気タービンのノズルに関する次の文の中で，正しくないものを2つだけ記せ。

㋐ ノズル入口から出口までの各点における蒸気の流量は，一定である。

㋑ ノズル入口から出口までの各点における蒸気の比容積は，ノズルの入口から出口にかけて，減少する。

㋒ ノズル入口から出口までの各点における単位断面積あたりの蒸気流量は，ノズルののどの部分が最大である。

㋓ ノズル内における蒸気圧は，臨界圧が最大である。

㋔ 中細ノズルにおける蒸気速度は，ノズルののどの部分が最大である。

(2級)

〔解説〕正しくないものが㋑，㋓，㋔の3つある。答としては，これらの中から2つ記せばよい。

答 ㋑，㋓

10 蒸気タービンのノズルに関して，次の問いに答えよ。
(1) ノズルのひろがり率とは，なにか。
(2) 高圧段落では，一般に全周流入としないで部分流入としているのは，なぜか。
(1級)

　答 (2) 高圧段落では，蒸気の比容積が小さいので，全周流入とすればノズルの高さが低くなる。したがって回転羽根の長さも短くなり，摩擦による損失が大きくなって不利である。
　　　よって高さには限度があり，限度以下では部分流入とした方が有利である。

11 蒸気タービンのノズル内に起きる下記の現象は，それぞれどのようなことか。
(1) 過膨張
(2) 過飽和
(2級)

12 蒸気タービンのノズルに起こる次の現象は，それぞれどのようなことか。概要を記せ。
(1) 不足膨張
(2) 過飽和
(2級)

13 蒸気タービンのノズル内における蒸気の過飽和に関して，次の問いに答えよ。
(1) 過飽和となる原因は，何か。
(2) ノズル内において蒸気が過飽和となると，ノズルを通る蒸気の流量は，理論蒸気量に比べて増加するか，それとも減少するか。
(1級)

14 蒸気タービンのノズルに関する下記の問いに答えよ。
(1) ノズル入口の蒸気の速度を無視した場合，ノズル効率と速度係数の間にはどんな関係があるか。
(2) ノズル内において蒸気が過飽和の状態になると，ノズルを通る蒸気の流量は理論蒸気量に比べて増加するか，それとも減少するか。また，それはなぜか。
(3) ノズル内において蒸気が過飽和の状態になるとノズル内の蒸気の断熱膨張の熱落差は，理論断熱膨張の熱落差に比べて大きくなるか，それとも小さくなるか。
(1級)

15 図は，蒸気タービン主機の末広ノズルにおいて，入口蒸気圧を一定とし，出口蒸気圧を変化させた場合のノズル出口付近の蒸気の圧力変化を示す。図に関する次の問いに答えよ。
(1) AおよびCで示される現象を，それぞれ何というか。
(2) 低負荷運転中に発生するのは，どの現象か。

(3) ノズル出口蒸気速度が最も大きいのはどれか。

(1級)

答 (1) A：不足膨張・C：超過膨張（過膨張）

(2) 超過膨張

(3) B

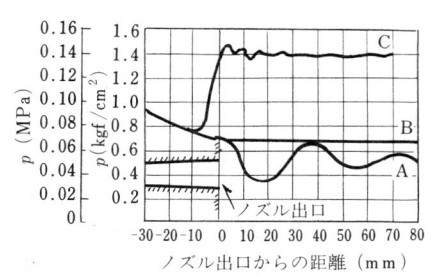

16 図は，蒸気タービンの回転羽根における蒸気の速度線図の1例を示す。図によって，次の問いに答えよ。

(1) v_1, w_2, u, α_1 および β_1 は，それぞれなにか。

(2) 転向角は，どのように表されるか。

(3) 反動タービンの速度線図は，(A)か，それとも(B)か。

(2級)

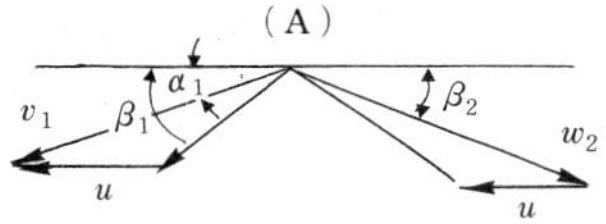

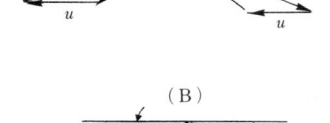

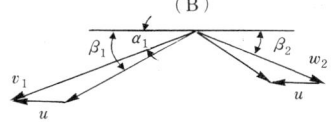

答 (1) v_1：羽根の入口における蒸気の絶対速度

w_2：羽根の出口における蒸気の相対速度

u：羽根の速度または周速度

α_1：ノズル角

β_1：羽根の入口角

(2) 転向角を θ とすると，$\theta = 180° - (\beta_1 + \beta_2)$ と表わされる。

(3) 反動タービンの速度線図は，(A) である。

17 図は，蒸気タービンにおける速度線図の1例を示す。図に関する次の問いに答えよ。

(1) c_1, w_1 および c_2 は，それぞれ何を表すか。

(2) α_1 および β_2 はそれぞれ何を表すか。

(3) U は，何を表すか。

(4) 転向角は，どのように表されるか。

(3級)

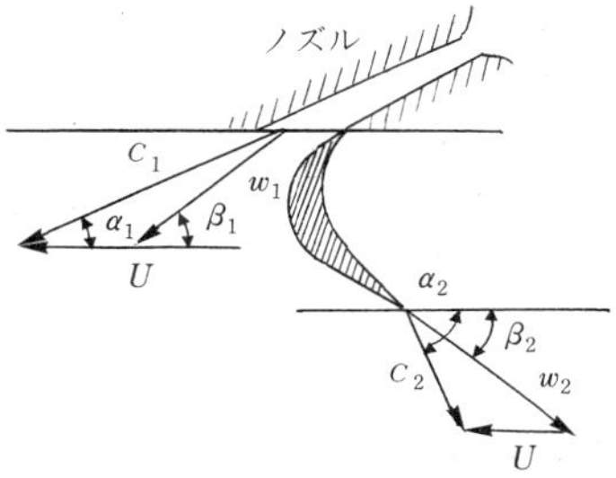

18 速度比は，動翼の周速度と何の比か。(3級)

19 速度線図から動翼のどのような事項を知ることができるか。(2級)

20 図は，蒸気タービンのエクステンド形速度線図を示す。この速度線図の作図に関する次の文の □ の中に適合する速度および角度を記せ。

〔解答例　速度の場合　⊕：$\overrightarrow{AB}$　角度の場合
　　　　☺：∠DCE〕

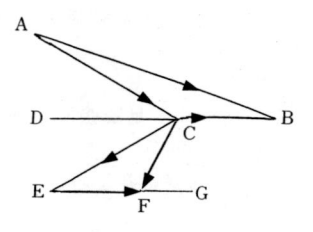

(1) ノズルから出た蒸気の動翼入口における絶対速度 ⑦ とノズル角 ⑦ および周速度 ⑨ が決定すると、動翼入口の相対速度 ㊤ の大きさと方向は、ベクトル的に差し引くことによって描くことができる。

(2) 動翼入口角を ㊥ に等しくとれば、蒸気は動翼に衝突することなく円滑に流入する。また、蒸気は動翼通過中に方向転換して、一般に動翼出口角 ㊛ に等しい角度で流出し、そのときの動翼出口の相対速度 ㊖ と周速度⑨をベクトル的に加えることによって動翼出口の絶対速度 ㊗ を描くことができる。

(3級)

答　(1)　⑦ $\overrightarrow{AB}$, ⑦ ∠ABC(∠ABD), ⑨ $\overrightarrow{CB}$($\overrightarrow{EF}$), ㊤ $\overrightarrow{AC}$,
　　(2)　㊥ ∠ACD, ㊛ ∠CEF(∠DCE), ㊖ $\overrightarrow{CE}$, ㊗ $\overrightarrow{CF}$

21 下図は、衝動タービンの羽根に作用する蒸気の速度を示したものである。図に関して下記の問いに答えよ。(図中の u は、羽根の速度を示す)

(1) v_1 (AB) は、なにを表わすか。
(2) w_2 (DE) は、なにを表わすか。
(3) $w_2 < w_1$ である理由を述べよ。
(4) 単位時間の蒸気流量を m kg/s として、この場合の衝撃力を式で示せ。

(2級)

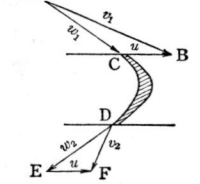

22 右図は蒸気タービンの羽根における速度線図である。この図において、下記の問いに答えよ。図中、c_1 および w_1 は入口における蒸気の絶対速度および相対速度、c_2 および w_2 は出口における絶対速度および相対速度、u ($\overrightarrow{CB}$) は周速度とする。

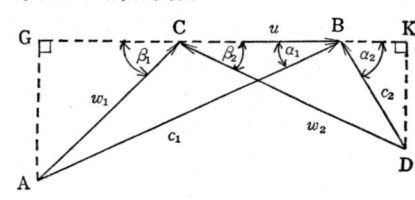

(1) 羽根を有効に回転させようとする力を与えるうず流れ速度を表わすベクトルはどれか。
(2) 軸方向スラストとして羽根に作用する分速度を表わすベクトルはどれか。

(2級)

23 図は、パーソンス タービンの速度線図である。この図によって下記(1)〜(4)の問いに答えよ。図中 c_1, w_1 は、回転羽根入口における蒸気の絶対速度、相対速度、c_2, w_2 は、回転羽根出口における蒸気の絶対速度、相対速度、β_1, β_2 は、回転羽根の入口角、

出口角，α_1，α_2 は，回転羽根の入口，出口における蒸気の絶対速度と羽根の回転方向とのなす角，u は，回転羽根の周速度とする。

(1) α_1，β_2 および α_2，β_1 のそれぞれには，どんな関係があるか。
(2) 回転羽根の速度係数は，どんな式で表わされるか。
(3) 回転羽根の速度比は，どんな式で表わされるか。

(2級)

24 蒸気タービンの羽根に関する下記の問いに答えよ。

(1) 速度線図から蒸気タービンのどんな事項を知ることができるか。
(2) 回転羽根における蒸気の速度損失がない場合，羽根の入口と出口における蒸気の羽根に対する相対速度の大小を比較すると，衝動タービンおよび反動タービンでは，それぞれどのようになるか。
(3) 回転羽根の速度係数を表わす式を示せ。

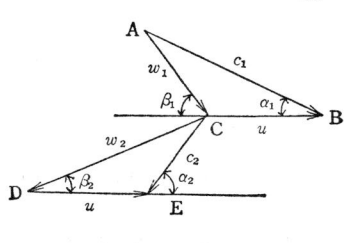

(2級)

第5章　蒸気タービンの諸損失

1 (1) 右図は蒸気タービンにおけるノズル内の蒸気の熱落差を表わす $h-s$ 線図で，A 点はノズル入口，A_1 点はノズル出口の蒸気の状態を示す．図を参考にして下記各項を算式で示せ．
　① 摩擦抵抗がない場合の蒸気の流出速度 (v_a)
　② 摩擦抵抗がある場合の蒸気の流出速度 (v)
　③ 速度係数 (φ)
　④ ノズル効率 (η_n)
(2) 上記ノズル内の摩擦抵抗に影響を及ぼす事項を述べよ．
(1級)

答　① $1.4\sqrt{H+H_f}$　② $1.4\sqrt{H}$　③ $\sqrt{\dfrac{H}{H+H_f}}$　④ $\dfrac{H}{H+H_f}$

2 蒸気タービンの回転羽根の入口角および出口角について，次の問いに答えよ．
(1) 衝動タービンにおいて，運転状態が変化しても蒸気が羽根の背面に衝突しないようにするには，入口角をどのような角度にすればよいか．
(2) 衝動タービンの場合，入口角を出口角より大きくすると，どのような利点があるか．
(3) 反動タービンの場合，入口角は，どのような角度にするか．
(2級)

3 衝動蒸気タービンの動翼に関して，次の問いに答えよ．
(1) 運転状態が変化しても蒸気が動翼の背面に衝突しないようにするには，動翼の入口角をどのような角度にすればよいか．
(2) 動翼の入口角および出口角を大きくすると，転向角は大きくなるか，それとも小さくなるか．
(3) 動翼の速度比は，どのような式で表されるか．
(2級)

4 図は，蒸気タービンの回転羽根の入口および出口における蒸気の速度線図である．図によって，次の文の　　　　の中に適合する字句を記せ．
　　転向角を θ とすると，
　$\theta = 180° - (\boxed{㋐} + \boxed{㋑})$ となる．この θ を大きくすると，速度係数は $\boxed{㋒}$ する．また，θ を小さくしすぎると，回転羽根の

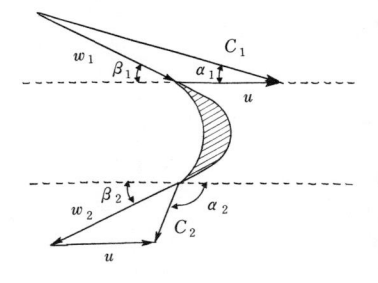

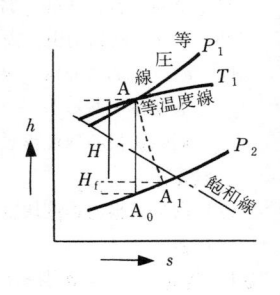

エ の寸法を大きくしなければならない。一般に，θ の値は，オ 度ぐらいである。

(2, 3級)

答 ㋐ β_1，㋑ β_2，㋒ 減少，㋓ 翼弦，㋔ 100〜130

5 図は，衝動蒸気タービンの動翼の入口および出口における蒸気の速度線図である。図に関して，次の問いに答えよ。
(1) 動翼の速度比は，どのような式で表されるか。
(2) 動翼の転向角は，どのような式で表されるか。
(3) 運転状態が変化しても蒸気が動翼の背面に衝突しないようにするには，動翼の入口角をどのようにすればよいか。
(2級)

6 図は，衝動蒸気タービンの動翼の入口および出口における蒸気の速度線図を示す。図に関する次の問いに答えよ。
(1) $w_1 > w_2$ となる理由は，何か。
(2) 動翼の速度比は，どのような式で表されるか。
(3) 動翼の転向角は，どのような式で表されるか。
(2級)

7 蒸気タービンに関して，次の問いに答えよ。
(1) 動翼の蒸気入口部の長さ (l) は，ノズル出口高さ (h) より大きくするのは，なぜか。
(2) 動翼の蒸気入口部の長さ (l) を，ノズル出口高さ (h) より大きくしたために生じる損失をなんというか。
(2級)

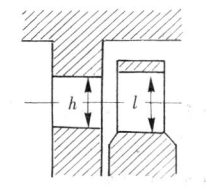

8 蒸気タービンの内部漏れ損失に関して述べた下記文中の（ ）の中に適合する字句を記せ。
　羽根の長さは，こぼれ損失を防いだり，ノズルから流出する蒸気が羽根の根元や先端に衝突することがないようにするため，その長さをノズルの出口の高さよりいくぶん（㋐）する方法がとられている。このため，回転羽根の前後に（㋑）がない衝動タービンにおいては，ノズルから流出する蒸気の流動によって回転羽根の根元や先端から蒸気の（㋒）作用をおこし，回転羽根入口側の圧力は（㋓）くなって，ロータは蒸気

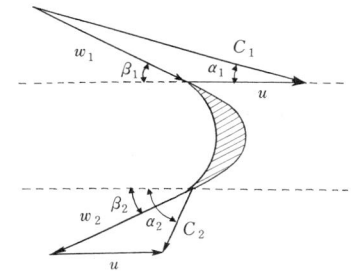

の流れと（オ）のスラストを受けることになる。(2級)

答 ⑦ 長く（高く）　④ 圧力差　⑦ 吸引　㊀ 低　㊉ 逆方向

9 蒸気タービンにおいて，蒸気中に水滴が混在すると，制動作用を生じ，損失となることを，速度線図を描いて説明せよ。(1級)

10 蒸気タービンに関して，次の問いに答えよ。
   (1) ノズル，または，案内羽根と回転羽根の間の軸方向すきまは，高圧段と低圧段では，どちらを大きくしてあるか。また，このすきまを設けることによってどのような損失が生ずるか。
   (2) 羽根先すきま（半径方向すきま）によって生ずる漏えい損失は，衝動タービンより反動タービンのほうが多いのは，なぜか。また，低圧段より高圧段が損失の割合が多いのは，なぜか。

   (1級)

11 蒸気タービンの内部漏えい損失に関する下記(1)，(2)の問いに簡単に答えよ。
   (1) 軸方向すきま（axial clearance）による損失は，衝動タービンよりも反動タービンの場合に少ないのはなぜか。
   (2) 半径方向すきま（radial clearance）による損失は，反動タービンよりも衝動タービンの場合に少ないのはなぜか。(1級)

12 ロータの回転円板損失とは，何か。(1級)

13 衝動蒸気タービンの内部損失に関する次の問いに答えよ。
   (1) こぼれ損失を生じる理由は，何か。(図を描いて説明せよ。)
   (2) こぼれ損失を少なくするには，どのような方法があるか。
   (3) 部分流入の場合に生じる通風損失（換気損失）とは，何か。
   (4) 通風損失を少なくするには，どのような方法があるか。

   (1級)

   答 (4) 部分流入段のノズルに直面しない部分には，通風損失を少なくするために蒸気囲い（通風防止環，翼保護片）を設ける。

14 蒸気タービンに関し，円板羽根車の回転損失を生ずる原因には，どのようなものがあるか。(1級)

15 蒸気タービンに関する下記の問いに簡単に答えよ。
   (1) 円板羽根車の回転損失（摩擦損失およびポンプ作用による損失）は，一般に衝動タービンおよび反動タービンではいずれが著しいか。
   (2) 最終段落からの排気損失は，羽根の出口面積を一定とすれば，どのような事項によって影響をうけるか。

   (1級)

16 蒸気タービンの排気の湿り度による影響に関する次の文中（　）内に適合する字句を記せ。

蒸気タービンの排気の湿り度は，タービン入口蒸気の初圧を高くするほど（㋐）し，これに伴いタービンの内部損失が（㋑）し，タービンの（㋒）圧部において羽根の侵食の原因となる。湿り度による内部効率の低下の割合は（㋓）速タービンよりも（㋔）速タービンのほうが著しく，また（㋕）比が高いほど低下の割合が大きくなる。
(2級)

 答 ㋐ 増加 ㋑ 増加 ㋒ 低 ㋓ 低 ㋔ 高
   ㋕ 蒸気と水滴の速度

17 蒸気タービンに関する下記文中（　）に適合する字句を記せ。
(1) タービンの機械損失は回転数および負荷のうち，（①）に比例して増減し，①が一定の場合，（②）の変化は機械損失にあまり影響を及ぼさない。
(2) タービンの最終段落からの排気損失は，タービンの負荷および復水器の（③）に影響される。
(1級)

 答 ① 回転数 ② 負荷 ③ 圧力（真空）

18 最終段落からの排気損失は，負荷の変動によってどのように変化するか。（速度線図を用いて説明せよ。）(1級)

19 蒸気タービンの内部損失に関する次の(1)および(2)について，それぞれ速度線図を描いて説明せよ。
(1) 蒸気中に水滴が含まれると損失となる理由
(2) 発電機駆動用蒸気タービンにおいて，軽負荷運転時は，定格運転時に比べて損失が増加する理由

 (1級)

第6章 蒸気タービンの諸効率と性能

1 多段落蒸気タービンに関して，次の文の □ の中に適合する字句または数字を記せ。

多段落蒸気タービンにおいては，各段落の断熱熱落差の総和は，そのタービンにおける初圧から終圧までの理論的断熱熱落差より ㋐ く，前者の後者に対する比を ㋑ 係数といい，その値は， ㋒ ぐらいである。この値は，段落数が多いほど ㋓ くなり，また，タービンの内部効率がわるいほど ㋔ くなる。

(2級)

答 ㋐ 大き ㋑ 再熱 ㋒ 1.02〜1.10 ㋓ 大き ㋔ 大き

2 各段落タービンにおいて，再熱係数 (μ) が1より大きいことを $h-s$ 線図を描いて説明し，再熱係数 (μ)，段落内部効率 (η_s) および全内部効率 (η_t) の間に $\eta_t = \mu\eta_s$ の関係がなりたつことを説明せよ。(1級)

3 蒸気タービンに関する下記(1)〜(5)の記述のうち，正しくないものを2つあげよ。
   (1) 再熱係数は，常に1よりも小さくなる。
   (2) 羽根の速度係数は，転向角が大きいほど小さくなる。
   (3) パーソンス数の大きいタービンは，周速度または段落数が大きい。
   (4) 機械損失の割合は，出力が小さいタービンほど小さい。
   (5) 有効効率は，一般に出力が小さいタービンほど低くなる。

(1級)

答 (1), (4)

4 (1) 熱消費率は，どのような場合に利用されるか。
  (2) 熱効率が，過負荷運転において低下するのは，なぜか。

   答 (2) 蒸気タービンの有効効率は，一般に定格負荷時に最高になるように計画される。負荷が低下あるいは過負荷になると，特に有効効率を構成している主要因子の一つである線図効率が低下する。その線図効率の低下の主な原因は，速度比 (U/C U：周速度 C：ノズル出口速度) が変化するからである。

5 蒸気タービンに関する下記文中（　）内の①〜③に適合する字句を記せ。

パーソンス数は，タービンの回転数および（①）または（②）によって変化し，パーソンス数を（③）くするほどタービンの内部効率が高くなる。

答 ① 回転羽根の平均直径　② 段落数　③ 大き　(1級)

6 パーソンス数は，どのような事項によって決まるか。また，これは，どのようなことに利用されるか。(1級)

演習問題（第7章）

第7章　蒸気タービン各部の構造と作用

1　鋳込み形ノズルおよび組立て形ノズルは，高圧および低圧の2シリンダからなるタービンにおいては，それぞれどの位置のノズルとして使用されているか。(3級)

　　答　鋳込み形ノズル：低圧タービン（および高圧タービンの低圧部）
　　　　　組立て形ノズル：高圧タービン（および低圧タービンの高圧部）

2　蒸気タービンの羽根に関する次の問いに答えよ。
　(1)　衝動タービンおよび反動タービンの羽根の断面の形状は，それぞれどのようになっているか。（図示せよ）
　(2)　羽根の固定法（植付け法）を，その固定する部分の形から2つに大別すれば，どのような種類があるか。
　(3級)

3　蒸気タービンの羽根に関する次の文の中で，正しくないものを2つだけ記せ。
　㋐　転向角は，一般に，反動タービンより衝動タービンのほうが，大きい。
　㋑　反動タービンの反動度が0.5のとき，回転羽根と固定羽根は同一の形状となる。
　㋒　反動タービンにおける羽根の蒸気入口角は，出口角より常に大きい。
　㋓　衝動タービンにおいて，蒸気の出口角を小さくすると，羽根の長さは短くなる。
　㋔　反動タービンにおいて，低圧段で蒸気の膨張が大きい場合は，出口角を小さくする。(2級)

　　答　㋓，㋔

4　蒸気タービンの羽根に関する下記文中の（　）内の㋐〜㋒に適合する字句を記せ。
　(1)　回転羽根の入口角は，速度線図から求められる蒸気の入口における相対速度と羽根の周速度のなす角度より，いくぶん（㋐）くする。
　(2)　衝動タービンの回転羽根の出口角は，入口角よりも（㋑）くするほうが段落線図効率は高くなる。
　(3)　反動タービンの回転羽根の出口角は，入口角よりも（㋒）くする。
　(1級)

　　答　㋐　大き　　㋑　小さ　　㋒　小さ

5　衝動タービンで回転羽根の出口角を小さくすると，羽根の長さはどうなるか。(3級)

6　蒸気タービンの羽根に関する下記(1)〜(4)の問いに答えよ。
　(1)　衝動タービンの回転羽根の入口角は，タービンの運転状態が変化しても蒸気が羽根の背面に衝突しないようにするには，どのような角度にすればよいか。
　(2)　衝動タービンの回転羽根の入口角を出口角より大きくすると，どのような利点があるか。
　(3)　反動タービンの回転羽根の入口角は，どのような角度にするか。
　(4)　反動タービンの回転羽根中で蒸気の膨張が著しい場合，出口角を大きくすると，

どのよう利点があるか。
(2級)

7 低圧部における長大なブレードにおいて，ブレードの根元の蒸気入口角度を適当な角度とし，根元から先端まで蒸気の入口角度を同一にすると，どのような不具合を生じるか。また，この不具合を避けるため，どのようなブレードが用いられるか。(2級)

8 タービンの回転羽根における「ねじれ羽根」について，次の問いに答えよ。
 (1) どのような形状をしているか。
 (2) 採用する目的は，なにか。
 (3) 高圧タービンに採用されるか，それとも低圧タービンに採用されるか。
 (4) ねじれ羽根の効用を速度線図を描いて説明すると，どのようになるか。
 (1級)

9 蒸気タービンの動翼に関して，次の問いに答えよ。
 (1) テーパ翼およびねじれ翼を用いる目的は，なにか。
 (2) 動翼が損傷する場合の原因には，どのようなものがあるか。
 (2級)

10 蒸気タービンの羽根に関する次の問いに答えよ。
 (1) シーリング ストリップとは，なにか。
 (2) 羽根の侵食を防止するため，羽根を被覆保護する材料には，どのようなものがあるか。また，それは，羽根のどの部分に施すか。
 (1級)

11 蒸気タービンの低圧段に発生する水滴の対策に関して，次の問いに答えよ。
 (1) 水滴の分離のため，どのような構造とするか。(2つあげよ。)
 (2) 翼の侵食を防止するため，翼を被覆保護する材料には，どのようなものがあるか。
 (1級)

12 タービンの高圧部の羽根に設けられている囲い板（shroud ring）はどのような役に立つか。(2級)

13 蒸気タービンの羽根の植付けに関する下記事項について述べよ。
 (1) 植付けにおいて考慮されなければならない点。
 (2) みぞ形植付け法における植付け部の形状。
 (3) くら形植付け法における植付け部の形状。
 (2級)

14 蒸気タービンの羽根に関する下記の形状を図示せよ。
 (1) 衝動タービンおよび反動タービンの羽根の断面の形状。
 (2) T形およびくら形羽根の根元の形状（それぞれを2種類ずつ）。
 (3級)

15 蒸気タービンの回転羽根に発生する応力を，原因別にあげよ。(1級)

演習問題（第7章）

16 蒸気タービンの羽根に関する下記(1), (2)の問いに答えよ。
 (1) 羽根に侵食が生じやすい個所はどの部分か。また侵食を防ぐために羽根を被覆保護するには，どのような材料（名称）が用いられるか。
 (2) 運転中，固定羽根および回転羽根には，それぞれどのような応力が生ずるか。
 (1級)

17 蒸気タービンの羽根材料として具備すべき条件をあげ，現在用いられている羽根材（ステンレス鋼，ニッケル クローム モリブデン鋼，モネル メタル）の得失について述べよ。(2級)

18 蒸気タービンの羽根の材料としては，どのような性質のものがよいか。(2級)

19 蒸気タービンの羽根材料として必要な性質を述べよ。また，羽根に使用される材料名をあげ，それぞれの特徴を述べよ。(2級)

20 蒸気タービンの車室に関する次の問いに答えよ。
 (1) 車室の構造は，蒸気の圧力および温度に対し十分な強度を持たせるため，どのようにするか。
 (2) 車室のフランジ部付近にき裂が発生する場合の原因は，何か。
 (1級)

21 2シリンダ形蒸気タービン主機における高圧タービンの車室とロータの膨張に関して，次の文の □ の中に適合する字句を記せ。
 (1) タービン車室とロータの膨張の差は，両金属の膨張率の差と ⑦ の相違によるが，一般に膨張率の差は少ないので，両者の膨張の差は，⑦の相違による影響が大きいと考えられる。
 (2) 船尾側軸受台は据付台に固定し，船首側軸受台は ④ 脚（④支持板）で支持し，車室は船首方向へ自由に膨張できるようにする。ロータは船首側軸受台に設けた ⑨ を基準として膨張する。このため，車室とロータの膨張が ㊀ 方向となって，軸方向の ㊉ の変化が比較的小さくなる。
 (3) 始動にあたり，車室とロータは同じ割合で膨張しなくて，ロータが車室よりいくぶん ㊅ ので，この点に注意が必要である。
 (2級)
  答 (1) ⑦ 加熱度（温度），(2) ④ たわみ，⑨ スラスト軸受，㊀ 反対（逆），㊉ すきま，(3) ㊅ 早（大き）

22 蒸気タービンの車室に関する次の問いに答えよ。
 (1) 上下フランジ部の締付けボルトの損傷を防止するため，構造上どのような考慮が払われているか。
 (2) フランジ部付近に，き裂が発生する場合の原因は，何か。
 (1級)

23 蒸気タービンの車室に関して，次の問いに答えよ。

演習問題（第7章）

(1) 上下フランジ部の気密は，どのようにして保つか。
(2) 上下フランジ部の継手ボルトの損傷を防止するため，構造上どのような考慮が払われているか。
(1級)

24　蒸気タービン主機の構造に関して，次の問いに答えよ。
(1) 始動時，車室の上下フランジ部と継手ボルト間の温度差を少なくするために，どのような考慮が払われているか。
(2) 車室の上下フランジ部の気密は，どのようにして保つか。
(3) 高圧車室と低圧車室の2つのシリンダを結ぶ蒸気管は，車室の膨張および振動に対して，どのような考慮が払われているか。
(1級)

25　蒸気タービンにおけるロータの危険速度とは，どのようなことか。また，危険速度で運転すると，どのような害があるか。それぞれ述べよ。(3級)

26　弾性軸および剛性軸の第1危険速度（回転数）は，それぞれ常用（規定）回転数に対してどのくらいに設計されるか。(1級)

27　反動タービンに用いられるロータ軸は，弾性軸か，それとも剛性軸か。(3級)

28　反動タービンには剛性軸が，衝動タービンには弾性軸が，それぞれ用いられるのは，なぜか。(1級)

29　蒸気タービンのロータに関する下記(1)〜(5)の記述のうち，正しくないものを2つだけあげよ。
(1) デ ラバル タービンのロータには，組立てロータが多く用いられる。
(2) ロータにラビリンス パッキンが接触したまま運転を続けると，ロータが曲がることがある。
(3) ロータは完全なつり合い体なので危険速度を生ずることがない。
(4) ディスク ロータ（円板羽根車）には，円板の両側の蒸気圧を等しくするために，つり合い穴を設けるものがある。
(5) 反動タービンの高圧段落には，ふつうディスク ロータ（円板羽根車）が多く用いられる。
(3級)

答　(3), (5)

30　衝動タービンに用いられる円板羽根車（ディスク ロータ）につり合い穴を設けるのは，なぜか。(3級)

31　仕切板が使用されるのは，反動タービンか，それとも衝動タービンか。(3級)

答　衝動タービン。

32　衝動蒸気タービンの仕切板について，次の問いに答えよ。
(1) 曲げの力が作用するのは，なぜか。

(2) 仕切板の外周および内周は，それぞれどのようにして気密が保たれているか。
(3) 膨張に対して，どのような考慮が払われているか。
(2級)
33 衝動タービンの気密装置に関する下記事項を簡単に述べよ。
(1) 仕切板に気密装置を設ける理由。
(2) 車室端に気密装置を設ける理由。
(3) 仕切板に固定式ラビリンス パッキンを取り付ける方法。
(4) 仕切板に浮動式ラビリンス パッキンを設ける場合の利点。
(2級)
34 ロータ軸が車室を貫通する部分に設けられるラビリンス パッキンには，どのような構造のものがあるか。(1例を略図を描いて示せ。) また，それは，どのようにして気密が保たれているか。(2級)
35 蒸気タービンのグランド パッキンとして用いられるラビリンス パッキンは，蒸気のどのような作用を利用して蒸気の漏れを防止するか。(3級)
36 パッキンには，遊動リング式（遊動式）ラビリンス パッキンが多く用いられるが，このパッキンの利点はなにか。また，このパッキンの構造を略図を描いて示せ。(2級)
37 蒸気タービンの車室の気密装置に用いる炭素パッキンに関して，次の問いに答えよ。
(1) 大形タービンに適するか，それとも小形タービンに適するか。
(2) ラビリンス パッキンと比較して，軸の周速度の大きいものに適するのは，どちらか。
(3) ラビリンス パッキンと比較して，全長は，長くなるか，それとも短くなるか。
(2級)
38 蒸気タービン主機のグランド パッキン蒸気圧は，どのくらいか。また，パッキン蒸気については，圧力のほかどんなことに注意するか。(2級)
39 蒸気タービンのタービン軸受（ジャーナル軸受）について，次の問いに答えよ。
(1) 軸受と軸とのすきまが適当でない場合，どのような不具合を生ずるか。
(2) 球面軸受を用いると，どのような利点があるか。
(3) 油みぞおよびすきまの相違から，一般に3つの形式に分けられているが，これらは，なになにか。(名称をあげよ)
(2級)
40 蒸気タービンの軸受に関する次の文の( )の中に適合する字句または数字を記せ。
軸受の両端にホワイト メタルを鋳込まないで，軸受金の径をホワイト メタルの部分より (ア) mm ぐらい大きく仕上げ，もし，(イ) がとだえたり，その他の原因によって軸受が過熱して，ホワイト メタルが溶けるようなことがあっても，両金属の (ウ) の相違から，一時，軸を支え，羽根の先端や (エ) が (オ) して破損すること

がないように（ゆ）を設けたものがある。この部分のことを（き）という。(2級)
  答 ㋐0.5～1.0 ㋑潤滑油 ㋒溶融点 ㋓ラビリンス フィン ㋔接触
    ㋕すきま部 ㋖安全帯

41 蒸気タービンのジャーナル軸受に関する次の問いに答えよ。
(1) 軸受メタルの摩擦面への潤滑油の流入は，メタルのどの部分からされているか。
(2) 下軸受のメタル面には，油みぞを設けるか，それとも設けないか。
(3) 軸受部分に潤滑油が十分に供給されているかどうかは，どのようにして知るか。
(4) 軸受メタルの摩耗量を計測するには，どのような方法があるか。
 (2級)

42 蒸気タービンのジャーナル軸受が摩耗した場合の害をあげよ。(3級)
  答 ①タービンのセンタリングに狂いができて，タービン振動の原因となる。
    ②羽根先すきまおよびパッキンすきまが変化し，損失が大きくなる。
    ③摩耗が大きくなると，羽根の先端やラビリンス パッキンが車室内部や軸に接触する。

43 蒸気タービンのタービン軸受（ジャーナル軸受）に関して，次の問いに答えよ。
(1) オイル ホワールとは，どのような現象か。
(2) 軸受を油みぞおよびすきまなどの相違から分類すると，軸受の形式は，圧力形のほかどのような形式があるか。
(3) 球面軸受を用いると，どのような利点があるか。
 (2級)

44 蒸気タービン主機のスラスト軸受に関して，次の問いに答えよ。
(1) タービンにスラスト軸受を設ける理由は，なにか。
(2) 上記(1)のスラスト軸受には，一般に，どのような形式のものが採用されるか。
 (2級)

45 蒸気タービン主機のスラスト軸受に関する次の問いに答えよ。
(1) 高圧および低圧の2シリンダからなる蒸気タービンにおいて，高圧タービンおよび低圧タービンのスラスト軸受は，それぞれどの位置に設けられるか。
(2) 上記(1)のスラスト軸受が，それぞれ必要な理由は，何か。
(3) スラスト軸受に設けられる警報装置は，どのような場合に警報を発するか。
 (当直3級)

46 舶用蒸気タービンにおける後進タービンに関して，次の問いに答えよ。
(1) 後進タービンは，ふつう，どこに設けられるか。
(2) 後進タービンには，一般にどのような形式のタービンが用いられるか。
(3) 後進タービンには，一般にノズル弁を設けるか，それとも設けないか。
 (3級)

47 前進低圧蒸気タービンの排気側に接続して設ける後進蒸気タービンに関して，次の

問いに答えよ。
(1) 後進タービンに用いられる形式は，一般に，何か。また，その形式が用いられる理由は，何か。
(2) 後進タービンの出力は，どのような事項を基準として決められるか。
(3) 後進運転中，排気が前進タービンに衝突するのを防止するため，どのような方法がとられているか。

(2級)

48 後進タービンを前進低圧タービン車室に接続して設ける形式の蒸気タービン主機に関する次の問いに答えよ。
(1) 後進運転時に後進タービンの排気が，前進タービン翼に衝突するのを防止するために，どのような方法があるか。
(2) 後進運転時の排気室温度の上昇により，車室が過熱するのを防止するために，どのような方法があるか。

(1級)

第8章　復水装置

1　蒸気タービンの主復水器に関して，次の問いに答えよ。
　(1)　復水の過冷却を防止するため，どのような構造とするか。
　(2)　冷却管の冷却水側に生じる損傷を防ぐために，どのような対策が行われているか。
　　（2級）

2　蒸気タービンの主復水器に関する次の問いに答えよ。
　(1)　復水器内に設けられる仕切板（邪魔板）の役目は，何か。
　(2)　復水器に接続している管には，どのようなものがあるか。（4つあげよ）
　(3)　運転中，復水器の真空度が低下する場合の原因は，何か。（4つあげよ）
　　（3級）

3　復水器の冷却管を管板に取り付けるには，どのような方法が用いられているか，略図を描いて説明せよ。（2級）

4　蒸気タービンの主復水器に関する次の問いに答えよ。
　(1)　真空度を高くするために，構造上どのような方法がとられているか。
　(2)　冷却管が漏えいした場合，どのような方法で漏えい管を発見するか。
　　（2級）

5　スタンバイ運転中，前進運転から急に後進全速に操縦ハンドルをとる場合，復水器の真空度に注意しなければならないのは，なぜか。（1級）

6　復水器の防食には，どのような方法が用いられるか。（それぞれについて簡単に説明せよ。）（1級）

7　主蒸気タービンの復水装置に関する次の問いに答えよ。
　(1)　復水器冷却管内における冷却水の流速は，ふつうどれくらいか。
　(2)　冷却水量は，復水量のなん倍くらいか。
　(3)　冷却管に，局部的にピンホール状の穴があく場合の原因は，なにか。
　(4)　冷却管に点食が生ずる場合の原因はなにか。
　　（2級）
　　〔解説〕(1)　1.8〜2.0 m/s　(2)　80〜100倍　(3)　管内における酸素分布の不均一。（酸素濃淡電池）(4)　冷却水中の沈殿物による侵食および沈殿物のはく離などによる。（デポジット潰食）

8　タービン主機の復水装置における空気抽出装置について，次の問いに答えよ。
　(1)　役目は，なにか。
　(2)　構造は，どのようになっているか。（略図を描いて示せ。）
　　（3級）

9　蒸気タービン主機の2段式空気エゼクタに関して，次の問いに答えよ。

演習問題（第8章）

(1) 空気エゼクタの冷却器は，なにによって冷却されるか。
(2) 主機が低負荷となった場合，空気エゼクタ冷却器の冷却不足を防ぐため，どのようにするか。
(3) 第1段および第2段のエゼクタ蒸気の復水は，それぞれどこへ導かれるか。
(4) 第1段の復水の配管には，どのような工夫がなされているか。また，それはなぜか。
（2級）

10　蒸気タービン主機において，復水ポンプに設ける真空平均管の効用を述べよ。
（2級）
　　答　空気抜き管。復水中の気ほうが復水ポンプの機能を阻害するため，復水ポンプの吸入側に設け復水器に導く。

11　復水装置におけるスクープ方式に関して，次の問いに答えよ。
(1) どのような方式か。
(2) この方式を採用する場合，復水器は，単流式を用いるか，それとも復流式を用いるか。
（2級）
　　答　(2)　単流式を用いる。

12　復水装置におけるスクープ方式の利点および欠点は，それぞれ何か。（3級）

13　蒸気タービン主機を運転中，主復水器の真空度が低下する場合の原因をあげよ。（3級）

第9章　減速装置

1 蒸気タービン主機の歯車減速装置に関する次の問いに答えよ。
 (1) やまば歯車のねじれ角を大きくした場合，どのような利点と欠点があるか。
 (2) バックラッシの大きさは，どのような事項を考慮して決められるか。
  (1級)

2 蒸気タービンの減速装置に関して，次の問いに答えよ。
 (1) 減速歯車として用いられるやまば歯車のねじれ角を大きくした場合，どんな利点と欠点があるか。
 (2) シングル タンデム アーティキュレイテッド形とは，どのような歯車の配置か。（略図を描いて示せ。）また，この形の特徴は，なにか。
  (1級)

3 蒸気タービンの歯車減速装置に関する次の問いに答えよ。
 (1) 下記⑦〜㊁は，それぞれインボリュート歯形およびサイクロイド歯形のどちらに適合するか。
  ⑦　歯面の接触は，互いに凸面のため潤滑油膜が破れやすい。
  ④　かみ合いの位置に関係なくすべりが一定であるから摩耗しにくい。
  ⑨　歯形が2つの曲線でできており，精密な工作が難しい。
  ㊁　軸受の摩耗や取付け不良によって軸の中心線間距離が多少狂ってもかみ合いは良好である。
 (2) 歯車への注油を，図に示すように歯のかみ合う反対側の方向から注油すると，どのような利点があるか。
 (3) バックラッシの大きさは，どのような事項を考慮して決められるか。
  (1級)

4 減速歯車への注油は，一般に，歯のかみ合い側から注油するか，それとも，反対側から注油するか。また，それは，なぜか。(1級)

5 歯車の K 値とは，どのようなことか。また，歯車の K 値は，一般にどのくらいにとられているか。(1級)

6 蒸気タービンに設けられるたわみ継手に関して，次の問いに答えよ。
 (1) 構造上から分類すれば，どんな形式があるか。
 (2) 設置する理由は，なにか。
  (2級)

7 蒸気タービン主機の2段減速歯車装置に関して，次の問いに答えよ。
 (1) たわみ軸は，減速歯車装置のどこに設けられるか。

(2) 上記 (1) のたわみ軸を設置する理由は，なにか。
(3) 減速歯車の歯の摩耗は，どのようにして調べるか。
　　(2級)
8 蒸気タービンの歯形たわみ継手（歯車継手）に関する次の問いに答えよ。
(1) かみ合い歯面への給油は，どのように行われるか。
(2) かみ合い歯面部に異物が滞留しないようにするため，どのようにしているか。
(3) 継手の歯のバックラッシが増すと，どのような害を生じるか。
　　(1級)
9 蒸気タービンのたわみ継手に関する次の問いに答えよ。
(1) 継手には，構造上から分類すれば，どのような形式があるか。
(2) 継手のかみ合い面への給油は，どのようにして行うか。
(3) 継手に異常振動が生ずる場合の原因は，なにか。
　　答 (1) (イ) 爪形, (ロ) 歯形（片歯形, 両歯形）, (ハ) ビビイ継手
10 図は，蒸気タービン主機の遊星歯車減速装置の略図である。次の問いに答えよ。

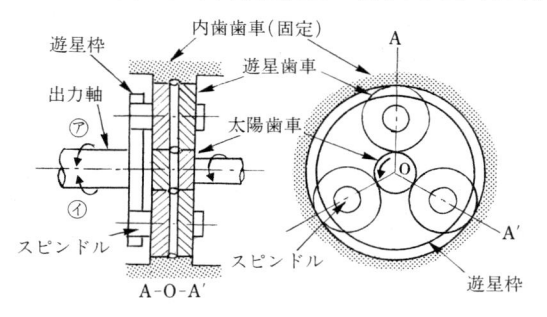

(1) 遊星歯車減速装置を用いた場合，どのような利点があるか。
(2) 図の遊星歯車減速装置の形式は，何形か。
(3) 太陽歯車を矢印の方向に回転させると，出力軸は，⑦または④のどちらへ回転するか。
　　(2級)

第10章 タービンの付属装置

1 蒸気タービンの調速に関する次の文の ☐ の中に適合する字句を記せ。
(1) 絞り調速法において，低負荷時には，蒸気は操縦弁によって絞られるから，等 ㋐ 変化をし，このときの温度降下よりも圧力降下の方が大きいから， ㋑ 度が増加する。
(2) ノズル加減調速法において，低負荷時においてもタービン入口蒸気状態は変わらないが，第1段の熱落差が著しく増加して速度比が ㋒ くなる。
(3) 低負荷時においては，絞り調速法の方が単位出力当たりの蒸気消費量は，ノズル加減調速法よりも ㋓ くなる。
(4) 操縦弁やノズル弁には，弁座が 3°〜6° のテーパ状になった ㋔ 形弁座を用いて，蒸気の速度エネルギーの一部を ㋕ として回収する。
(2級)
答 (1) ㋐ エンタルピ, ㋑ 過熱, (2) ㋒ 小さ, (3) ㋓ 多,
(4) ㋔ デフューザ, ㋕ 圧力

2 蒸気タービン主機の調速に関する次の問いに答えよ。
(1) 絞り調速法による低負荷運転時の蒸気の動作状態は，定格負荷時の蒸気の動作状態とどのように異なるか。($h-s$ 線図を描き，蒸気の膨張線を記入して説明せよ。)
(2) ノズル締切り調速法による低負荷運転時において，第1段の熱効率が定格負荷時における熱効率に比べて低下する理由は，何か。
(3) ノズル締切り調速法では，どのようにしてノズル弁を開閉するか。(略図を描いて説明せよ。)
(1級)

3 蒸気タービンの調速に関する下記文中の ( ) 内の㋐〜㋖に適合する字句を入れよ。
(1) ノズル締切り調速では，ノズル弁の前後における蒸気の状態は (㋐)。
(2) ノズル締切り調速では，部分負荷における効率が絞り調速に比べて (㋑)。
(3) 絞り調速では，絞りの前後における蒸気のエンタルピが (㋒) で，エントロピは (㋓)。
(4) 蒸気タービン主機の調速は，一般に，負荷の小さい部分，(たとえば負荷の 1/2 以下) で (㋔) が，それ以上の負荷の部分では (㋕) が行われる。
(5) 蒸気タービンの任意の負荷の所要蒸気量は，(㋖) 線により近似的に求められる。
(1級)
答 ㋐ 不変である ㋑ 大きい (優っている) ㋒ 一定 ㋓ 増加する
㋔ 絞り調速法 ㋕ ノズル加減調速 ㋖ ウイランス線

4 蒸気タービンの絞り調速とノズル締切り調速に関する下記(1)〜(5)の記述のうち，正しくないものを2つだけ記せ。

演習問題（第10章）

(1) 絞り調速によって出力を調整すると，一般に速度比は変わらない．
(2) 絞り調速とノズル締切り調速を併用する場合は負荷の大きい部分（たとえば負荷の1/2以上）でノズル締切り調速が行われる．
(3) 絞り調速によって出力を減少する場合は，タービン入口の蒸気のエントロピは減少する．
(4) ノズル締切り調速によって出力を減少する場合は，絞り調速の場合に比べてタービン第1段落の熱落差は一般に増加する．
(5) ノズル締切り調速によって出力を減少すると，減少前に比べて再熱係数は大きくなる．
(1級)

答 (1), (3)

5 蒸気タービン主機のノズル弁に関する下記(1)～(5)の記述のうち，正しいものを2つだけあげよ．
(1) 暖機中は一般にノズル弁を全閉しておく．
(2) 航走中，ノズル弁によってタービンの出力を調整するのは，蒸気のエンタルピを変化させるものである．
(3) 後進タービンには，ノズル弁を設けないのが普通である．
(4) ノズル弁によって行う出力の調整法を絞り調速という．
(5) 前進第1段のノズルを数群にわける場合，一般に各群のノズル数は異なるようにしてある．
(3級)

答 (3), (5)

6 ガバナ インペラの役目は，何か．また，主機のどこに取り付けられるか．(3級)

7 ターニング装置は，どのような場合に使用するか．また，一般に，主機のどこに取り付けられるか．(3級)

8 蒸気タービン主機を運転中，危急しゃ断装置（安全装置）は，どのような状態が発生した場合に作動するか．5つあげよ．(3級)

9 蒸気タービン主機の潤滑装置には，どのような安全装置が設けてあるか．また，どのような場合に警報を発するか．それぞれについて述べよ．(3級)

10 蒸気タービン主機のグランド パッキン蒸気に関して，次の問いに答えよ．
(1) 入港時，グランド パッキン蒸気にドレンが含まれやすいのは，なぜか．
(2) グランド パッキン蒸気にドレンが含まれると，どのような害があるか．
(3) 蒸気配管に設ける蒸気トラップは，どのような作動によってドレンを排除するか．（形式名を2つあげ，それぞれの作動原理を記せ）

第11章　蒸気タービンおよび関連装置の取扱いと保全

1　出入港の待機，潮待ち等の短時間の待機の場合，タービン主機については，どのような処理および注意が必要か述べよ。(3級)

2　蒸気タービン主機の暖機中の注意事項をあげよ。(3級)

3　スタンバイ運転中，蒸気タービン主機を前進全速から後進全速に操縦ハンドルをとる場合，注意しなければならない事項をあげよ。(1級)

4　蒸気タービン主機において，パッキン蒸気による暖機後，直接蒸気の送気によりタービンを回転させる暖機にきりかえる場合の要領を述べよ。(3級)

5　オートスピニング装置には，どのような場合に対する警報装置が設けられるか。(1級)

6　蒸気タービン主機の始動が困難な場合の原因は，なにか。(3級)

7　蒸気タービン主機の暖機準備に関する次の文の　　　の中に適合する字句を記せ。
  (1) 潤滑油サンプタンク内の　⑦　，　④　を確認する。
  (2) 蒸気管およびタービンの　⑦　弁を開ける。
  (3) 潤滑油，復水などの配管系統の必要な弁を開けて，潤滑油ポンプ，復水ポンプ及び　④　水ポンプを始動する。
  (4) タービンを均一に暖めるために，タービンを　⑦　する。
  (5) タービン グランドに　⑦　蒸気を供給する。
  (6) グランド コンデンサの排気　⑦　を始動する。
  (7) 空気エゼクタを始動し，　⑦　器の真空度を適度に保つ。
  (3級)
  【答】(1) ⑦ 油量，④ 油温　(2) ⑦ ドレン　(3) ④ 循環　(4) ⑦ ターニング　(5) ⑦ グランド（またはパッキン）　(6) ⑦ ファン　(7) ⑦ 主復水

8　蒸気タービン主機の付属装置に関する次の問いに答えよ。
  (1) 操縦装置において，操縦弁の動きを制御するために設けられるタイムスケジュールとは，どのようなものか。
  (2) ターニング ギヤによって主機をターニングするのは，どのような場合か。また，一般に，ターニング ギヤは，主機のどこに取り付けられるか。
  (3級)

9　蒸気タービンの減速歯車の歯面に生ずる点食は，ピッチ線に沿って発生しやすいのは，なぜか。(1級)

10　蒸気タービン主機の減速歯車室をのぞき穴から点検する場合の要領を述べよ。(2級)

11　蒸気タービンの減速歯車に関する次の問いに答えよ。

演習問題（第11章）

(1) 歯の摩耗は，どのようにして計測するか。
(2) 歯当たり検査の記録は，どのようにして行うか。
　　(2級)
12 蒸気タービン車室の上半を開放した場合，計測する箇所をあげよ。(2級)
13 蒸気タービン車室の上半を開放して検査した後，復旧する場合の注意事項をあげよ。(2級)
14 減速歯車室を開放した場合，どのような点について検査するか。(1級)
15 蒸気タービンのジャーナル軸受の摩耗量を，次の計測器具を用いて計測する方法について記せ。
(1) デプス マイクロメータ
(2) ブリッジ ゲージ
　　(2級)
16 蒸気タービンのジャーナル軸受が摩耗した場合の害をあげよ。(3級)
17 蒸気タービンの運転中，タービンに異常な振動を生ずる場合の原因をあげよ。(3級)
18 蒸気タービン主機の潤滑装置に関する次の問いに答えよ。
(1) 潤滑油圧が低下した場合，どのようなバックアップが行われるか。
(2) 警報装置は，潤滑油圧の低下のほか，どのような場合に警報を発するか。
　　(3級)
19 蒸気タービンのジャーナル軸受の摩耗量（沈下度）を計測するには，どのような方法があるか。(3級)
20 蒸気タービンの運転中，タービンに異常振動が発生した場合，事後の調査のため記録しておく事項を記せ。(1級)
21 ロータが湾曲した場合の修理法である加熱法とは，どのような方法か。(1級)
22 高圧および低圧の2シリンダからなる蒸気タービン主機において，高圧タービンが故障のため低圧タービンのみの単独運転をする場合に行わなければならない次の(1)および(2)の項目について，それぞれ記せ。
(1) 運転前に行う準備作業
(2) 運転中の低圧タービンの操作および注意事項
　　(1級)
23 蒸気タービンの主復水器に関する次の問いに答えよ。
(1) 汚れの度合いは，どのようなことから判断できるか。
(2) 冷却水側の掃除は，どのようにして行うか。
　　(3級)

索　　引

〔あ〕

Ｉ形支持板 ……………………… *100*
圧力形 …………………………… *127*
圧力速度複式衝動タービン ……… *10*
圧力段 ……………………………… *6*
圧力複式衝動タービン …………… *8*
油そらせ板 ……………………… *124*
油そらせつば …………………… *124*
安全ストリップ ………………… *125*
安全装置 ………………………… *167*
安全帯 …………………………… *125*
案内羽根 …………………………… *3*

〔い〕

鋳込形ノズル …………………… *77*
一次流動 ………………………… *55*
一体ロータ ……………… *104,105*
インボリュート歯車 …………… *148*

〔う〕

ウイルソン線 …………………… *42*
ウイング羽根 …………………… *83*
うず流れ ………………………… *55*
うず流れ速度 …………………… *44*
うず流れ損失 …………………… *40*

〔え〕

エーロフォイル形 ……………… *53*
液体減速装置 …………………… *162*
エクステンド線図 ……………… *43*
エレクトラ タービン …………… *10*
エンタルピ差 …………………… *28*
円板羽根車 ……………………… *104*
円板羽根車の回転損失 …………… *61*
円板羽根車の通風損失 …………… *62*

〔お〕

オイル フイップ ………………… *128*
オイル フワーリング …………… *128*
オイル フワール ………………… *128*
オート スピニング ……………… *171*
温水だめ ………………………… *139*

〔か〕

カーチス タービン …………… *9,129*
潰食 ……………………………… *137*
回転速度 ………………………… *44*
回転損失 ………………………… *63*
回転暖機 ………………………… *169*
回転羽根 …………………………… *1*
回転羽根損失 …………………… *52*
回転羽根内の損失 ……………… *53*
回転羽根の入口角 ……………… *81*
回転羽根のすきま ……………… *85*
回転羽根の速度係数 ………… *48,53*
回転羽根の出口角 ……………… *83*
回転羽根のピッチ ……………… *85*
外部損失 …………………… *62,70*
外部漏えい損失 ………………… *62*
拡管式 …………………………… *137*
囲い板 …………………………… *85*
囲い輪 …………………………… *92*
過速度調速機 …………………… *166*
片流れ ……………………………… *5*
ガバナ インペラ ………………… *167*
過膨張 …………………………… *38*
過飽和 …………………………… *41*

カルノ サイクル …………… 15
過冷 …………………………… 41
過冷却 ………………………… 135
間隔片 ………………………… 86
換気損失 ……………………… 62
完全膨張 ……………………… 38
管巣 …………………………… 136
丸頭羽根 ……………………… 53
環輪 …………………………… 163

〔き〕

ギア ホイール ……………… 152
キー …………………………… 99
機械効率 ……………………… 70
機械損失 ……………………… 63
危急しゃ断装置 ……………… 167
危険回転数 …………………… 106
危険速度 ……………………… 106
気密装置 …………………… 3,116
キャビテーション …………… 148
吸引作用 ……………………… 60
凝結核 ………………………… 41

〔く〕

クイル軸 ……………………… 158
空気エゼクタ ………………… 141
くし形複式タービン ………… 4
組立て形ノズル ……………… 77
組立てロータ ………………… 104
くら形固定法 ………………… 91
グラファイト ………………… 102
グランド ……………………… 63
グランドの漏えい損失 ……… 62
グランド パッキン蒸気 …… 122
クリープ限度 ………………… 95
クリープ強さ ………………… 103
クロース アンダ パイプ …… 102

クロース オーバ パイプ …… 102

〔け, こ〕

K 値 …………………………… 151
減速装置 …………………… 3,148
減速比 ………………………… 150
後進タービン ………………… 129
剛性軸 ………………………… 110
こう配付きねじれ羽根 ……… 89
こう配羽根 …………………… 87
効率比 ………………………… 71
ゴーリング …………………… 176
固定羽根 ……………………… 3
こぼれ損失 …………………… 59
混式タービン ……………… 4,11
コントラフロ形復水器 ……… 139
コンベンショナル形 ………… 157

〔さ〕

再生サイクル ………………… 21
再生タービン ………………… 5
再熱形復水器 ………………… 140
再熱係数 ……………………… 69
再熱サイクル ………………… 25
再熱再生サイクル …………… 27
再熱タービン ………………… 6
先細ノズル ………………… 9,34
先細平行ノズル ……………… 9
三次元羽根 …………………… 87

〔し〕

シーリング ストリップ …86,93
仕切板 ……………………… 3,113
仕切板の漏えい損失 ………… 61
軸受 …………………………… 3
軸方向すきまによる損失 …… 59
軸流タービン ………………… 5

索　　引

軸流反動タービン ………………	*11*
絞り調節 ………………………	*164*
締付けボルト …………………	*101*
ジャーナル軸受 ………………	*124*
ジャーナル軸受の摩擦損失 ……	*64*
車室 ……………………………	*3,97*
車室の気密装置 ………………	*120*
周辺効率 ……………………	*48,67*
シュラウドリング ……………	*92*
循環水ポンプ …………………	*140*
純衝動段 ………………………	*7*
蒸気消費率 ……………………	*73*
蒸気タービン …………………	*1*
衝動作用 ………………………	*4*
衝動タービン …………………	*2*
衝動段 …………………………	*12*
衝動反動形タービン …………	*7*
シリンダ形 ……………………	*127*
シングル タンデム アーキュレィテッド形 ……	*153*
シングル プレン形 ……………	*157*
伸縮継手 ………………………	*102*
侵食 ……………………………	*95*
侵食作用 ……………………	*17,57*

〔す〕

吸込み損失 ……………………	*60*
末広ノズル …………………	*8,9,36*
スカッフィング ………………	*178*
スクープ方式 …………………	*140*
スコーリング …………………	*176*
ステライト ……………………	*96*
スペーサ ………………………	*86*
スポーリング …………………	*176*
スラスト ………………………	*122*
スラスト軸受 ……………	*100,123,128*
スラスト軸受の摩擦損失 ……	*64*

〔せ〕

制動作用 ………………………	*57*
静翼 ……………………………	*80*
節 ………………………………	*108*
接線流式 ………………………	*10*
せん孔形ノズル ………………	*78*
扇車損失 ………………………	*62*
全周流入 ………………………	*58*
線図効率 ………………………	*67*
全内部効率 ……………………	*69*
扇風損失 ………………………	*62*

〔そ〕

速度三角形 ……………………	*44*
速度制御装置 …………………	*164*
速度線図 ………………………	*44*
速度段 …………………………	*6*
速度比 …………………………	*49*
速度複式衝動タービン ………	*9*

〔た，ち〕

タービン ………………………	*1*
タービン軸受 …………………	*124*
ダイアフラム …………………	*113*
第1次危険速度 ………………	*110*
太陽歯車 ………………………	*163*
だ円形 …………………………	*127*
多シリンダ タービン …………	*4*
ダミーピストン ………………	*123*
たわみ軸 ………………………	*158*
たわみ継手 ……………………	*159*
段 ………………………………	*6*
段圧タービン …………………	*8*
暖機 ……………………………	*169*
タングステン …………………	*96*
段効率 …………………………	*48*

単式衝動タービン ……………… 7
単軸タービン ……………… 5
単車室タービン ……………… 4
弾性軸 ……………… 110
段速タービン ……………… 9
炭素パッキン ……………… 121
タンタラム ……………… 96
単段衝動タービン ……………… 7
タンデム連成タービン ……………… 4
ダンパ作用 ……………… 97
ダンピング キャパシティ ……… 95
段落線図効率 ……………… 48,67
段落内部効率 ……………… 69
中圧 ……………… 4
抽気タービン ……………… 6
中空ロータ ……………… 105

〔つ，て〕

通風作用 ……………… 62
ツェリ タービン ……………… 9
つめ形たわみ継手 ……………… 162
つり合い穴 ……………… 104
つり合いピストン ……………… 123
テーパ羽根 ……………… 87
デフューザ ……………… 141
デフューザ形排気室 ……………… 131
デフレクタ ……………… 66,130
デュアル タンデム
　アーキュレィテッド形 ……… 154
デ ラバル タービン ……………… 8
デ ラバル ノズル ……………… 36
テリー タービン ……………… 10
電気減速装置 ……………… 162
電気推進装置 ……………… 162
転向角 ……………… 54
点食 ……………… 177
伝導および放射損失 ……………… 66
伝導効率 ……………… 151

〔と〕

動翼 ……………… 80
ドエルピン ……………… 114
特殊羽根 ……………… 86
とじ金 ……………… 85,93
ドラム ロータ ……………… 105
ドレン ……………… 170
ドレン アタック ……………… 95
ドレン排除装置 ……………… 115

〔な，に〕

内部効率 ……………… 69
内部仕事 ……………… 69
内部損失 ……………… 51
内部漏えい損失 ……………… 58
二重車室構造 ……………… 98
二次流動 ……………… 55

〔ね〕

ねじ栓 ……………… 114
ねじれ角 ……………… 150
ねじれ羽根 ……………… 87
ネステッド形 ……………… 152
根付き羽根 ……………… 85,86
熱効率 ……………… 72
熱落差 ……………… 28

〔の〕

ノズル ……………… 1,28,77
ノズル加減調節 ……………… 164
ノズル効率 ……………… 52
ノズル損失 ……………… 51
ノズルの速度係数 ……………… 51
ノズルののど ……………… 31
ノズルの拡がり率 ……………… 36

索　　引

ノズル弁 …………………… 79	反動度 …………………… 7
ノズル レゾナンス ………… 172	ヒーロ …………………… 1
	ピッチング ……………… 177
〔は，ひ〕	ピニオン ………………… 152
	表面復水器 ……………… 137
パーソンス数 ……………… 74	
パーソンス タービン ……… 11	〔ふ〕
排圧 ……………………… 135	
背圧 …………………… 6,20,39	フィン …………………… 118
背圧タービン ……………… 6	封水パッキン …………… 122
排気案内羽根 ……………… 130	フェルール式 …………… 137
排気案内板 ………………… 130	腹 ………………………… 108
排気管における流動損失 …… 65	複式タービン …………… 4
排気残留エネルギ損失 …… 57,65	復水装置 ……………… 3,135
排気しゃへい環 …………… 130	復水タービン …………… 5
排気除板 …………………… 130	復水ポンプ ……………… 141
排気損失 …………………… 65	腹面角 …………………… 80
排気タービン ……………… 6	輻流タービン …………… 5
排出損失 …………………… 65	輻流反動タービン ……… 11
背面角 ……………………… 80	腐食 ……………………… 95
歯形たわみ継手 …………… 161	不足膨張 ………………… 38
歯車効率 …………………… 151	普通羽根 ………………… 86
バタワース ポンプ ………… 6	部分流入 ………………… 58
バック ラッシ …………… 173,177	プライミング ………… 96,170
羽根 ……………………… 80	ブランカ ………………… 2
羽根先すきまによる損失 …… 58	プラントの全熱効率 …… 73
羽根のピッチ ……………… 56,80	分離羽根 ………………… 86
はめ合わせロータ ………… 104	
バランス ホール ………… 104	〔へ，ほ〕
半径方向すきまによる損失 … 58	
半径流式 …………………… 10	平行ノズル ……………… 37
半径流タービン …………… 5	並列複式タービン ……… 4
半径流反動タービン ……… 11	ヘリカル角 ……………… 150
半径流流出形タービン …… 11	膨張 ……………………… 4
半径流流入形タービン …… 11	膨張継手 ………………… 137
反動作用 …………………… 4	ポーラ線図 ……………… 43
反動タービン ……………… 2,11	保護装置 ………………… 167
反動段 ……………………… 12	ホット ウェル ………… 139
	ホワイト メタル ……… 124

ポンプ作用 …………………………… 62

〔ま行〕

マンガン サイト …………………… 102
みぞ形固定法 ………………………… 89
みぞ付き湿分離羽根 ……………… 96
無効分速度 …………………………… 44
メーン ギア ………………………… 152
メタル パッキン式 ……………… 137
モジュール …………………………… 150

〔や行〕

やまば歯車 …………………………… 149
有効効率 ……………………………… 71
有効分速度 …………………………… 44
遊星歯車 ……………………………… 163
遊星歯車装置 ………………………… 163
遊動式 ………………………………… 119
遊動リング式 ………………………… 119
ユングストローム形 ……………… 5
溶接形ノズル ………………………… 78
溶接ロータ …………………………… 105

溶存酸素 ……………………………… 135
翼 ……………………………………… 80
翼環 …………………………………… 131
翼車 …………………………………… 104
横並び高低圧タービン ……………… 4

〔ら行〕

ラトー タービン …………………… 9
ラビリンス パッキン ……… 61,63,117
ランキン サイクル ………………… 15
リブ …………………………………… 98
流出損失 …………………………… 57,65
両向き流れ …………………………… 5
臨界圧力 …………………………… 28,31
臨界速度 ……………………………… 28
ループ封じ …………………………… 142
冷却管支持板 ………………………… 139
冷却水量比 …………………………… 143
レーシング ワイヤ ………………… 93
レシーブ パイプ …………………… 102
連絡管 ………………………………… 102
ロータ …………………………… 3,104

著者略歴

角 田 哲 也（すみだ　てつや）

昭和52年　大島商船高等専門学校機関学科3年修了
昭和57年　東京商船大学（現，東京海洋大学）機関学科卒業
同　　年　大島商船高等専門学校助手
平成2年　大島商船高等専門学校講師
現　　在　大島商船高等専門学校教授，博士（工学）

蒸気タービン要論　　　　　　定価はカバーに表示してあります。

平成17年3月8日　初版発行
平成29年7月28日　4版発行

著　者　　角田哲也
発行者　　小川典子
印　刷　　三和印刷株式会社
製　本　　株式会社難波製本

発行所　株式会社成山堂書店

〒160-0012　東京都新宿区南元町4番51　成山堂ビル
TEL：03(3357)5861　　FAX：03(3357)5867
URL　http://www.seizando.co.jp
落丁・乱丁本はお取り換えいたしますので，小社営業チーム宛にお送りください。

Ⓒ2005 Tetsuya Sumida
Printed in Japan　　　　ISBN978-4-425-68014-6

定価変更の場合もあります　　　　成山堂の海事関係図書　　　　総合図書目録無料贈呈

❖辞　典・外国語❖

✢辞　典✢

英和 海事大辞典（新装版）	逆井編	16,000円
和英／英和 船舶用語辞典	東京商船大辞典編集委員会編	5,000円
英和／和英 海洋航海用語辞典	四之宮編	3,400円
英和／和英 機関用語辞典	升田編	3,200円
和英／英和 総合水産辞典（4訂版）	金田編	12,000円
図解 船舶・荷役の基礎用語（6訂版）	宮本編著	3,800円
海に由来する英語事典	飯島・丹羽共訳	6,400円
海と空の港大事典	日本港湾経済学会編	5,600円
船舶安全法関係用語事典	上村編著	7,800円
最新ダイビング用語事典	日本水中科学協会編	5,400円

✢外国語✢

新版英和対訳 IMO標準海事通信用語集	海事局監修	4,600円
英文 新しい航海日誌の書き方	四之宮著	1,800円
発音カナ付 英文・和文 新しい機関日誌の書き方（新訂版）	斎竹著	1,600円
実用英文機関日誌記載要領	岸本・大橋共著	2,000円
航海英語のABC	平田著	1,800円
船員実務英会話テキスト	日本郵船海務課編	1,600円
混乗船のための英語マニュアル	日本郵船著	2,400円
復刻版 海の英語　―イギリス海事用語根源―	佐波著	8,000円
海の物語（改訂増補版）	商船高専英語研究会編	1,600円
機関英語のベスト解釈	西野著	1,800円
海の英語に強くなる本　―海技試験を徹底研究―	桑田著	1,600円

❖法令集・法令解説❖

✢法　令✢

海事法令シリーズ①海運六法	海事局監修	16,000円
海事法令シリーズ②船舶六法	海事局監修	38,500円
海事法令シリーズ③船員六法	海事局監修	32,000円
海事法令シリーズ④海上保安六法	保安庁監修	16,400円
海事法令シリーズ⑤港湾六法	港湾局監修	12,500円
海技試験六法	海技・振興課監修	4,800円
実用海事六法	国土交通省監修	18,000円
安全法シリーズ①最新船舶安全法及び関係法令	安全基準課監修	9,800円
最新 小型船舶・漁船安全関係法令	安基課・測度課監修	5,700円
加除式 危険物船舶運送及び貯蔵規則並びに関係告示	海事局監修	27,000円
最新 船員法及び関係法令	労務課監修	5,400円
最新 船舶職員及び小型船舶操縦者法関係法令	海技課監修	5,700円
最新 海上交通三法及び関係法令	保安庁監修	4,600円
最新 海洋汚染等及び海上災害の防止に関する法律及び関係法令	総合政策局監修	9,800円
最新 水先法及び関係法令	海事局監修	3,600円
船舶からの大気汚染防止関係法令及び関係条約	安全基準課監修	4,600円
最新 港湾運送事業法及び関係法令	港湾経済課監修	4,500円
英和対訳 2010年STCW条約［正訳］(マニラ改正)	海事局海技課編	23,000円
英和対訳 国連海洋法条約［正訳］	外務省海洋課編	8,000円
英和対訳 2006年ILO海事労働条約［正訳］	海事局監修	5,000円
船舶油濁損害賠償保障関係法令・条約集	日本海事センター編	6,600円

✢法令解説✢

シップリサイクル条約の解説と実務	大坪他著	4,800円
概説 海事法規（改訂版）	神戸大学編	5,000円
海上交通三法の解説（改訂版）	巻幡・有山共著	4,400円
四・五・六級海事法規読本	藤井・野間共著	3,000円
ISMコードの解説と検査の実際　―国際安全管理規則がよくわかる本―（3訂版）	検査測度課監修	7,600円
船舶検査受検マニュアル（増補改訂版）	検査測度課監修	8,000円
船舶安全法の解説（5訂版）	有馬編	5,400円
国際船舶・港湾保安法及び関係法令	政策統括官監修	3,800円
図解 海上交通安全法（7訂版）	保安庁監修	2,800円
海上交通安全法100問100答（2訂版）	保安庁監修	3,400円
図解 港則法	国枝・竹本著	3,000円
図解 海上衝突予防法（9訂版）	保安庁監修	2,800円
海上衝突予防法100問100答（2訂版）	保安庁監修	2,400円
港則法100問100答（3訂版）	警察庁航行安全課監修	2,200円
海洋法と船舶の通航（改訂版）	日本海事センター編	2,600円
体系海商法（2訂版）	村田著	3,400円
船舶衝突の裁決例と解説	小川著	6,400円
内航船員用海洋汚染・海上災害防止の手びき　―未来に残そう美しい海―	日海防編	3,000円
海難審判裁決評釈集	21海事総合事務所編	4,600円

平成29年1月現在　　定価は税別です。

定価変更の場合もあります　　　成山堂の海事関係図書　　　総合図書目録無料贈呈

❈海運・港湾・流通❈

✤海運実務✤

新訂 外航海運概論	森編著	3,800円
設問式 定期傭船契約の解説（全訂版）	松井著	4,000円
新・傭船契約の実務的解説	谷本・宮脇共著	6,200円
設問式 船荷証券の実務的解説	松井・黒澤編著	4,500円
LNG船がわかる本（新訂版）	糸山著	4,400円
LNG船運航のABC（改訂版）	日本郵船LNG船運航研究会著	3,200円
LNG船・荷役用語集（改訂版）	ダイアモンド・ガス・オペレーション㈱編著	6,200円
内航タンカー安全指針〔加除式〕	内タン組合編	12,000円
海上コンテナ物流論	山岸著	2,800円
コンテナ船の話	渡辺著	3,400円
コンテナ物流の理論と実際―日本のコンテナ輸送の史的展開―	石原・合田共著	3,400円
載貨と海上輸送（改訂版）	運航技術研編	4,400円
海上貨物輸送論	久保著	2,800円
国際物流のクレーム実務―NVOCCはいかに対処するか―	佐藤著	6,400円
海事仲裁がわかる本	谷本著	2,800円
船舶売買契約書の解説（改訂版）	吉丸著	8,400円

✤海難・防災✤

船舶安全学概論（改訂増補版）	船舶安全学研究会著	2,800円
海の安全管理学	井上著	2,400円
ソマリア沖海賊問題	下山田著	2,800円

✤海上保険✤

海上リスクマネジメント（2訂版）	藤沢・横山・小林共著	5,600円
貨物海上保険・貨物賠償クレームのQ&A（改訂版）	小路丸著	2,600円
現代海上保険	大谷・中出監訳	3,800円

✤液体貨物✤

液体貨物ハンドブック（改訂版）	日本海事検定協会監修	3,200円

■油濁防止規程	内航総連合編
150トン以上200トン未満タンカー用	1,000円
200トン以上タンカー用	1,000円
400トン以上ノンタンカー用	1,600円

■有害液体汚染・海洋汚染防止規程	内航総連合編
有害液体汚染防止規程（150トン以上200トン未満）	1,200円
（200トン以上）	2,000円
海洋汚染防止規程（400トン以上）	1,200円

✤港　湾✤

港湾倉庫マネジメント―戦略的思考と黒字化のポイント―	春山著	3,800円
港湾知識のABC（11訂版）	池田著	3,400円
港運実務の解説（6訂版）	田村著	3,800円
港運がわかる本（3訂版）	天田著	3,300円
港湾荷役のQ&A（改訂増補版）	港湾荷役機械システム協会編	4,400円
港湾政策の新たなパラダイム	篠原著	2,700円
コンテナ港湾の運営と競争	川崎・寺田・手塚編著	3,400円

✤物流・流通✤

国際物流の理論と実務（5訂版）	鈴木著	2,600円
すぐ使える実戦物流コスト計算	河西著	2,000円
高崎商科大学叢書 新流通・経営概論	高崎商科大学編	2,000円
激動する日本経済と物流	ジェイアール貨物リサーチセンター編	2,000円
ビジュアルでわかる国際物流（2訂版）	汪著	2,800円
増補改訂 貿易物流実務マニュアル	石原著	8,800円
新・中国税関実務マニュアル	岩見著	3,500円
ヒューマン・ファクター―航空の分野を中心として―	黒田監修・石川監訳	4,800円
航空の経営とマーケティング	スティーブン・ショー／山内・田村訳	2,800円
進展する交通ターミナル	柴田・土居・岡田共著	2,600円
シニア社会の交通政策―高齢化時代のモビリティを考える―	高田著	2,600円
安全運転は「気づき」から	春日著	1,400円
交通インフラ・ファイナンス	加藤・手塚共著	3,200円

平成29年1月現在　　　定価は税別です。

定価変更の場合もあります　　　　成山堂の海事関係図書　　　　総合図書目録無料贈呈

❈航　海❈

書名	著者	価格	書名	著者	価格
ブリッジチームマネジメント －実践航海術－	萩原・山本監修 BTM研究会訳	2,800円	航海計器シリーズ① 基礎航海計器(改訂版)	米沢著	2,400円
ブリッジ・リソース・マネジメント	廣澤訳	3,000円	航海計器シリーズ② 新訂 ジャイロコンパスと増補　オートパイロット	前畑著	3,800円
航海学(上)(5訂版)	辻著	4,000円	航海計器シリーズ③ 電波計器(5訂増補版)	西谷著	4,000円
航海学(下)(5訂版)	辻著	4,000円	舶用電気・情報基礎論	若林著	3,600円
航海学概論(改訂版)	鳥羽商船高専ナビゲーション技術研究会編	3,200円	航海当直用レーダープロッティング用紙	航海技術研究会編	2,000円
航海応用力学の基礎(3訂版)	和田著	3,800円	操縦通論(8訂版)	本田著	4,400円
実践航海術	関根監修	3,800円	操船の理論と実際	井上著	4,400円
海事一般がわかる本	山崎著	2,800円	操船実学	石畑著	5,000円
平成19年練習用天測暦	航技研編	1,500円	曳船とその使用法(2訂版)	山縣著	2,400円
平成27年練習用天測暦	航技研編	1,500円	船舶通信の基礎知識(改訂版)	鈴木著	2,800円
初心者のための海図教室(2訂版)	吉野著	1,900円	旗と船舶通信(6訂版)	三谷・古藤共著	2,400円
四・五・六級航海読本	藤井・野間共著	3,600円	図解 ロープワーク大全	前島著	3,600円
四・五・六級運用読本	藤井・野間共著	3,600円	図解 実用ロープワーク(増補3訂版)	前島著	2,200円
船舶運用学のABC	和田著	3,400円	ロープの扱い方・結び方	堀越・橋本共著	800円
魚探とソナーとGPSとレーダーと舶用電子機器の極意	須磨著	1,900円	How to ロープ・ワーク	及川・石井・亀田共著	1,000円
新版電波航法	今津・榧野共著	2,600円			

❈機　関❈

書名	著者	価格	書名	著者	価格
機関科一・二・三級執務一般	細井・佐藤・須藤共著	3,600円	なるほど納得!パワーエンジニアリング(基礎編)	杉田著	3,200円
			なるほど納得!パワーエンジニアリング(応用編)	杉田著	4,500円
機関科四・五級執務一般(改訂版)	海教研編	1,800円	ガスタービンの基礎と実際(3訂版)	三輪著	3,000円
機関学概論(改訂版)	大島商船高専マリンエンジニア育成会編	2,600円	制御装置の基礎(3訂版)	平野著	3,800円
機関計算問題の解き方	大西著	5,000円	ここからはじめる制御工学	伊藤監修 章著	2,600円
機関算法のABC	折目・升田共著	2,800円	舶用補機の基礎(8訂版)	重川・島田共著	5,200円
舶用機関システム管理	中井著	3,500円	舶用ボイラの基礎(6訂版)	西野・角田共著	5,600円
初等ディーゼル機関(改訂増補版)	黒沢著	3,400円	船舶の軸系とプロペラ	石原著	3,000円
舶用ディーゼル機関教範	長谷川著	3,800円	新訂金属材料の基礎	長崎著	3,800円
舶用エンジンの保守と整備(5訂版)	藤田著	2,400円	金属材料の腐食と防食の基礎	世利著	2,800円
小形船エンジン読本(3訂版)	藤田著	2,400円	わかりやすい材料学の基礎	菱田著	2,800円
初心者のためのエンジン教室	山田著	1,800円	最新燃料油と潤滑油の実務(3訂版)	冨田・磯山・佐藤共著	4,400円
蒸気タービン要論	角田著	3,600円	エンジニアのための熱力学	刑部監修 角田・川原共著	3,400円
詳説舶用蒸気タービン(上)	古川・杉田著	6,600円	Case Studies: Ship Engine Trouble	NYK LINE Safety & Environmental Management Group	3,000円
詳説舶用蒸気タービン(下)	古川・杉田著	7,400円			

■航海訓練所シリーズ（航海訓練所編著）

帆船　日本丸・海王丸を知る	1,800円	読んでわかる　三級航海　運用編	3,000円
読んでわかる　三級航海　航海編	3,500円	読んでわかる　機関基礎	1,500円

平成29年1月現在　　　定価は税別です。

定価変更の場合もあります　　　　成山堂の海事関係図書　　　　総合図書目録無料贈呈

❈造船・造機❈

書名	著者	価格	書名	著者	価格
基本造船学（船体編）	上野著	3,000円	海洋底掘削の基礎と応用	日本船舶海洋工学会 編	2,800円
新訂 船と海のQ&A	上野著	3,000円	流体力学と流体抵抗の理論	鈴木著	4,400円
超大型浮体構造物の構造設計	日本造船学会編	4,400円	海洋構造力学の基礎	吉田著	6,600円
氷海工学 —砕氷船・海洋構造物設計・氷海環境問題—	野澤著	4,600円	SFアニメで学ぶ船と海	鈴木・逢沢著	2,400円
英和版新 船体構造イラスト集	惠美者・作画	6,000円	船舶海洋工学シリーズ①〜⑫	日本船舶海洋工学会 監修	3,600〜4,800円
造船技術と生産システム	奥本著	4,400円	船舶で躍進する新高張力鋼	北田・福井著	4,600円
地球環境を学ぶための流体力学	九大編	4,400円	LNG・LH2のタンクシステム	古林著	6,800円

❈海洋工学・ロボット・プログラム言語❈

書名	著者	価格	書名	著者	価格
海洋物理学概論（4訂版）	関根著	2,000円	ロボット工学概論（改訂版）	中川・伊藤 共著	2,400円
海洋計測工学概論（改訂版）	田口・田畑 共著	4,400円	海の自然と災害	宇野木著	5,000円
海洋音響の基礎と応用	海洋音響学会 編	5,200円	水波工学の基礎	増田・居駒・惠藤 共著	2,500円
海と海洋建築 21世紀はどこに住むのか	前田・近藤・増田 共著	4,600円			

❈史資料・海事一般❈

✤史資料✤

鳥島漂着物語	小林著	2,400円
炉の歴史物語	杉田著	3,600円
新版 日本港湾史	日本港湾協会 編	36,000円
造船技術の進展	吉識著	9,400円
太平洋戦争 喪われた日本船舶の記録	宮本著	6,000円
日本漁具・漁法図説（4訂版）	金田著	20,000円
海上衝突予防法史概説	岸本編著	20,370円

水中考古学のABC	井上著	2,600円
帆船6000年の歩み	松田訳	2,800円
新訂 タイタニックがわかる本	髙島著	1,900円
南極観測船ものがたり	小島著	2,000円
しらせ—南極観測船と白瀬矗—	小島著	2,800円
南極探検船「開南丸」野村直吉船長航海記	出版委員会編	3,000円
南極読本	南極OB会編	3,000円
北極読本	南極OB会編	3,000円
南極観測船「宗谷」航海記	南極OB会編	2,500円
人魚たちのいた時代 —失われゆく海女文化—	大崎著	1,800円

✤海事一般✤

海洋白書 日本の動き 世界の動き	海洋政策研究財団 編著	2,000円
中国の海洋進出	海洋政策研究財団 編	2,400円
海が日本の将来を決める	村田著	2,200円
海上保安ダイアリー	海上保安ダイアリー編集委員会 編	1,000円
船舶知識のABC（9訂版）	池田著	3,000円
海と船のいろいろ（3訂版）	商船三井広報室営業調査室共編	1,800円
海の政治経済学	山田著	2,400円
海洋環境アセスメント（改訂版）	関根著	2,000円
新訂 ビジュアルでわかる船と海運のはなし	拓海著	2,600円

東日本大震災 そのとき海上保安官は	海上保安協会 編	2,400円
船切手の世界	船切手同好会編著	4,600円
海の訓練ワークブック	日本海洋少年団連盟 監修	1,600円
スキンダイビング・セーフティ	岡本・千足・藤本・須賀共著	1,800円
原子力砕氷船レーニン	ウラジーミル・ブリノフ著	3,700円
島の博物事典	加藤著	5,000円
世界に一つだけの深海水族館	石垣監修	2,000円
帆船讃歌	大杉著	1,500円
海上保安庁 特殊救難隊	「海上保安庁特殊救難隊」編集委員会 編	2,000円

平成29年1月現在　　　　　　　　　　　　　　　定価は税別です。

■交通ブックス

204	七つの海を行く －大洋航海のはなし－(改訂増補版)	池田著	1,800円
208	新訂 内航客船とカーフェリー	池田著	1,500円
211	青函連絡船 洞爺丸転覆の謎	田中著	1,500円
214	現代の海賊 －ビジネス化する無法社会－	土井著	1,500円
215	海を守る 海上保安庁 巡視船(改訂版)	邊見著	1,800円
216	現代の内航海運	鈴木・古賀共著	1,500円
217	タイタニックから飛鳥Ⅱへ －客船からクルーズ船への歴史－	竹野著	1,800円
218	世界の砕氷船	赤井著	1,800円
219	北前船の近代史 －海の豪商が遺したもの－	中西著	1,800円
220	客船の時代を拓いた男たち	野間著	1,800円

❖受験案内❖

海事代理士合格マニュアル(5訂版)	日本海事代理士会 編	3,800円	自衛官採用試験問題解答集	防衛協力会編	4,600円
海事代理士口述試験対策問題集	坂爪著	3,400円	気象予報士試験精選問題集	気象予報士試験研究会編	2,800円
完全ガイド 自衛官への道	防衛協力会編	1,800円	海上保安大学校・海上保安学校採用試験問題解答集－その傾向と対策－	海上保安入試研究会編	3,200円
海上保安庁の仕事	海上保安庁の仕事編集委員会	1,000円	海上保安大学校・海上保安学校採用試験徹底研究－問題例と解説－	海上保安入試研究会編	3,200円
海上保安大学校 海上保安学校への道	海上保安協会監修	1,800円			

❖教 材❖

位置決定用図(試験用)	成山堂編	150円	練習用海図(150号・200号)	成山堂編	各150円
天気図記入用紙	成山堂編	500円	練習用海図(150号/200号 両面刷)	成山堂編	300円
練習用海図(15号)(16号)	成山堂編	180円 180円	灯火及び形象物の図解	航行安全課監修	700円

❖試験問題❖

一・二・三級海技士(航海)口述試験の突破(7訂版)	藤井・野間共著	5,600円	機関科一・二・三級口述試験の突破(3訂版)	坪著	5,600円
二・三級海技士(航海)口述試験の突破(航海)	平野・岡本共著	2,400円	機関科四・五級口述試験の突破(2訂版)	坪著	4,400円
二・三級海技士(航海)口述試験の突破(運用)	堀・淺木共著	2,600円	六級海技士(航海)筆記試験の完全対策(2訂版)	望月編著	2,600円
二・三級海技士(航海)口述試験の突破(法規)	岩瀬著	3,400円	四・五・六級海事法規読本	藤井・野間共著	3,000円
四・五級海技士(航海)口述試験の突破(6訂版)	船長養成協会 編	3,600円	ステップアップのための一級小型船舶操縦士試験問題[模範解答と解説](3訂版)	片寄著	2,000円
五級海技士(航海)筆記試験 問題と解答	航海技術研究会	2,700円	五級海技士(機関)筆記試験 問題と解答	航海技術研究会	2,700円

■最近3か年シリーズ(問題と解答)

一級海技士(航海)800題	3,100円	一級海技士(機関)800題	3,100円
二級海技士(航海)800題	3,100円	二級海技士(機関)800題	3,100円
三級海技士(航海)800題	3,100円	三級海技士(機関)800題	3,100円
四級海技士(航海)800題	2,300円	四級海技士(機関)800題	2,300円

平成29年1月現在　　　定価は税別です。